高等职业教育"十三五"系列教材

机电专业

模拟电子技术

(第二版)

主编 蔡大华

扫码加入学习圈
轻松解决重难点

南京大学出版社

图书在版编目(CIP)数据

模拟电子技术/蔡大华主编. — 2版. — 南京：南京大学出版社，2020.12(2024.1重印)
ISBN 978-7-305-23452-1

Ⅰ. ①模… Ⅱ. ①蔡… Ⅲ. ①模拟电路－电子技术－高等职业教育－教材 Ⅳ. ①TN710.4

中国版本图书馆 CIP 数据核字(2020)第 109136 号

出版发行　南京大学出版社
社　　址　南京市汉口路 22 号　　邮　编　210093

书　　名　模拟电子技术
MONI DIANZI JISHU
主　　编　蔡大华
责任编辑　吴　华　　　　　　编辑热线　025-83596997

照　　排　南京南琳图文制作有限公司
印　　刷　南京人文印务有限公司
开　　本　787×1092　1/16　印张 12.25　字数 298 千
版　　次　2020 年 12 月第 2 版　2024 年 1 月第 3 次印刷
ISBN 978-7-305-23452-1
定　　价　30.00 元

网址：http://www.njupco.com
官方微博：http://weibo.com/njupco
微信公众号：njuyuexue
销售咨询热线：(025) 83594756

教师扫码免费
申请教学资源

* 版权所有，侵权必究
* 凡购买南大版图书，如有印装质量问题，请与所购图书销售部门联系调换

前　言

模拟电子技术是电气类、电子通信类专业的一门重要的技术基础课程。通过本门课程的学习，学生掌握电子器件功能及应用、模拟电子电路分析应用、进行典型电路实验仿真的基本技能，并为后续课程准备必要的模拟电子理论知识和分析方法。

本门课程是一门理论性、实践性和应用性很强的技术基础课程。根据模拟电子电路的特点及高等职业教育的任务，为了激发学生学习兴趣、提高职业素质，本书编写的指导思想如下：

1. 本教材主要内容有常用电子器件功能及应用、典型三极管放大电路、负反馈及运算放大器、功率放大电路分析应用、正弦波振荡电路、直流稳压电源电路及电子电路读图分析等。

2. 模拟电子内容繁多，而教学时数有限，因此本书在保证基本概念、基本原理和基本分析方法的前提下，力求精选内容，以典型模拟电子电路分析应用为主，并结合实验要求强化实践技能训练。

3. 增强实用性。在编写过程中力图做到理论联系应用，学以致用。淡化公式推导，重在教学生学会电子元器件功能、典型模拟电子电路在实际中的应用和掌握基本电子仪器仪表的使用测量方法，每章有典型实验内容。

4. 教材力求语言通顺、文字流畅、图文并茂、可读性强，书中习题和例题着重分析和应用，习题附有参考答案，每章有小结，便于学生学习、提高。

5. 附录给出 Multisim 软件的介绍及使用方法，便于学生掌握电子电路仿真技能。附录列出电子元器件型号命名方法及常用器件选型内容。

本书提供基于二维码技术的开放式互动平台。读者通过微信扫码即可获得更多资源，建议在 WiFi 条件下查看平台内容。

本书由南京工业职业技术大学蔡大华老师主编，负责全书编写及统稿工作，王芳老师、陈敏老师参与了教材部分文字和图的编写及整理工作。

在编写过程中，编者借鉴了有关参考资料。在此，对参考资料的作者以及帮助本书出版的单位和个人一并表示感谢。

由于编者水平有限，编写时间仓促，书中难免有错误和不妥之处，恳请读者批评和指正。

编　者

2020 年 3 月

目 录

第1章 半导体器件 ·· 1

1.1 半导体的基础知识 ·· 1
1.1.1 半导体的特性 ·· 1
1.1.2 本征半导体 ··· 2
1.1.3 杂质半导体 ··· 2
1.1.4 PN结及特性 ·· 3

1.2 半导体二极管 ··· 4
1.2.1 二极管的结构及符号 ·· 4
1.2.2 二极管的伏安特性 ··· 5
1.2.3 二极管的主要参数 ··· 6
1.2.4 特殊用途二极管 ·· 6

1.3 半导体三极管 ··· 8
1.3.1 三极管的结构及符号 ·· 9
1.3.2 三极管的电流分配关系 ··· 10
1.3.3 三极管的伏安特性 ··· 11
1.3.4 三极管的主要参数 ··· 12

1.4 场效应管 ··· 13
1.4.1 JFET的结构及原理 ·· 14
1.4.2 JFET的特性曲线 ··· 15
1.4.3 MOSFET的结构及原理 ·· 17

第2章 放大电路 ·· 26

2.1 共射放大电路 ··· 26
2.1.1 共射基本放大电路的组成 ··· 26
2.1.2 放大电路中各电量的表示方法 ··· 27

2.2 放大电路的分析 ··· 28
2.2.1 放大电路的静态分析 ·· 28
2.2.2 放大电路的动态分析 ·· 29

2.3 静态工作点的稳定电路 ·· 33
  2.3.1 温度对静态工作点的影响 ·· 33
  2.3.2 分压式偏置电路 ·· 33
2.4 共集电极放大电路和共基极放大电路 ·· 36
  2.4.1 共集电极放大电路 ··· 36
  2.4.2 共基极放大电路 ·· 38
2.5 多级放大电路 ·· 38
  2.5.1 多级放大电路的耦合方式 ·· 39
  2.5.2 阻容耦合放大器的频率特性 ··· 41
  2.5.3 直接耦合放大电路存在的问题 ·· 42
  2.5.4 差动放大电路 ·· 43
2.6 场效应管放大电路 ··· 48

第3章 放大电路中的负反馈 ·· 61

3.1 反馈 ··· 61
  3.1.1 反馈的基本概念 ·· 61
  3.1.2 反馈电路的类型 ·· 63
3.2 负反馈对放大器性能的影响 ·· 65
  3.2.1 负反馈对电路的影响 ·· 65
  3.2.2 深度负反馈的分析 ··· 67

第4章 集成运算放大器及其应用 ·· 75

4.1 集成运算放大器简介 ·· 75
  4.1.1 集成电路的分类与封装 ··· 75
  4.1.2 集成运算放大器及其基本组成 ·· 75
  4.1.3 集成运算放大器的主要性能指标 ··· 77
  4.1.4 集成运放的理想模型 ·· 78
4.2 集成运算放大器的应用 ·· 79
  4.2.1 基本运算电路 ·· 79
  4.2.2 集成运算放大器的线性应用 ··· 81
  4.2.3 集成运算放大器的非线性应用 ·· 84
  4.2.4 集成运算放大器在使用中的注意点 ·· 86

第5章 低频功率放大电路 ... 95

5.1 功率放大器的特点及分类 ... 95
5.1.1 功率放大电路的特点 ... 95
5.1.2 功率放大电路的分类 ... 95
5.2 互补对称功率放大电路 ... 96
5.2.1 OCL 乙类互补对称功率放大电路 ... 96
5.2.2 甲乙类互补对称功率放大电路 ... 99
5.2.3 准互补功率放大电路 ... 101
5.3 集成功率放大器 ... 102
5.3.1 LM386 集成功率放大器主要指标 ... 102
5.3.2 LM386 应用电路 ... 104
5.3.3 TDA2030 专用集成功率放大器 ... 104

第6章 正弦波振荡电路 ... 110

6.1 正弦波振荡电路的基本概念 ... 110
6.1.1 产生自激振荡的条件 ... 110
6.1.2 正弦波振荡电路的组成 ... 111
6.1.3 振荡电路的起振与稳幅 ... 111
6.2 RC 正弦波振荡电路 ... 112
6.2.1 RC 文氏桥式正弦波振荡电路 ... 112
6.3 LC 正弦波振荡电路 ... 115
6.3.1 LC 选频放大电路 ... 115
6.3.2 变压器反馈式 LC 振荡电路 ... 116
6.3.3 电感反馈式、电容反馈式 LC 振荡电路 ... 118
6.4 石英晶体正弦波振荡电路 ... 120
6.4.1 石英晶体的基本特性 ... 120
6.4.2 石英晶体振荡电路 ... 122

第7章 直流稳压电源 ... 128

7.1 直流稳压电源的组成 ... 128
7.1.1 单向整流电路 ... 129
7.1.2 滤波电路 ... 131

7.1.3　稳压电路及稳压电源的性能指标 ……………………………………… 133
　7.2　串联反馈式稳压电路 …………………………………………………………… 134
　　7.2.1　串联反馈式稳压电路的组成及工作原理 ……………………………… 134
　　7.2.2　三端集成稳压器 ………………………………………………………… 135
　7.3　开关式直流稳压电源 …………………………………………………………… 136
　　7.3.1　开关稳压电源的特点 …………………………………………………… 137
　　7.3.2　开关电路的工作原理 …………………………………………………… 137

第8章　模拟电子电路的读图 …………………………………………………………… 145
　8.1　电子技术电路读图的一般方法 ………………………………………………… 145
　8.2　电子电路读图示例 ……………………………………………………………… 146
　　8.2.1　实用的OCL互补对称功率放大电路 …………………………………… 146
　　8.2.2　振荡电路的应用 ………………………………………………………… 147
　　8.2.3　远距离无线话筒电路 …………………………………………………… 149
　　8.2.4　自动路灯控制电路 ……………………………………………………… 150

测试1 …………………………………………………………………………………… 153

测试2 …………………………………………………………………………………… 156

测试3 …………………………………………………………………………………… 160

附录A　Multisim 10.0介绍 …………………………………………………………… 164

附录B　半导体分立器件型号命名方法 ……………………………………………… 173

附录C　常用半导体分立器件的参数 ………………………………………………… 174

附录D　半导体集成器件型号命名方法 ……………………………………………… 176

附录E　常用半导体集成电路的参数和符号 ………………………………………… 177

附录F　TTL门电路、触发器和计数器的部分品种型号 …………………………… 178

习题参考答案 …………………………………………………………………………… 179

参考文献 ………………………………………………………………………………… 186

第1章 半导体器件

本章学习目标
1. 了解半导体材料的特性,本征半导体及杂质半导体载流子情况。
2. 掌握PN结形成及导电特性。
3. 掌握二极管的结构、分类、特性及应用。
4. 掌握三极管的结构、分类、特性。
5. 了解场效应管的结构、分类、特性。

半导体器件是电子技术的重要组成部分,因其具有体积小、重量轻、使用寿命长以及功耗小等优点而得到广泛应用。本章首先介绍半导体的基本知识,重点讨论常用半导体二极管、三极管及场效管的结构、原理、特性曲线及主要参数。

1.1 半导体的基础知识

1.1.1 半导体的特性

在自然界中,所有物质按导电能力强弱可分为导体、绝缘体、半导体三大类。导电能力介于导体和绝缘体之间的物质称为半导体。用于制造半导体元器件的半导体有硅、锗、砷化镓及金属氧化物等,其中尤以硅最为常见。用半导体制成的器件称为半导体器件,包括半导体二极管、三极管、场效应管等。

半导体之所以用来制造半导体器件,是因为它的导电能力在外界因素作用下会发生显著的变化。

1. 热敏特性

温度的变化会使半导体的电导率发生显著的变化,利用半导体的电阻率对温度特别灵敏这种特性,可做成各种热敏元件。

2. 光敏特性

光照可以改变半导体的电导率。在没有光照时,电阻可高达几十兆欧,受光照射时,电阻可降到几十千欧。利用这种特性可制成光电晶体管、光耦合器和光电池等。

3. 掺杂特性

可以提高其导电能力,因此可用来制成各种热敏、光敏器件,用于自动控制和自动测量中。若在纯净半导体中掺入微量杂质,其导电性能也可得到显著提高,因此,可以通过掺入不同种类和数量的杂质元素来制成二极管、三极管等各种不同用途的半导体器件。

1.1.2 本征半导体

纯净的不含任何杂质、晶体结构排列整齐的半导体称为本征半导体。原子是由带正电的原子核和带负电的核外电子组成的。若把纯净的半导体材料制成单晶体,它们的原子将有序排列。图1.1.1(a)(b)所示分别为硅原子核结构和单晶硅的原子排列示意图。

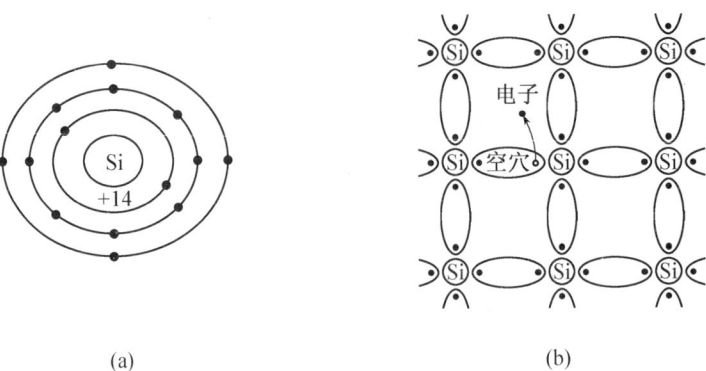

图 1.1.1 硅原子和共价键结构

在一定温度下,若受光和热的激发,晶体结构中的少数价电子将会挣脱原子核的束缚成为自由电子。在原来共价键的相应位置留下一个空位,这个空位称为空穴。如图1.1.1(b)所示。空穴的出现是半导体区别于导体的一个重要特点。显然,自由电子和空穴是成对出现的,所以称其为电子-空穴对。在本征半导体中,自由电子与空穴的数量总是相等的。此时原子失去电子带正电,相当于空穴带正电。与此同时有空穴的原子会吸引相邻原子的价电子来填补空穴,于是形成了新的空穴,并继续吸引新的价电子转移到这个新的空穴上,如图1.1.2所示。如此继续不断,在晶体内则形成了自由电子的运动和空穴的反方向运动。因此,电子和空穴都成为运载电荷的粒子,叫作载流子。本征半导体在外电场作用下,两种载流子的运动方向相反,形成的电流方向相同。

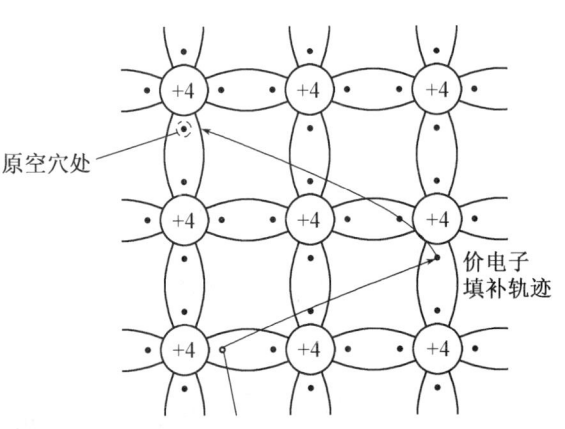

图 1.1.2 电子-空穴运动

1.1.3 杂质半导体

在本征半导体内部,自由电子和空穴总是成对出现的,因此,对外呈电中性。如果在本征半导体中掺入少量的其他元素,就会使半导体的导电能力发生显著的变化。根据掺入杂质的不同,可形成两种不同的杂质半导体,即N型半导体和P型半导体。

1. N型半导体

硅是四价元素,原子核最外层有四个电子。若在单晶硅中掺入五价磷,就可形成N型半导体,如图 1.1.3 所示。由于五价的磷原子同相邻的四个硅或锗原子组成共价键时,有一个多余的价电子不能构成共价键,这个价电子就变成了自由电子。在 N 型半导体中,电子为多数载流子,空穴为少数载流子,导电以自由电子为主,故 N 型半导体又称电子型半导体。

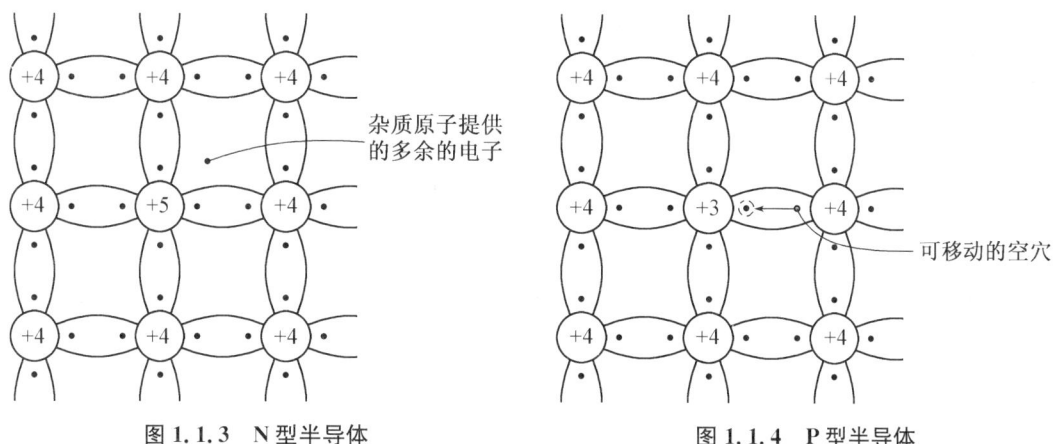

图 1.1.3　N 型半导体　　　　　　图 1.1.4　P 型半导体

2. P 型半导体

同样,若在纯净半导体硅或锗中掺入少量的三价元素杂质如硼,就可成为 P 型半导体。硼原子只有三个价电子,它与周围硅原子组成共价键时,因缺少一个电子,在共价键中便产生了一个空穴,如图 1.1.4 所示。在 P 型半导体中,空穴数远大于自由电子数,空穴为多数载流子,自由电子为少数载流子,导电以空穴为主,故 P 型半导体又称空穴型半导体。单晶硅中掺入三价硼,则硼原子将取代晶体结构中的硅原子,并因缺少电子而形成空穴型半导体,简称 P 型半导体。在 P 型半导体中,空穴为多数载流子,电子为少数载流子。

1.1.4　PN 结及特性

1. PN 结的形成

在一块本征半导体的晶片上,通过一定的掺杂工艺,可使一边形成 P 型半导体,而另一边形成 N 型半导体。在 N 型和 P 型半导体交界面的两侧,由于载流子浓度的差别,N 区的电子向 P 区扩散,P 区的空穴向 N 区扩散,如图 1.1.5 所示。

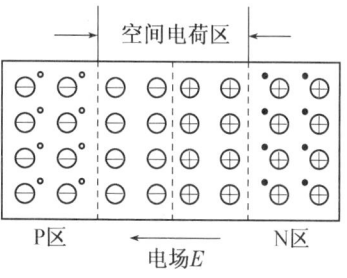

图 1.1.5　PN 结的形成

P 区一侧因失去空穴而留下不能移动的负离子,N 区一侧因失去电子而留下不能移动的正离子,这些离子被固定排列在半导体晶体的晶格中,不能自由运动,因此并不参与导电。这样,在交界面两侧形成一个带异性电荷的离子层,称为空间电荷区,又称耗尽层或 PN 结;并产生内电场,其方向是从 N 区指向 P 区。PN 结是构成各种半导体器件的基本单元。

2. PN 结的单向导电特性

实验证明,PN 结对外不导电。但若在 PN 结两端加不同极性的电压,则将破坏原平衡状态而呈现单向导电性。

（1）PN 结的正向偏置

在 PN 结两端外加电压，若 P 端接电源正极，N 端接电源负极，则称为正向偏置。由于外接电源产生的外电场其方向与 PN 结产生的内电场的方向相反，削弱了内电场，使 PN 结变窄，因此有利于两区多数载流子向对方扩散，形成正向电流。此时测得正向电流较大，PN 结呈现低电阻，称为 PN 结正向导通，如图 1.1.6 所示。

（2）PN 结的反向偏置

如图 1.1.7 所示，PN 结的 P 端接电源负极，N 端接电源正极，称为反向偏置。由于外加电场的方向与内电场的方向一致，因而加强了内电场，使 PN 结加宽，阻碍了多数载流子的扩散运动。在外电场的作用下，只有少数载流子形成了很小的电流，称为反向电流。此时测得电流近似为零，PN 结呈现高电阻，称为 PN 结反向截止。

应当指出，少数载流子是由于热激发产生的，因而 PN 结的反向电流受温度影响很大。

综上所述，PN 结具有单向导电性，即加正向电压时导通，加反向电压时截止。

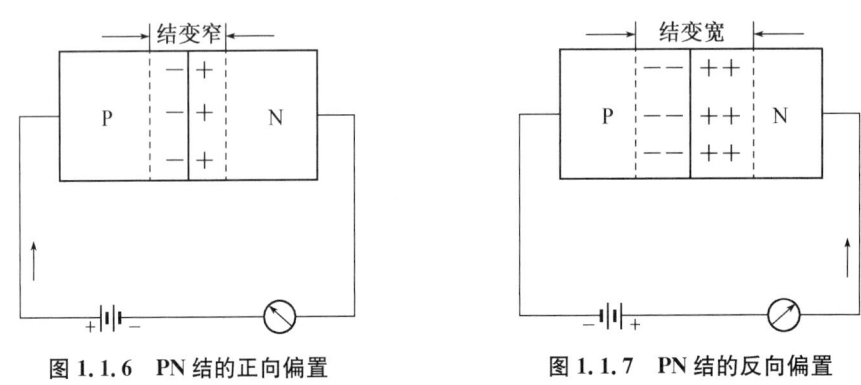

图 1.1.6　PN 结的正向偏置　　　　图 1.1.7　PN 结的反向偏置

1.2　半导体二极管

1.2.1　二极管的结构及符号

1. 结构与符号

在形成 PN 结的 P 型半导体上和 N 型半导体上，分别引出两根金属引脚，并用管壳封装，就构成二极管。其中从 P 区引出的电极为正极（阳极），从 N 区引出的电极为负极（阴极）。二极管的结构及符号如图 1.2.1 所示。

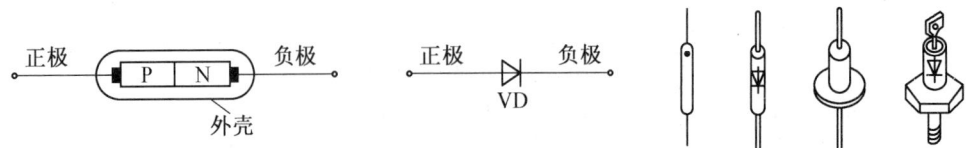

图 1.2.1　二极管的外形和符号

多数二极管的管壳上都标有极性符号，对于玻璃外壳的硅二极管，有色点或色环的为负极。由于二极管实质上就是一个 PN 结,必然具有单向导电性,因此也可以用万用表的电阻挡测量它的正、反向电阻以判断其正、负极性,也可以用数字万用表测试二极管正偏电压值,确定硅管、锗管。

二极管的图形符号中,空心箭头的方向为其正向导通时电流的方向。

2. 类型

(1) 按材料分:有硅二极管、锗二极管和砷化镓二极管等。

(2) 按结构分:有面接触型、点接触型。面接触型二极管的结面积大,结电容也大,可通过较大的电流,但其工作频率较低,常用在低频整流电路中;点接触型二极管的结面积小,结电容也小,高频性能好,但允许通过的电流较小,一般应用于高频检波和小功率整流电路中,也用作数字电路的开关元件。

(3) 按用途分:有整流、稳压、开关、发光、光电及变容二极管、肖特基二极管等。

(4) 按封装形式分:有玻璃、塑料及金属封装二极管等。

(5) 按功率分:有大功率、中功率及小功率二极管。

(6) 按工作频率分:有高频二极管和低频二极管。

国产二极管的命名方法见附录 B,此外,常用美国的 1N 系列如 1N4004、1N4007 等,其中 1 表示二极管有一个 PN 结,N 表示该器件是在美国电子工业协会注册登记的半导体。

1.2.2 二极管的伏安特性

常利用伏安特性曲线来描述二极管的单向导电性。所谓二极管的伏安特性,是指二极管两端电压和流过它的电流之间的关系,如图 1.2.2 所示。伏安特性是二极管应用的理论依据。下面对二极管的伏安特性曲线加以说明。

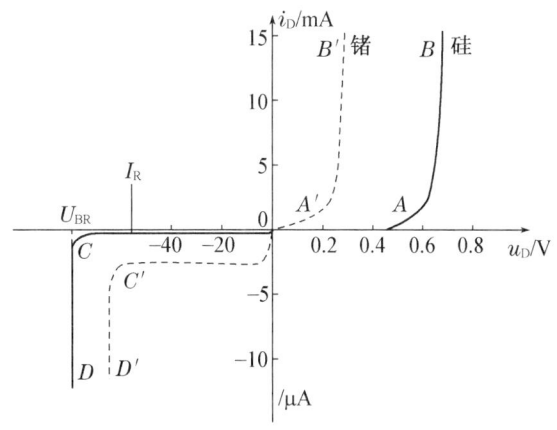

图 1.2.2 二极管的伏安特性

二极管的伏安特性

1. 正向特性

二极管的正向特性分为正向死区和正向导通区两部分。图中 OA 段为正向死区。由于正向电压较低,正向电流近似为零,二极管呈现高阻特性,尚未导通。当外加电压超过死区电压后,正向电流随外加电压的增大而迅速上升,二极管呈导通状态,如图中 AB 段。导通后,二极管管压降很小,且不随电流变化,如 AB 段。硅管的死区电压约为 0.5 V,导通管压降约为 0.7 V;图中虚线为锗管的伏安特性曲线,锗管的死区电压约为 0.1 V,导通压降约为 0.3 V。

2. 反向特性

二极管的反向特性分为反向截止区和反向击穿区两部分。图中 OC 段为反向截止区,二极管两端加上反向电压时,在开始的很大范围内,二极管相当于一个非常大的电阻,反向电流 I_R 极小,且不随反向电压 U_R 变化,称为反向饱和电流,通常用 I_R 表示。小功率硅管的反向饱和电流一般小于 0.1 μA。当反向电压增大到一定数值时,反向电流将急剧增大,称为反向击穿,此时,对应的电压称为反向击穿电压,用 U_{BR} 表示。如图 CD 段所示。反向击穿将造成 PN 结损坏,应用中应避免发生。

二极管的反向饱和电流与温度密切相关,温度升高时,少数载流子增加,所以反向电流将急剧增加。通常温度每升高 10 ℃,反向饱和电流约增加一倍。当温度升高时,二极管反向击穿电压 U_{BR} 会有所下降。

由以上分析可知,二极管是一个非线性元件,电压和电流之间的关系不符合欧姆定律,电阻不是一个常数。除单向导电性外,二极管还具有开关特性。正向导通时,管压降很小,可视为短路,相当于一个闭合的开关。反向截止时,反向电流很小,可视为开路,相当于一个断开的开关。因此在开关电路中有广泛的应用。

1.2.3 二极管的主要参数

电子元器件的参数表征了器件的性能和使用条件,是合理选用和正确使用半导体器件的重要依据。二极管的参数可从手册上查到。二极管主要参数可参阅本书附录表。下面对二极管的常用参数做简要介绍。

1. 最大整流电流 I_F

指二极管长期运行时,允许通过的最大正向平均电流。二极管工作时电流不得超过此值,否则 PN 结将因过热而损坏。

2. 最高反向工作电压 U_{RM}

指允许加在二极管两端的反向电压的最大值,其值通常取二极管反向击穿电压的一半左右。使用二极管时不得超过此值,否则二极管将被反向击穿。

3. 反向电流 I_R

指在室温下,二极管未击穿时的反向电流值,该值越小,管子单向导电性能越好。

4. 最高工作频率 f_M

二极管的最高工作频率 f_M 是指二极管正常工作时的上限频率值。它的大小与 PN 结的结电容有关。超过此值,二极管的单向导电性能变差。

二极管的参数很多,除上述参数外,还有结电容、正向电压等,实际应用时,可查阅半导体器件手册。

1.2.4 特殊用途二极管

二极管的种类很多,利用 PN 结的单向导电性制成的二极管有整流二极管、检波二极管、开关二极管等。此外,PN 结还有一些其他特性,采用适当工艺方法可制成具有特殊功能的二极管,如稳压二极管、变容二极管、发光二极管和光电二极管等。

1. 稳压管

稳压管是一种特殊的面接触型二极管，具有稳压作用，图 1.2.3 为它的伏安特性和电路符号。

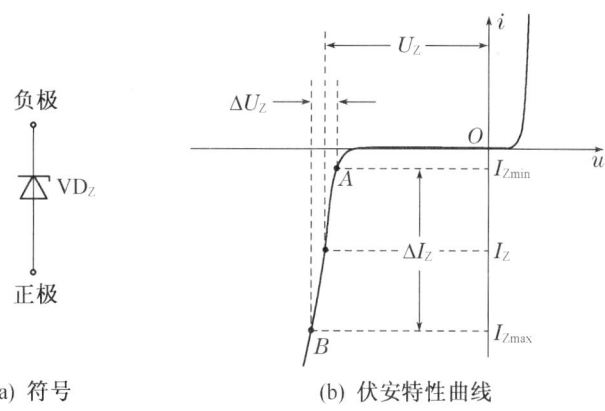

(a) 符号　　　　(b) 伏安特性曲线

图 1.2.3　稳压管的伏安特性和电路符号

（1）稳压管稳压原理

从伏安特性看，稳压管的正向特性与普通二极管相同。不同的是，稳压管工作在反向偏置状态，即它的正极接电源的低电位，负极接电源的高电位。稳压管反向击穿时，其反向电流可在很大范围内变化，如图中 $\triangle I_Z$，但端电压却变化很小，如图中 $\triangle U_Z$，因此具有稳压作用。

（2）稳压管的主要参数

① 稳压电压 U_Z。U_Z 即稳压管的反向击穿电压。不同类型的稳压管其稳压值不一样。由于制造工艺的原因，同一型号的稳压管的稳压值也不易固定在同一数值上，而是有一个范围。例如 2CWN 型稳压管，U_Z 的允许值在 3.2 V 至 4.5 V 之间。其中有的可能 3.5 V，有的可能 4.2 V。

② 最大稳定电流 I_{ZM}。指允许通过的最大反向电流。

③ 最大耗散功率 P_{ZM}。指稳压管所允许的最大功耗，其值为 $P_{ZM}=I_{ZM}U_Z$。若超过此值，管子将过热而损坏。

【例 1.2.1】　如图 1.2.4 所示，已知稳压二极管 $U_{V_{DZ}}=5.5$ V，当 $U_I=\pm 15$ V，$R=1$ kΩ 时，求 U_O。已知稳压二极管的正向导通压降 $U_F=0.7$ V。

解　当 $U_I=15$ V 时，V_{DZ1} 反向击穿稳压，$U_{V_{DZ1}}=5.5$V，V_{DZ2} 正向导通，则 $U_O=6.2$ V；

同理，当 $U_I=-15$ V 时，V_{DZ2} 反向击穿稳压，V_{DZ1} 正向导通，$U_O=-6.2$ V。

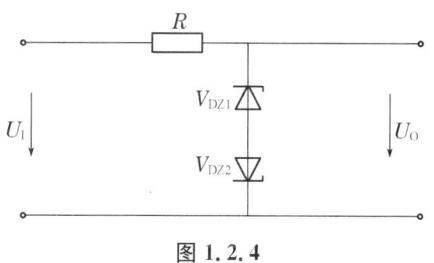

图 1.2.4

2. 发光二极管

发光二极管是一种能将电能转换成光能的特殊二极管，它的图形符号如图 1.2.5 所示。制成发光二极管的半导体中杂质浓度很高，当对管子加正向电压时，多数载流子的扩散运动加强，大量的电子和空穴在空间电荷区复合时释放出的能量大部分转换为光能，从而使发光二极管发光，并根据不同化合物材料，可发出不同颜色的光，如磷砷化钾发出红光、磷化镓发出绿光等。发光二极管常用来作为显示器件，除单个使用外，也常做成七段式，正向导通电压一般为1～2 V，工作电流一般为几毫安至十几毫安之间。

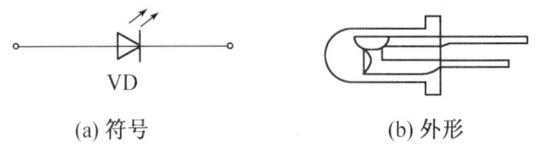

VD
(a) 符号
(b) 外形

图 1.2.5 发光二极管的符号及外形

3. 光电二极管

又称光敏二极管，光电二极管在管壳上有一个玻璃窗口以便接受光照，如图 1.2.6(a) 所示，一般工作在反向电压下，它的反向电流随着光照强度而上升，它的图形符号如图 1.2.6(b) 所示。当有光照时，可以激发大量电子空穴，光电二极管处于导通状态；当没有光照时，只有很少的电子空穴，光电二极管处于截止状态。光电二极管可应用于光的测量。

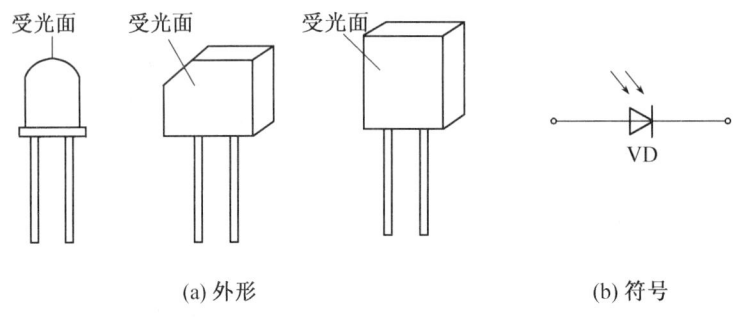

受光面
受光面
受光面
VD
(a) 外形
(b) 符号

图 1.2.6 光电二极管的外形和符号

4. 变容二极管

变容二极管是利用PN结反偏时结电容大小随外加电压而变化的特性制成的。反偏电压增大时结电容减小，反之结电容增大。它的图形符号如图 1.2.7 所示。变容二极管的电容量一般较小，其最大值为几十到几百皮法。它主要在高频电路中用作自动调谐、调频等，例如在电视机接收器的调谐电路中作可变电容。

VD

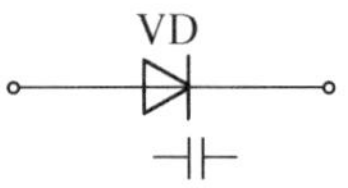

图 1.2.7 变容二极管的符号

5. 肖特基二极管

肖特基二极管是利用金属和N型或P型半导体接触形成具有单向导电性的二极管，它的图形符号如图 1.2.8 所示。肖特基二极管具有开启电压小，在0.2～0.5V范围之内，工作速度快的特点。它在数字集成电路中与晶体三极管做在一起，形成肖特基晶体管，以提高开关速度，还可用作高频检波和续流二极管等。

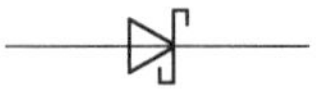

图 1.2.8 肖特基二极管的符号

1.3 半导体三极管

半导体三极管又叫晶体管，主要用于放大电路和开关电路，在电子电路中得到广泛的应用。本节仅讨论晶体三极管的结构、电路符号、工作原理、特性曲线及其主要参数等。

1.3.1 三极管的结构及符号

三极管是由三层半导体材料组成的。有三个区域,中间的一层为基区,两侧分别为发射区和集电区。发射区和集电区的作用分别是发射和收集载流子,从而形成半导体内部电流。三极管有两个 PN 结,发射区和基区之间的 PN 结叫发射结 Je,集电区和基区之间的 PN 结叫集电结 Jc。三极管有三个电极,各自从基区、发射区和集电区引出,分别称为基极 b、发射极 e 和集电极 c。

根据三个区域半导体材料类型的不同,三极管可分为 NPN 型和 PNP 型两类。基区为 P 型材料的三极管为 NPN 型,基区为 N 型材料的三极管则为 PNP 型。两者的工作原理完全相同,只是工作电压的极性不同,因此三个电极电流的方向也相反。如图 1.3.1 所示给出了三极管的结构和电路符号。

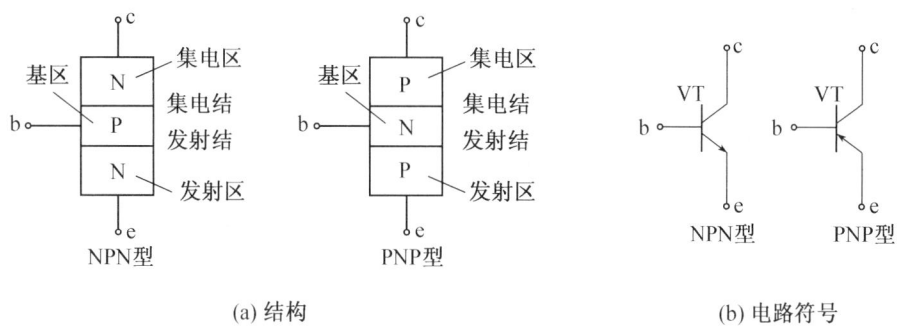

图 1.3.1 三极管的结构和电路符号

与二极管相似,电路符号中箭头的方向表示发射结正偏时发射极电流的方向,该电流总是从 P 指向 N。图 1.3.2 为常见三极管的外形。

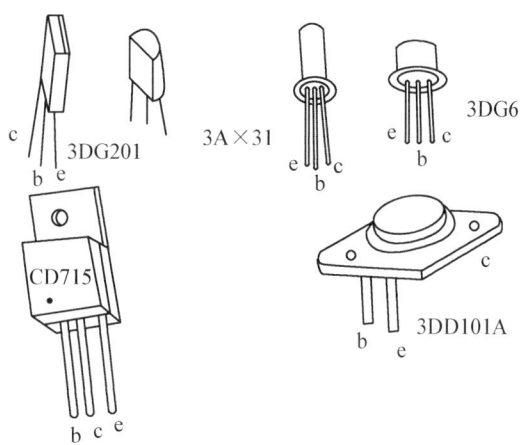

图 1.3.2 常见三极管的外形

三极管种类很多。除上述的按结构分为 NPN 型和 PNP 型外,按工作频率可分为低频管和高频管,按功率大小可分为小功率管、中功率管和大功率管,按所用半导体材料分为硅管和锗管,按用途分为放大管和开关管等。三极管命名方法参阅附录表。

为使三极管具有电流放大作用,采用了以下制造工艺:基区很薄且掺杂浓度低,发射区掺杂浓度高,集电结面积比发射结的面积大等。因此,在使用时三极管的发射极和集电极不能互换。

1.3.2 三极管的电流分配关系

三极管的电流放大作用是指基极电流对集电极电流的控制作用。

1. 电流放大作用的条件

三极管的电流放大作用,首先取决于其内部结构特点,即发射区掺杂浓度高、集电结面积大,这样的结构有利于载流子的发射和接受。而基区薄且掺杂浓度低,以保证来自发射区的载流子顺利地流向集电区。其次要有合适的偏置。三极管的发射结类似于二极管,应正向偏置,使发射结导通,以控制发射区载流子的发射。而集电结则应反向偏置,以使集电极具有吸收由发射区注入基区的载流子的能力,从而形成集电极电流。对于 NPN 型三极管,必须保证集电极电位高于基极电位,基极电位又高于发射极电位,即 $V_C > V_B > V_E$;而 PNP 型三极管,则与之相反,即 $V_C < V_B < V_E$。

2. 三极管各电极电流的形成

如图 1.3.3 所示,为 NPN 型三极管内部载流子的运动规律,三极管各极电流的形成分析如下:

1) 发射区发射电子形成 I_E

发射结正偏,由于发射区掺杂浓度高而产生的大量自由电子,在外电场的作用下,被发射到基区。两个电源的负极同时向发射区补充电子形成发射极电流 I_E,I_E 的方向与电子流方向相反。

2) 基区复合电子形成 I_B

发射区发射到基区的大量电子只有很少一部分与基区中的空穴复合,复合掉的空穴由基极电源正极补充形成基极电流 I_B。

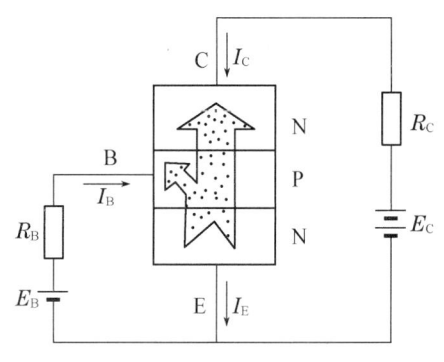

图 1.3.3 三极管内部载流子的分配

3) 集电区收集电子形成 I_C

集电结反偏,在基区没有被复合掉的大量电子,在外加电场的作用下被收集到集电区,并流向集电极电源正极形成集电极电流 I_C。

3. 三极管的电流放大作用

图 1.3.4 为 NPN 型三极管电流测试电路。该电路包括基射回路(又称输入回路)和集射回路(又称输出回路)两部分,发射极为两回路的公共端,因此称为共射电路。共射电路中,V_{BB} 为发射结正偏电源;V_{CC} 为集电结反偏电源($V_{CC} > V_{BB}$);R_P 为电位器。调节 R_P 可以改变基极电流 I_B、集电极电流 I_C 和发射极电流 I_E 的大小。

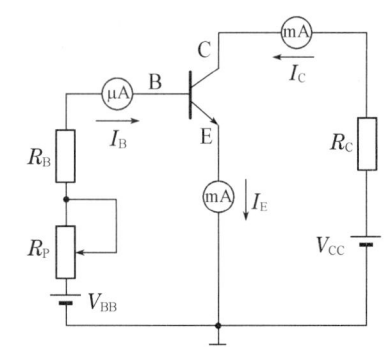

图 1.3.4 三极管共射极的电流测试电路

表 1.3.1　三极管三个电极上的电流分配

I_B/mA	0	0.01	0.02	0.03	0.04	0.05
I_C/mA	0.01	0.56	1.14	1.74	2.33	2.91
I_E/mA	0.01	0.57	1.16	1.77	2.37	2.96

分析测试结果可以得到以下结论：

1) 发射极电流等于基极电流与集电极电流之和，即 $I_E = I_B + I_C$。而又因基极电流很小，则 $I_E \approx I_C$，也就是说发射极电流大部分流向集电极。

2) 集电极电流受基极电流的控制，控制系数为 $\bar{\beta} = I_C/I_B$，即 $I_C = \bar{\beta} I_B$，$I_E = (1+\bar{\beta})I_B$，一般说来，$\bar{\beta}$ 值约为 20~200，因此 $\bar{\beta}$ 也叫电流放大倍数。此即三极管的电流放大作用。

可见基极电流 I_B 的微小变化，将使集电极电流 I_C 发生大的变化，即基极电流 I_B 的微小变化控制了集电极电流 I_C 较大的变化，这就是三极管的电流控制作用。

应当注意的是，在三极管放大作用中，被放大的集电极电流 I_C 是由电源 V_{CC} 提供的，并不是三极管自身生成能量，它实际体现了用小信号控制大信号的一种能量控制作用。三极管是一种电流控制器件。

1.3.3　三极管的伏安特性

三极管的伏安特性曲线是指输入回路和输出回路中电压与电流的关系曲线。仍以图 1.3.4 电路为例分析。

1. 输入特性曲线

指集射电压 U_{CE} 固定时，基极电流 I_B 随基射电压 U_{BE} 变化的曲线，即 $I_B = f(U_{BE})|_{U_{CE}为常数}$。实验中，若取不同的 U_{CE}，可得到不同的曲线。但当 $U_{CE} > 1$ V 后，各条曲线基本重合。图 1.3.5 为实测的 $U_{CE} > 1$ V 时的输入特性曲线。

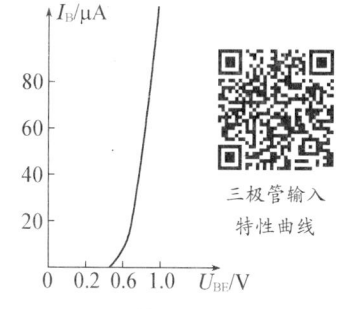

由图 1.3.5 可见，该输入特性曲线与二极管的正向特性相似，是非线性的。当 U_{BE} 小于死区电压时，管子不导通，$I_B = 0$。当管子导通后，发射结压降基本保持不变。对于硅管，死区电压约为 0.5 V，导通管压降约为 0.7 V。对于锗管，死区电压约为 0.1 V，导通管压降约为 0.3 V。

图 1.3.5　三极管输入特性曲线

2. 输出特性曲线

输出特性曲线是指当基极电流 I_B 固定时，集电极电流 I_C 与集射电压 U_{CE} 之间的关系曲线，即 $I_C = f(U_{CE})|_{I_B=常数}$。若取不同的 I_B，则可得到不同的曲线，因此三极管的输出特性曲线为一曲线族，如图 1.3.6 所示。

输出特性曲线可分三个区域：

1) 截止区　指 $I_B = 0$ 以下的阴影部分。此时 U_{BE} 小于死区电压，三极管处于截止状态。有时为了使三极管可靠截止，常使三极管

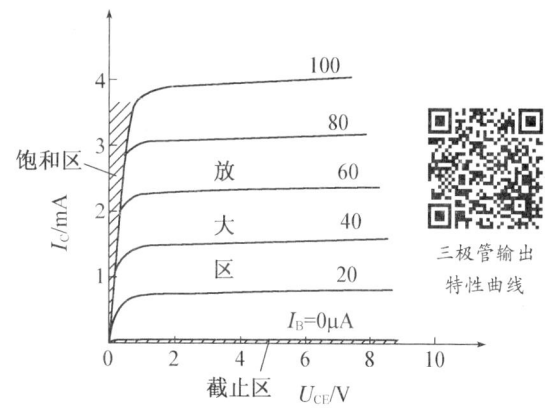

图 1.3.6　输出特性曲线

的发射结处于反偏或零偏状态。当管子工作在截止区时,$I_C \approx 0$,$U_{CE} \approx V_{CC}$,集射之间呈现高电阻,相当于一个断开的开关。

2) 饱和区　指曲线上升和弯曲处的阴影部分。此时$U_{CE} < U_{BE}$,集电结处于正偏状态,因此影响了集电结收集载流子的能力,即使I_B增大,I_C也不会变化,I_C不再受I_B控制,三极管处于饱和导通状态。此时,集射极之间呈现低电阻,相当于一个闭合的开关。

3) 放大区　指曲线族的平直部分,此时$I_B > 0$,$U_{CE} > 1V$。三极管工作在放大区的特点:I_C只受控于I_B,与U_{CE}无关,呈现恒流特性。因此当I_B固定时,I_C的曲线是平直的。当I_B增大时,I_C的曲线上移,且I_C的变化量远大于I_B的变化量,表明了三极管的电流放大作用。

由以上分析可知,三极管不仅具有电流放大作用,同时还具有开关作用。三极管用作放大器件时,工作在放大区;用作开关器件时,则工作在饱和区和截止区。三极管工作在饱和区时,发射结和集电结同为正偏,$U_{CE} \approx 0$;三极管工作在截止区时,发射结和集电结同为反偏,$U_{CE} \approx V_{CC}$。

【例 1.3.1】　在某放大电路中,如果测得如图 1.3.7 所示各管脚的电位值,问各三极管分别工作在哪个区?

解　图中各管均为 NPN 管。

如图 1.3.7(a)所示,$U_B > U_E$,$U_B > U_C$,两个 PN 结均正偏,三极管工作在饱和区。

如图 1.3.7(b)所示,$U_B > U_E$,$U_B < U_C$,发射极正偏,集电极反偏,三极管工作在放大区。

如图 1.3.7(c)所示,$U_B < U_E$,$U_B < U_C$,两个 PN 结均反偏,三极管工作在截止区。

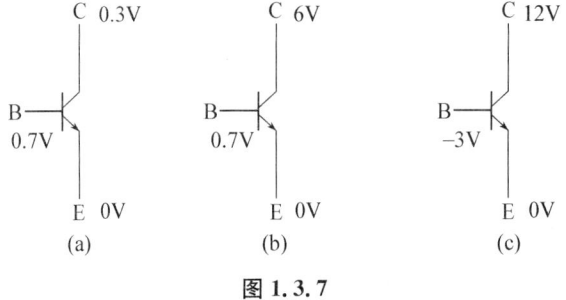

图 1.3.7

1.3.4　三极管的主要参数

1. 共射电流放大倍数 β

电流放大倍数表征了三极管电流放大能力,应包括直流放大倍数 $\bar{\beta} = I_C/I_B$ 和交流放大倍数 $\beta = \Delta I_C/\Delta I_B$ 两种。$\bar{\beta}$ 和 β 意义不同,数值也不完全相等,但在三极管工作范围内,二者在数值上相差很小,工程估算中可混用,用 β 表示。电流放大系数是衡量三极管电流放大能力的参数。但是 β 值过大热稳定性差,做放大用时一般 β 取 50~200 为宜。

2. 极间反向电流

1) 发射极开路,集电极—基极反向电流 I_{CBO}

I_{CBO}是当三极管发射极开路而集电结处于反向偏置时的集基极之间的电流。如图 1.3.8(a)所示。它是由于集电结处于反向偏置,集电区中和基区中少数载流子的漂移所形成的电流。

在一定温度下，I_{CBO}基本上是个常数，与U_{CB}大小无关。常温下，小功率锗管的I_{CBO}约为几至几十微安，小功率硅管的I_{CBO}在$1\mu A$以下。其值越小越好。

2）基极开路，集电极—发射极反向电流即集射极穿透电流I_{CEO}

指基极开路、发射结正偏、集电结反偏时集射极之间的电流。如图1.3.8(b)所示。I_{CEO}的值为I_{CBO}的$1+\beta$倍，受温度影响很大，会造成三极管工作不稳定，是衡量三极管质量的一个指标。小功率锗管的I_{CEO}约为几十至几百微安，硅管在几微安以下。I_{CEO}越小越好。

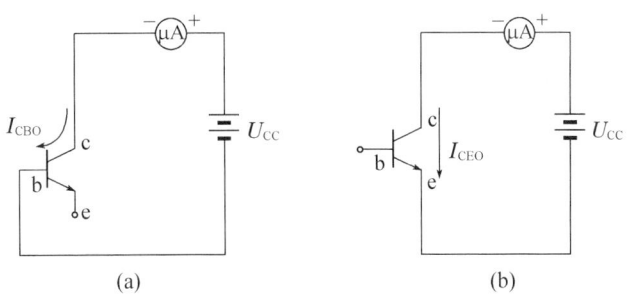

图1.3.8　三极管极间反向电流

3. 集电极最大允许电流I_{CM}

指三极管正常工作时，集电极所允许的最大电流。当集电极电流太大时，β值将下降。一般认为，当β值下降到正常值的2/3时的集电极电流为最大允许电流。

4. 集射极反向击穿电压$U_{(BR)CEO}$

指基极开路时，集射极间允许加的最高反向电压。若$U_{CE}>U_{(BR)CEO}$，三极管将被击穿。

5. 集电极最大允许耗散功率P_{CM}

三极管工作时，集电极存在功率损耗，其值为$P_C=I_C U_{CE}$。此功耗使集电结温度上升，若$P_C>P_{CM}$，将导致三极管过热损坏，如图1.3.9所示，使用中，不允许超出安全工作区。

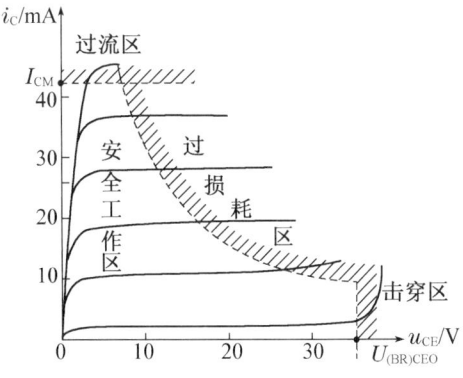

图1.3.9　三极管的安全工作区

1.4　场效应管

三极管是以很小输入电流控制输出电流的放大元件，在放大状态工作时要有一定的输入电流,称为电流控制元件。

场效应管是以很小输入电压控制较大输出电流的放大元件,在放大状态工作时要有一定的输入电压,无输入电流,称为电压控制元件。它具有输入电阻高(可高达10^8 Ω以上)、噪声低、热稳定性好、抗辐射能力强、耗电省、易集成等优点,因此得到广泛应用。

根据结构的不同,场效应管可分两大类:结型场效应管(简称 JFET)和绝缘栅场效应管(简称 IGFET)。而结型场效应管又分为 N 沟道和 P 沟道两种;绝缘栅场效应管也有 N 沟道和 P 沟道两种类型,但每种类型的工作方式又都可分为增强型和耗尽型。它们都以半导体中的多数载流子导电,因而又称作单极型晶体管。

1.4.1 JFET 的结构及原理

1. 基本结构及符号

结型场效应管(JFET)按其导电沟道分为 N 沟道和 P 沟道两种。如图 1.4.1(a)所示为 N 沟道结型场效应管的结构与符号,它在一块 N 型半导体两侧制作两个高浓度 P 型区域,形成两个 PN 结,把两个 P 型区相连后引出一个电极,称为栅极,用字母 G 表示,在 N 型半导体两端分别引出两个电极,分别称为漏极和源极,分别用字母 D 和 S 表示。两个 PN 结中间的区域是电流流通的路径,称为导电沟道。

同理,若在 P 型半导体两侧各掺杂一个高浓度的 N 型区域,形成两个 PN 结。漏极和源极之间由 P 型半导体构成的导电沟道,因此将其称为 P 沟道结型场效应管,其电路符号如图 1.4.1(b)所示。

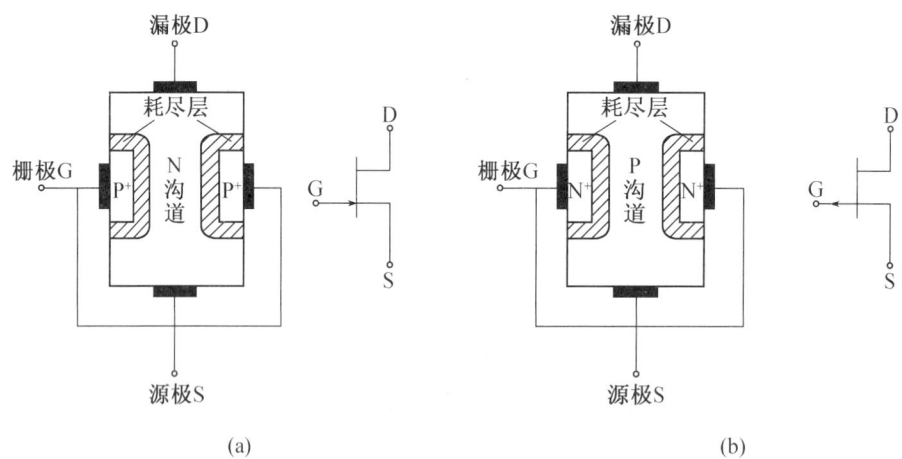

图 1.4.1 JFET 的结构示意图及其图形符号

2. 工作原理

如图 1.4.2 所示为 N 沟道结型场效应管施加偏置电压后的电路图。由图可见,漏源之间加 U_{DD} 电压,栅源之间加反向电压 u_{GS},沟道的上下两侧与栅极分别形成 PN 结,改变加在 PN 结两端的反向偏置电压 u_{GS},就可以改变 PN 结的宽度,也就改变了漏源之间导电沟道的宽度,从而可控制导电沟道中的电流 i_D。当栅源电压 $u_{GS}=0$ V 时,导电沟道最宽,漏极电流 i_D 最大;当栅源电压 u_{GS} 为某一值时,沟道完全被夹断,漏极电流 $i_D=0$ A,并将这一电压称为夹断电压 $U_{GS(off)}$。因此场效应管是一种电压控制器件,它利用电压 u_{GS} 来控制漏极电流 i_D。

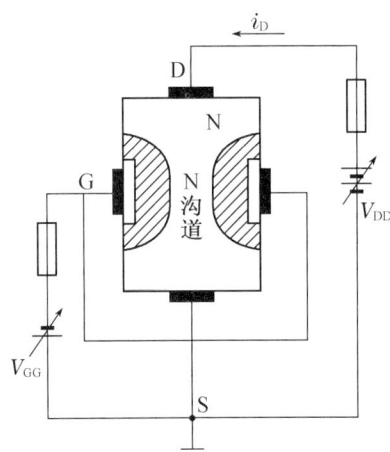

图 1.4.2 结型场效应管的工作原理

1.4.2 JFET 的特性曲线

1. 转移特性曲线

当 u_{DS} 电压一定时,漏极电流 i_D 与栅源电压 u_{GS} 之间的关系称为转移特性,即

$$i_D = f(u_{GS})|_{u_{DS}=\text{常数}}$$

如图 1.4.3 所示为 N 沟道结型场效应管的转移特性曲线。当 $u_{GS}=0$ 时,i_D 最大,称其为饱和漏极电流,并用 I_{DSS} 表示。当 u_{GS} 变负时,沟道电阻变大,漏极电流 i_D 减小。当 $u_{GS}=U_{GS(off)}$ 时,沟道被夹断,此时 $i_D=0$。

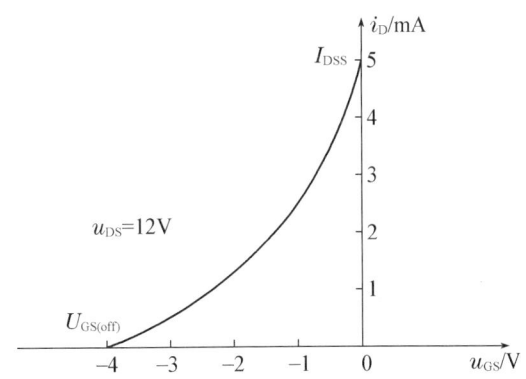

图 1.4.3 N 沟道结型场效应管的转移特性曲线

在 $U_{GS(off)} \leqslant u_{GS} \leqslant 0$ 的范围内,漏极电流 i_D 与栅源电压 u_{GS} 的关系为

$$i_D = I_{DSS}\left(1 - \frac{u_{GS}}{U_{GS(off)}}\right)^2$$

一般来说,不同的 u_{DS} 值,其转移特性曲线不同,但很接近,可以认为是一条曲线,使分析得到简化。

2. 输出特性曲线

输出特性是指栅源电压 u_{GS} 一定,漏极电流 i_D 与漏源电压 u_{DS} 之间的关系,即

$$i_D = f(u_{DS})|_{u_{GS}=\text{常数}}$$

图 1.4.4 所示是 N 沟道结型场效应管的一簇输出特性曲线，它是将 u_{GS} 分别固定在不同值时，所测得的 i_D 与 u_{DS} 之间的关系曲线。输出特性曲线可分为三个区域：

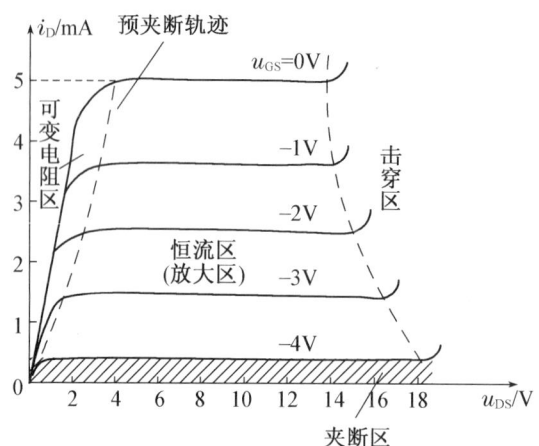

图 1.4.4　N 沟道结型场效应管的输出特性曲线

1) 可变电阻区

对于每一条曲线，当 u_{DS} 很小时，导电沟道畅通，i_D 随 u_{DS} 的增大而线性增大，但当 u_{DS} 增大到一定程度，靠近漏极端的耗尽层最宽，当两耗尽层相遇时，即称为预夹断，将不同的预夹断点连接起来，就形成了一条预夹断轨迹，如图 1.4.4 所示。预夹断轨迹的左边区域称为可变电阻区。场效应管工作在该区时，导电沟道畅通，场效应管的漏源之间相当于一个电阻。当栅源电压 u_{GS} 一定时，沟道电阻也一定，i_D 随 u_{DS} 的增大而线性增大。当栅源电压 u_{GS} 变化时，输出特性曲线倾斜也变化，即漏源间的等效电阻在变化。因此，场效应管可以看作一个受栅源电压 u_{GS} 控制的可变电阻。

2) 恒流区

预夹断轨迹的右边区域称为恒流区。此区域的特征是 i_D 与漏源电压 u_{DS} 基本无关，i_D 主要由栅源电压 u_{GS} 决定。恒流区也称放大区。

3) 夹断区

当栅源电压 u_{GS} 达到夹断电压 $U_{GS(off)}$ 值后，沟道被夹断，$i_D \approx 0$，场效应管截止。

4) 击穿区

当 u_{DS} 增大到一定值，则漏源之间会发生击穿，漏极电流 i_D 急剧增大。若不加以限制，管子会损坏。

3. 结型场效应管的主要参数

1) 夹断电压 $U_{GS(off)}$

在 u_{DS} 为某一值时，栅源电压 u_{GS} 使管子截止所对应的电压。N 沟道结型管的 $U_{GS(off)}$ 为负值；P 沟道结型管的 $U_{GS(off)}$ 为正值。

2) 饱和漏极电流 I_{DSS}

在 u_{DS} 为恒流区内某一确定值的条件下，栅源之间短路时的漏极电流。

3) 输入电阻 R_{GS}

输入电阻是栅源两端看入的等效电阻。因为正常工作时栅源之间加的电压是反向电压,栅源间 PN 结反偏,I_G 很小,故 R_{GS} 很大。结型场效应管一般 $R_{GS}>10$ MΩ。

4) 低频跨导 g_m

在 u_{DS} 为某一值时,i_D 的微小变化量与 u_{GS} 的微小变化之比叫低频跨导,即

$$g_m = \frac{\Delta i_D}{\Delta u_{GS}}\bigg|_{u_{DS}=常数}$$

g_m 的单位为西门子(S)。g_m 的大小反映了场效应管放大能力的大小,一般为 1 至 5 mS,g_m 越大,放大能力越强。

1.4.3 MOSFET 的结构及原理

绝缘栅场效应管也是利用电压控制漏极电流的原理制成的,按其工作方式不同可分为增强型和耗尽型两种类型,每种又各有 N 沟道和 P 沟道的形式。所谓增强型,即在 $u_{GS}=0$ 时不存在导电沟道,只有当栅源电压大于开启电压后才有电流产生。与之相反,在 $u_{GS}=0$ 时就存在导电沟道的为耗尽型。

绝缘栅场效应管的栅极工作于绝缘状态,输入电阻很高,可达到 10^{15} Ω,且易于集成化,因此它广泛应用于大规模集成电路。

1. 结构与符号

绝缘栅场效应管的内部结构如图 1.4.5 所示。用一块 P 型硅片作衬底,在上面生成两个掺杂浓度很高的 N 区,分别引出一个金属电极作为源极和漏极;再在 P 型硅片上覆盖二氧化硅绝缘层,并引出金属电极作为栅极。由于栅极与源极、漏极以及衬底绝缘,故名绝缘栅场效应管,英文为 Insulated gate type field effect transistor,简称 IGFET。又因为金属、氧化物与半导体材料分层分布,又名金属—氧化物—半导体场效应管,简称 MOS 管。

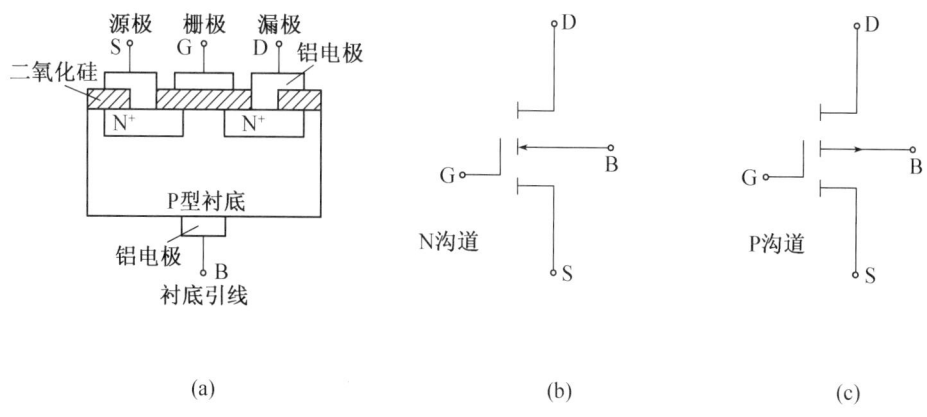

图 1.4.5　N 沟道增强型 MOS 管

2. 工作原理

如图 1.4.6 所示,图中 U_{GG} 和 U_{DD} 分别为栅极与源极、源极与漏极的偏置电压,在它们的作用下,左右侧两个 N^+ 区将被沟通,在源极和漏极之间形成导电沟道,使得左 N^+ 区的电子向右 N^+ 区运动,并形成漏极电流 i_D。实验证明,u_{GS} 越高,导电沟道越宽,沟道电阻越小,

在 u_{DS} 作用下形成的漏极电流 I_D 越大。也就是说改变栅源电压可控制漏极电流的大小,此即为场效应管的电流放大作用。

以上电路中,将源极和漏极沟通的载流子为电子,形成的导电沟道为 N 型,称为 N 沟道 MOS 管,记为 NMOS 管。与此相反,若以 N 型硅片为衬底,制成的 MOS 管则为 P 型沟道。在 P 型沟道中,将源漏极沟通的载流子为空穴,记为 PMOS 管,增强型绝缘栅场效应管 NMOS 和 PMOS 的电路符号分别如图 1.4.5(b)、(c)所示。

下面介绍 N 沟道增强型 MOS 管,图 1.4.7(a)为它的转移特性曲线。转移特性曲线表征了栅源电压对漏极电流的控制作用。

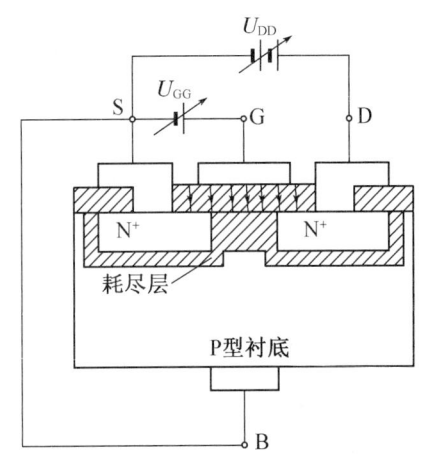

图 1.4.6　N 沟道增强型管导电沟道的形成

由特性曲线不难看出,在 $0 < u_{GS} < U_{GS(th)}$ 范围之内,$i_D = 0$,表明 D、S 极间的导电沟道尚未形成,MOS 管截止。当 $u_{GS} > U_{GS(th)}$ 后,i_D 开始随之增大,MOS 导通。因此称 $U_{GS(th)}$ 为开启电压,类似于三极管的死区电压。

图 1.4.7(b)为输出特性曲线,表征了在一定 u_{GS} 条件下,u_{DS} 对 i_D 的影响,此曲线与结型场效应管的输出曲线形状相同,只是 u_{GS} 要加正电压,而且 u_{GS} 越大,漏极电流 i_D 越大。MOS 管的特性曲线也可分为可变电阻区,恒流区和夹断区。

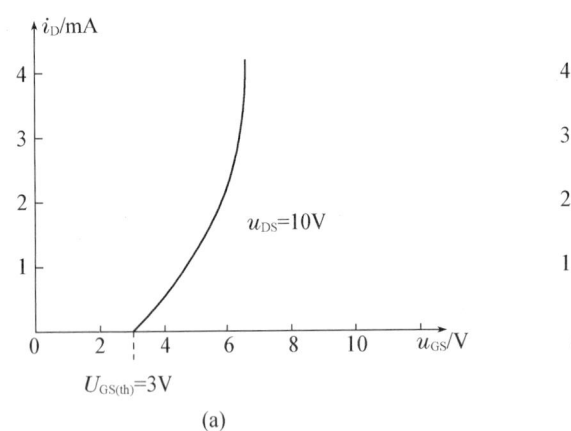
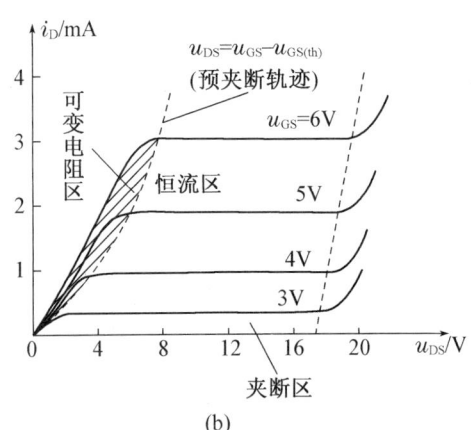

图 1.4.7　N 沟道增强型 MOS 管的特性曲线

3. 耗尽型 MOS 管的结构和工作原理

1) 结构与符号

耗尽型管与增强型管的结构基本相同,主要区别是:在无栅源电压时,增强型管中不存在导电沟道,而耗尽型管中存在导电沟道。原因是制造过程中,在二氧化硅绝缘层中掺入了大量正离子,因此在 $u_{GS} = 0$ 时,掺入的正离子产生很强的静电场,在其作用下,漏源之间的衬底表面存在反型层,形成导电沟道,如图 1.4.8(a)所示。

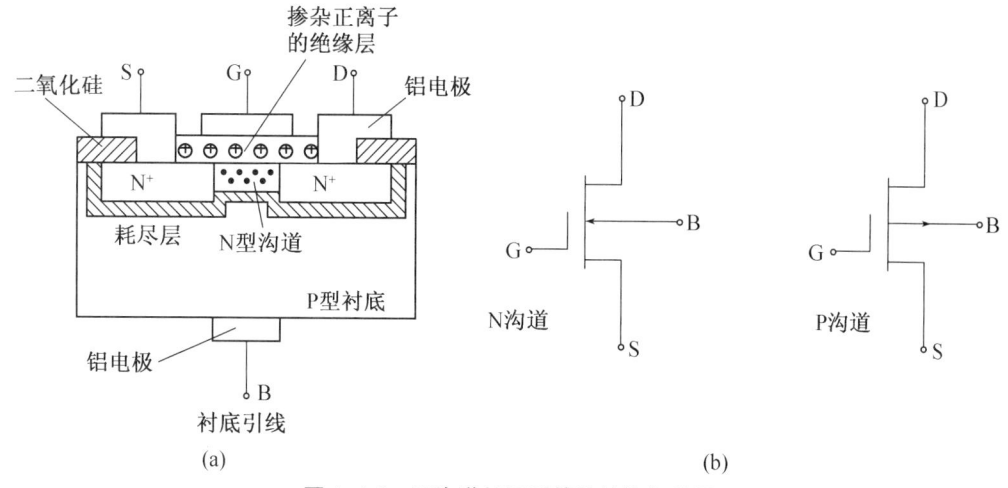

图 1.4.8　N 沟道耗尽型管的结构与符号

2）工作原理

对于耗尽型场效应管，因为本身存在导电沟道，故只要加上电压 u_{DS}，就有电流 i_D 产生。如果加上正 u_{GS}，则增强了绝缘层中的电场，使导电沟道变宽，电阻减小，在相同的 u_{DS} 下 i_D 增大。当 u_{GS} 为负时，则削弱绝缘层中的电场，使导电沟道变窄，i_D 减小。当 u_{GS} 负向增大到一定数值时，总电场的作用不足以产生导电沟道，此时管子截止，$i_D = 0$。耗尽型 NMOS 管的转移特性曲线和输出特性曲线如图 1.4.9 所示，可见耗尽型 NMOS 管可以工作在栅源电压为正或为负或为零的状态。

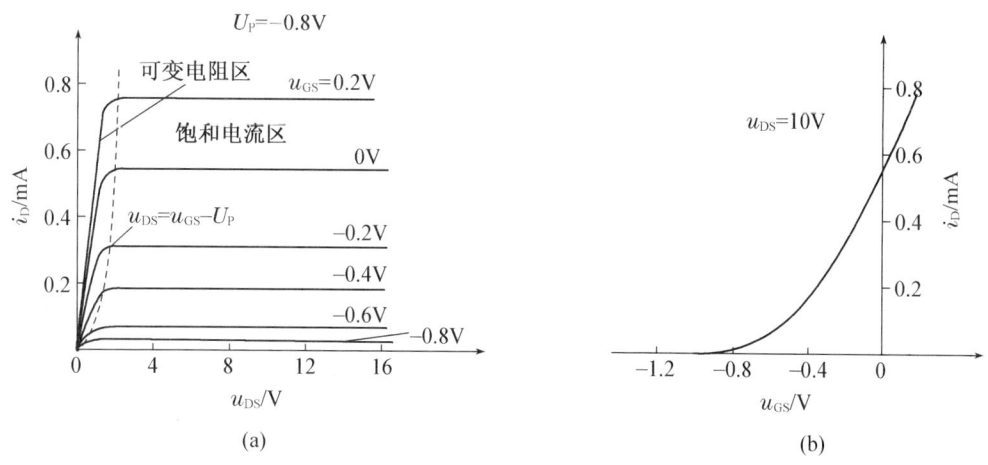

图 1.4.9　N 沟道耗尽型管的特性曲线

4. 主要参数

MOS 管的主要参数与结型场效应管基本相同，只是 MOS 管有增强型和耗尽型的区别，增强型管有开启电压 $U_{GS(th)}$ 为参数，而耗尽型有夹断电压 $U_{GS(off)}$ 为参数。

5. 场效应管的特点及使用说明

1）特点

场效应管与普通三极管相比，具有以下特点：

（1）场效应管为压控器件，其输出电流取决于栅源极之间的电压，栅极几乎不取用信号源的电流,因此输入电阻很高。

(2) 除用于放大和开关电路外,场效应管工作在可变电阻区时,可作为压控电阻使用,因此在集成电路中应用极为广泛。

(3) 场效应管制作方便,源极和漏极可以互换,而且热稳定性好,因此其灵活性优于三极管。当然有些场效应管在制造时已将源极和衬底相连,则源极和漏极不能互换。

2) 使用注意事项

(1) MOS 管的栅极不能开路,以免在栅极中产生感应电压而击穿 SiO_2 绝缘层。存放时应将三个电极短接。

(2) 不能用万用表检测 MOS 管管脚的极性,而应使用专用测试仪。测试时,应先接入测试仪再拆掉电极间的短接线,测试完毕应再次将三个管脚短接;焊接时烙铁应良好接地,以屏蔽交流电场,以免受外电场的作用而使管子损坏,断电后利用余热焊接,焊接过程中电极间应短路保护。

6. 场效应管与半导体三极管的性能比较

表 1.4.1 给出了场效应管与半导体三极管性能比较。

表 1.4.1 场效应管与半导体三极管性能比较

性能 器件名称	半导体三极管	场效应管
导电结构	既利用多数载流子,又利用少数载流子,故称为双极型器件	只利用多数载流子工作,称为单极型器件
控制方式	电流控制	电压控制
放大系数	$\beta(20 \sim 200)$	$g_m(1 \sim 5 \text{ mA/V})$
类型	PNP、NPN	N 沟道、P 沟道
受温度影响	大	小
噪声	较大	较小
抗辐射能力	差	强
制造工艺	较复杂	较简单,易于集成

本章小结

半导体材料具有热敏性、光敏性及可掺杂性。本征半导体是不含其他元素的、纯净的半导体,具有电子和空穴两种载流子,在受热、光照或撞击等外部作用时,本征半导体会激发产生电子—空穴对,本征半导体的导电能力很弱。杂质半导体是掺入少量其他元素,可分为 N 型及 P 型半导体;N 型半导体是掺入五价元素如磷,形成多数载流子是电子,少数载流子是空穴;P 型半导体是掺入三价元素如硼,形成多数载流子是空穴,少数载流子是电子;杂质半导体的导电能力比本征半导体的导电能力大大增强。PN 结是 P 型半导体与 N 型半导体通过多数载流子的扩散运动与少数载流子的漂移运动而形成的,在交界形成具有单向性的空间电荷区,又称耗尽层,是构成电子元器件的基础。

二极管具有单向导电性，是由 PN 结、封装及引脚构成。常用的有硅管及锗管，点接触型及面接触型，可用于开关、整流、钳位及稳压、发光等特殊用处。对于二极管应用要注意：二极管正偏导通，反偏截止，可应用于整流及开关电路；二极管导通时正偏电压基本不变，对硅管来说，一般取 0.7 V，锗管一般取 0.3 V，可用于限幅作用；稳压管是特殊二极管，正常工作时处于反偏击穿状态，而且必须与限流电阻配合使用。

三极管具有电流放大作用，是一种电流控制器件，可分为 NPN 型及 PNP 型两种，是由三个区、两个 PN 结及三个引脚组成。常用的有硅管及锗管，低频管及高频管，小功率管及大功率管等。对于三极管应用要注意：三极管有两种类型即 NPN 型及 PNP 型，它们在结构上 P 区和 N 区的位置相反，因此在相同的工作状态，所加电压方向相反，电流方向也相反；三极管具有三种工作状态，各有不同的条件和特点，即放大区是发射结正偏、集电结反偏，$I_C=\beta I_B$，与 U_{CE} 几乎无关；饱和区是发射结正偏、集电结正偏，$I_C \neq \beta I_B$，U_{CE} 值较小；截止区发射结反偏、集电结反偏，$I_C \approx 0$。

场效应管也具有电流控制放大作用，体现栅源电压 u_{GS} 对漏极电流 i_D 的控制。场效应管可分为结型及绝缘栅型，每一种又都有 N 沟道和 P 沟道之分，绝缘栅型又有增强型和耗尽型。不同种场效应管在工作时，栅源电压 u_{GS} 在数值、极性上是不同的，也可根据这点区分不同类型场效应管。此外，场效应管在保存、焊接、使用时要注意正确方法，以防损坏管子。

习 题

1.1 如图 1.1 所示电路，二极管导通时压降为 0.7 V，反偏时电阻为 ∞，求 U_{AO}。

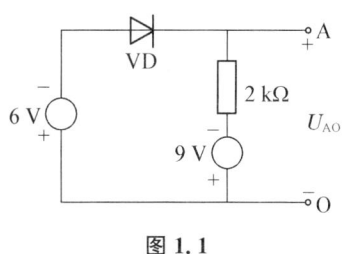

图 1.1

1.2 如图 1.2 所示电路，判断各二极管处于何种工作状态？设管子导通正偏电压为 $U_F=0.7$ V，反偏电流为零，求 U_{AO}。

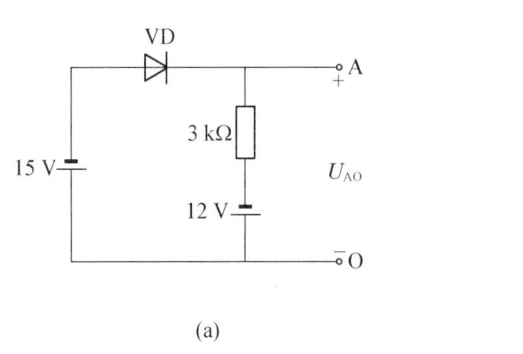
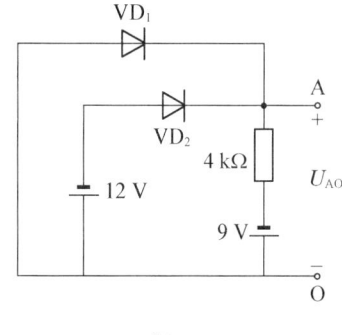

(a)　　　　　　　　　　　(b)

图 1.2

1.3 如图 1.3 所示稳压电路,其中 $U_{Z1}=6.5\ \text{V}$,$U_{Z2}=5\ \text{V}$,两管正向导通电压均为 0.7 V。该电路的输出电压为多大？为什么？

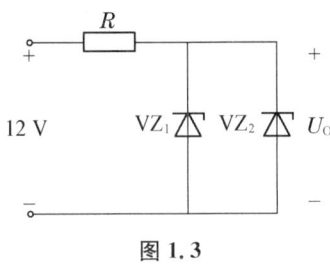

图 1.3

1.4 如图 1.4 所示电路,设二极管为理想的,试根据如图(c)所示输入电压 u_i 的波形,画出输出电压 u_o 的波形。

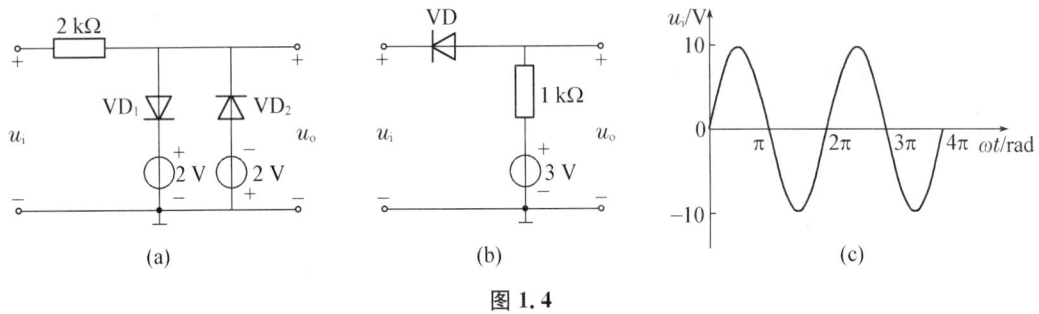

图 1.4

1.5 如图 1.5 电路所示,稳压管 VZ_1 的稳定电压为 $U_{Z1}=7\ \text{V}$,$U_{Z2}=5\ \text{V}$,输入电压 $u_i=10\sin\omega t$。画出输出电压 u_o 的波形。设稳压管的导通电压为 0.7 V。

1.6 测得三极管的电流大小、方向如图 1.6 所示,试在图中标出各引脚,并确定管子的类型。

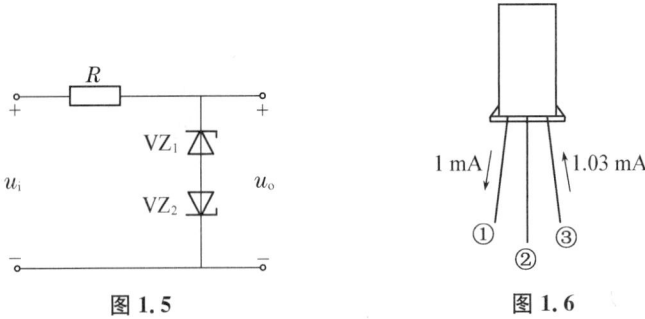

图 1.5 图 1.6

1.7 三极管各电极实测数据如图 1.7 所示,各个管子是 NPN 型还是 PNP 型？是硅管还是锗管？管子是否损坏,若不损坏,管子处于放大、饱和和截止中的哪个工作状态？

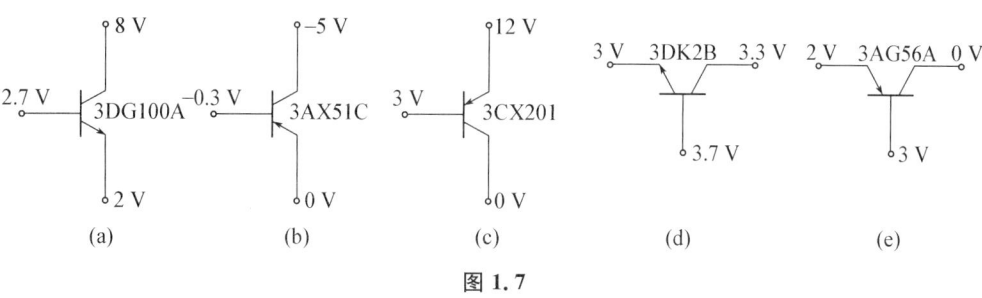

图 1.7

1.8 在电子电路中测得某个三极管的管脚电位分别为 8 V、4.5 V、3.8 V,试判别管子的三个电极,并说明它的类型,是硅管还是锗管?

1.9 测得工作在放大电路中的两个电极电流分别如图 1.8 所示。
(1) 求另一个电极电流,并在图中标出实际方向。
(2) 判断管子类型,并标出 e、b、c 极。
(3) 估算管子的电流放大系数 β 值。

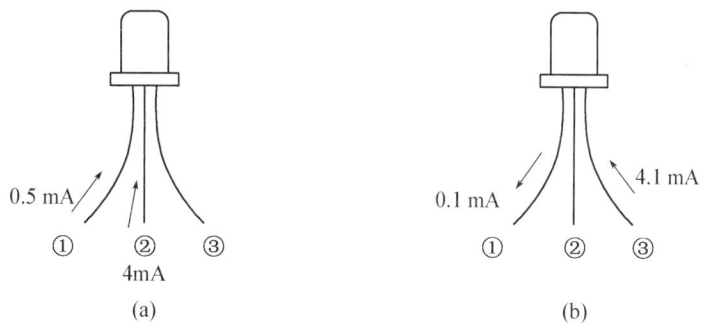

图 1.8

1.10 N 沟道绝缘栅增强型场效应管与 N 沟道绝缘栅耗尽型场效应管工作原理有何不同?分别说明增强型场效应管开启电压 $U_{GS(th)}$ 与耗尽型场效应管夹断电压 $U_{GS(off)}$ 的意义。

1.11 绝缘栅型场效应管在使用和存放时应该注意什么?

技能训练:常用电子仪器的使用

一、实验目的
1. 学习电子电路中常用电子仪器——示波器、函数信号发生器、交流毫伏表的主要技术指标、性能及正确使用方法。
2. 应用示波器测试信号周期及有效值。

二、实验原理
本实验是对示波器、函数信号发生器、交流毫伏表进行综合使用练习,让函数信号发生器输出具有一定频率和幅度的交流电压信号,由交流毫伏表、示波器进行测量,接线图如图 T1.1。

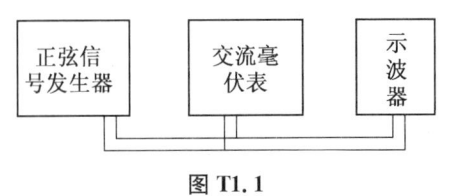

图 T1.1

三、实验内容与步骤

1. 了解实验仪器面板各旋钮、开关名称和作用。
2. 用三根屏蔽信号线将信号源输出端、示波器和毫伏表的输入端连接起来。
3. 开启仪器电源。(毫伏表量程放最大位置)
4. 按表 T1.1 要求调节信号源面板上相关旋钮(波形选择,频率粗调、微调、幅度调节),输出一定频率、一定有效值的标准交流电压信号(有效值由毫伏表监测)。用示波器测出波形,读取相关数据,换算成电压有效值和频率。当仪器正确操作时,示波器测量出的电压有效值与毫伏表指示值基本一致,示波器测量出的频率与信号源频率指示值基本一致;否则说明在仪器使用中存在问题,要进行原因分析,及时纠正。

表 T1.1

信号发生器输出交流电压		示波器旋钮位置与读数					
频率	有效值	V/DIV	波形峰峰值所占格数	换算后电压有效值	T/DIV	波形周期占格数	换算频率
1 000 Hz	2 V						
50 KHz	20 mV						
300 KHz	0.6 V						

四、注意点

1. 不要短路信号源的输出。
2. 不要从交流毫伏表输出孔引起测量信号。尽量避免交流毫伏表指针满偏。
3. 不要使示波器荧屏出现固定亮点(X—Y 键不要按下)。

Multisim 仿真

如图 M1.1 所示为二极管整流应用的仿真电路。由于二极管具有单向导通性,输出信号产生半波整流现象。图 M1.2 中全波形为输入信号波形,半波形为输出信号波形。

第 1 章 半导体器件

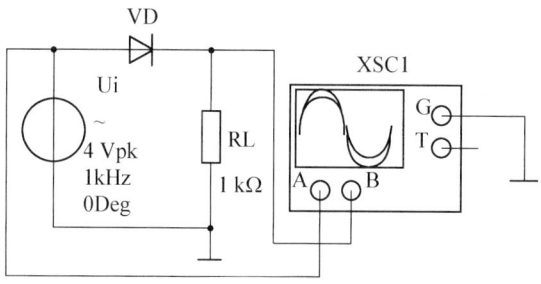

图 M1.1 半波整流电路图

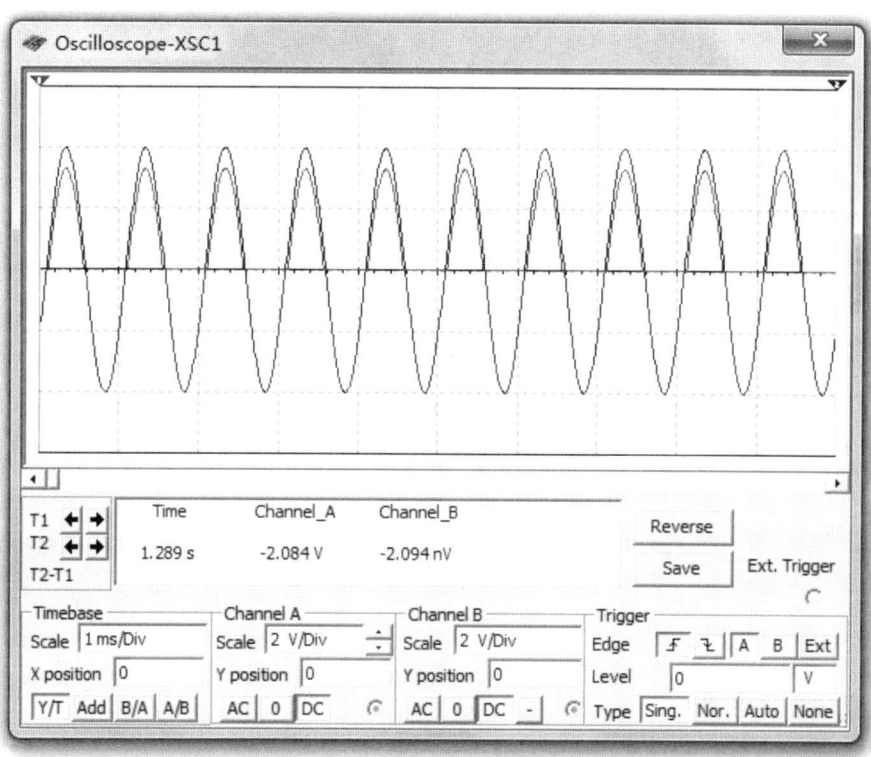

图 M1.2 半波整流电路波形输出

第 2 章 放大电路

本章学习目标
1. 掌握放大电路组成,共射放大电路及共集放大电路静态及动态分析方法。
2. 掌握分压式偏置共射放大电路稳定静态工作点原理,静态及动态分析。
3. 了解多级放大电路耦合方式和特点,阻容耦合放大电路的动态分析。
4. 了解直接耦合放大电路存在问题,差动放大电路组成及分析。
5. 了解场效应管放大电路组成及动态分析。
6. 掌握放大电路静态及动态指标测试。

放大电路也叫放大器,包括电流放大器、电压放大器和功率放大器等。放大器的目的是将微弱的变化信号放大成较大的信号,其实质是利用晶体管或场效应管的电流或电压控制作用,将微弱的输入信号增强到所要求的输出信号并推动执行机构工作。

放大电路的种类很多。按工作频率可以分为直流放大器、低频放大器、中频放大器、高频放大器、视频放大器等;按用途可以分为电流放大器、电压放大器及功率放大器;按工作状态可以分为弱信号放大器和高频功率放大器;按信号大小可以分为小信号放大电路和大信号放大电路。

2.1 共射放大电路

(掌握基本放大电路的组成原则,各元件的作用,各电量的表示方法。这部分内容通过多媒体课件讲解清楚即可。)

本节讨论应用最广的共射放大电路,它是组成放大系统的最基本单元。

2.1.1 共射基本放大电路的组成

图 2.1.1 为单管共射放大电路,它由三极管、电阻、电容和直流电源组成。电路工作时,输入信号 u_i 经电容 C_1 加到三极管的基极与发射极之间,放大后的信号 u_o 通过电容 C_2 从三极管的集电极与发射极之间取出。各元件的作用如下:

三极管 V:图中为 NPN 型半导体三极管,它是放大电路的核心元件,起电流放大作用。为使其具备放大条件,电路的电源和有关电阻的选择,应使 V 的发射结处于正向偏置,集电结处于反向偏置状态。

集电极直流电源 V_{CC}:放大电路的总能源,同时兼

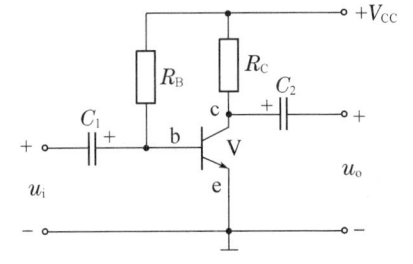

图 2.1.1 共射放大电路

作偏置电源。其作用是保证三极管的发射结正偏、集电结反偏,使三极管处于放大状态。

集电极负载电阻 R_C:将放大后电流的变化转换为电压的变化送到输出端,从而实现三极管的电流放大作用。

耦合电容 C_1、C_2:分别接在放大电路的输入端和输出端,起隔直通交的作用。在低频放大电路中通常采用容量较大的电解电容,接线时应注意它们的极性。

2.1.2 放大电路中各电量的表示方法

放大电路放大信号性能的优劣是用它的性能指标来表示的。性能指标是指在规定条件下,按照规定程序和测试方法所获得的有关数据。放大电路性能指标很多,且因电路用途不同而有不同的侧重。这里仅介绍其中几项指标的含义。

一、放大倍数

放大倍数表征放大电路对微弱信号的放大能力,它是输出信号(U_o、I_o、P_o)比输入信号增大的倍数,又称增益。

1. 电压放大倍数

放大电路的电压放大倍数定义为输出电压有效值与输入电压有效值之比,即

$$A_u = \frac{U_o}{U_i} \tag{2.1.1}$$

它表示放大电路放大电压信号的能力。

2. 电流放大倍数

放大电路的电流放大倍数定义为输出电流有效值与输入电流有效值之比,即

$$A_i = \frac{I_o}{I_i} \tag{2.1.2}$$

它表示放大电路放大电流信号的能力。

3. 功率放大倍数

放大电路等效负载 R_L 上吸收的信号功率($P_o = U_o I_o$)与输入端的信号功率($P_i = U_i I_i$)之比,即

$$A_p = \frac{P_o}{P_i} = \frac{U_o I_o}{U_i I_i} = A_u A_i \tag{2.1.3}$$

定义为放大电路的功率放大倍数。

在实际工作中,放大倍数常用分贝表示,定义为:

$$A_u(\mathrm{dB}) = 20 \lg \frac{U_o}{U_i} = 20 \lg A_u (\mathrm{dB}) \tag{2.1.4}$$

$$A_i(\mathrm{dB}) = 20 \lg \frac{I_o}{I_i} = 20 \lg A_i (\mathrm{dB}) \tag{2.1.5}$$

$$A_p(\mathrm{dB}) = 10 \lg \frac{P_o}{P_i} = 10 \lg A_p (\mathrm{dB}) \tag{2.1.6}$$

二、输入电阻和输出电阻

1. 输入电阻

当输入信号源加进放大电路时,放大电路对信号源所呈现的负载效应用输入电阻 R_i 来

衡量,它相当于从放大电路的输入端看进去的等效电阻。这个电阻的大小等于放大电路输入电压与输入电流的有效值之比,即

$$R_i = \frac{U_i}{I_i} \quad (2.1.7)$$

放大电路的输入电阻反映了它对信号源的衰减程度。R_i 越大,放大电路从信号源索取的电流越小,加到输入端的信号 U_i 越接近信号源电压 U_s。

2. 输出电阻

当放大电路将信号放大后输出给负载时,对负载 R_L 而言,放大电路可视为具有内阻的信号源,该信号源的内阻即称为放大电路的输出电阻。它也相当于从放大电路输出端看进去的等效电阻。输出电阻的测量方法之一是:将输入信号电源短路(如是电流源则开放),保留其内阻,在输出端将负载 R_L 去掉,且加一测试电压 U_o,测出它所产生的电流 I_o,则输出电阻的大小为

$$R_o = \frac{U_o}{I_o} \Big|_{\substack{R_L=\infty \\ U_i=0}} \quad (2.1.8)$$

放大电路的输出电阻的大小,反映了它带负载能力的强弱。R_o 越小,带负载能力越强。

2.2 放大电路的分析

(重点掌握共射基本放大电路的组成,静态及动态的指标分析估算,电路的应用。讲解时要应用多媒体课件、例题讲解、实验数据测量、波形观察来帮助学生掌握内容。)

对放大电路进行分析,首先需要明确的是其基本要求。放大电路的最终目的是不失真地放大交流信号,例如由接收机收到的广播电视信号、自动控制系统中由各种传感器检测并转换的交流信号。放大电路工作时,将这些信号加到输入回路,经放大后从输出回路取出去推动执行机构工作。而直流电源的作用,一是提供合适的偏置,使三极管导通并工作于线性放大区。二是提高直流电位,驮载交流信号一起放大,再经过耦合电容的隔直作用,将放大后的交流信号分离出来提供给负载。

因此放大电路工作时,交、直流共存,必须同时满足以下条件:

1. 必须有合适的静态偏置,保证三极管始终工作在线性放大区;
2. 对信号放大时,应保证输出信号尽量不失真;
3. 放大倍数应尽可能大。

综上所述,对放大电路的分析应包含静态和动态两种情况。

2.2.1 放大电路的静态分析

静态时,放大电路的输入信号为零,即 $u_i = 0$,电路中各处的电压和电流由直流电源确定,为恒定值。此时,电路中的电容相当于开路,放大电路是一个直流电路,称之为直流通路,如图 2.2.1 所示。

所谓静态分析,则是根据直流通路计算基极电流 I_{BQ}、集电极电流 I_{CQ} 以及集射极之间的电压 U_{CEQ} 的值。由图

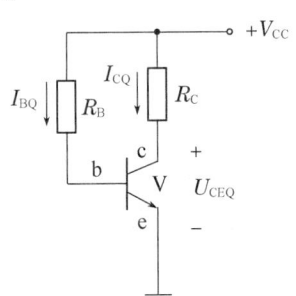

图 2.2.1 放大电路的直流通路

2.2.1 可得

$$I_{BQ}=\frac{V_{CC}-U_{BEQ}}{R_B}\approx\frac{V_{CC}}{R_B} \tag{2.2.1}$$

$$I_{CQ}=\beta I_{BQ} \tag{2.2.2}$$

$$U_{CEQ}=V_{CC}-I_{CQ}R_C \tag{2.2.3}$$

式(2.2.1)中的 U_{BEQ} 为发射结导通后的管压降,硅管约为 0.7 V,锗管约为 0.3 V。由以上分析可见,当电路参数固定时,I_B、I_C、U_{CE} 有确定的值,并且与输出特性曲线上的一点对应,称之为静态工作点,简称 Q 点,如图 2.2.2 中的 Q_0、Q_1 和 Q_2 点。显然 Q 点在输出特性曲线上的位置受 I_B 控制。

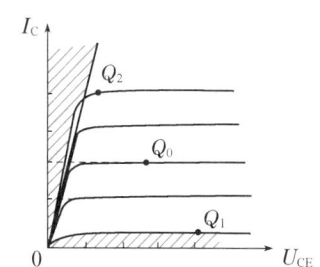

图 2.2.2 放大电路的静态工作点

【例 2.2.1】 估算图 2.1.1 共射极放大电路的静态工作点。其中 $R_B=120\ \text{k}\Omega$,$R_C=1\ \text{k}\Omega$,$V_{CC}=24\ \text{V}$,$\beta=50$,三极管为硅管,U_{BEQ} 取 0.7 V。

解 静态工作点的估算应用直流通路分析、计算。估算法的一般步骤如下:

① 画出放大电路的直流通路

由于电容对直流相当于开路,将图 2.1.1 中 C_1、C_2 开路,得到如图 2.2.1 所示的直流通路。

② 根据基极回路求 I_{BQ}

由式 2.2.9 可得 $I_{BQ}=\dfrac{V_{CC}-U_{BEQ}}{R_B}\approx\dfrac{V_{CC}}{R_B}=\dfrac{24}{120}\ \text{mA}=0.2\ \text{mA}$

③ 由三极管的电流分配关系求 I_{CQ}

由式(2.2.2)可求得 $I_{CQ}=\beta I_{BQ}=50\times 0.2\ \text{mA}=10\ \text{mA}$

④ 由集电极回路求 U_{CEQ}

由式(2.2.3)可求得 $U_{CEQ}=V_{CC}-R_C I_{CQ}=24\ \text{V}-10\times 1\ \text{V}=14\ \text{V}$

2.2.2 放大电路的动态分析

动态时,放大电路中有交流信号输入,电路中的电压、电流均要在静态的基础上随输入信号的变化而变化。因此,电路中各处的电压和电流都处于变动状态。

1. 电路中电压、电流的变化及波形

在图 2.1.1 中,若设输入信号为 $u_i=U_{im}\sin\omega t$,则各处电压电流变化情况分别为:

(1) u_i 经 C_1 加到三极管的发射结,发射结总电压则为直流电压 U_{BE} 与 u_i 叠加,可表示为:$u_{BE}=U_{BE}+u_i$。

(2) 基极总电流为直流电流 I_B 与交流电流 i_b 的叠加,可表示为:$i_B=I_B+i_b$。

(3) 经三极管放大后,集电极总电流则为 $i_C=\beta i_B=\beta I_B+\beta i_b=I_C+i_c$。

(4) 在输出端,R_C 上的总电压为 $R_C i_C=R_C I_C+R_C i_c$

(5) 输出电压总量为:$u_{CE}=V_{CC}-R_C i_C=(V_{CC}-R_C I_C)-R_C i_c=U_{CE}+u_{ce}$(式中 $u_{ce}=-i_c R_C$)

(6) u_{CE} 经电容 C_2 分离,直流分量被隔断,交流分量则到达负载,其值为 $u_{ce}=-i_c R_C$。各电压与电流的波形如图 2.2.3 所示。

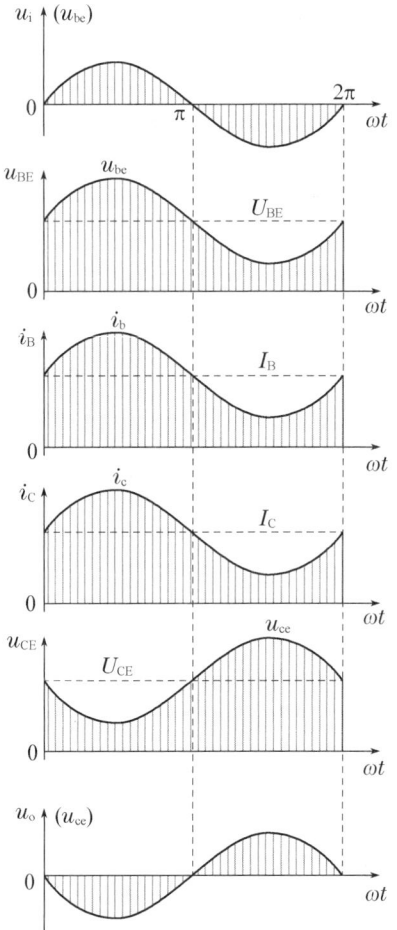

图 2.2.3 放大电路中电压和电流的波形

对于放大电路来说,要求输出波形的失真尽量小。但是,如果放大电路的静态工作点选得不合适或者输入信号太大,则会使放大电路的工作范围超出了晶体管特性曲线上的线性区域,从而使输出的波形产生畸变。这种失真通常称为非线性失真。

在图 2.2.4 中,静态工作点 Q_1 的位置太低,放大电路进入截止区,i_{C1} 的负半周电流不随 i_{b1} 而变化,形成放大电路的截止失真。消除截止失真的方法是减小偏置电阻 R_B,将 I_B 增大,使静态工作点上移。

在图 2.2.4 中,静态工作点 Q_2 的位置太高,放大电路进入饱和区,i_{C2} 的正半周电流不随 i_{b2} 而变化,形成放大电路的饱和失真。消除饱和失真的方法是适当增大偏置电阻 R_B,将 I_B 减小,使静态工作点下移。

此外,如果输入信号 u_i 的幅值太大,虽然静态工作点的位置合适,放大电路也会因工作范围超过特性曲线的放大区而同时产生截止失真和饱和失真。

因此,为了避免非线性失真,放大电路必须有一个合适的静态工作点,输入信号的幅值也不能过大。

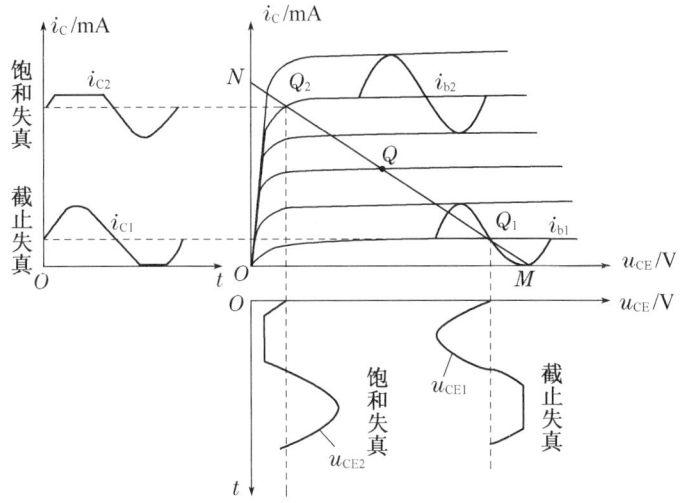

图 2.2.4　工作点选择不当引起的失真

2. 放大电路的交流通路

放大电路工作时,交直流共存,各行其道。对交流信号而言,直流电源 V_{CC},耦合电容 C_1、C_2 均可视为短路,由此可得放大电路的交流通路,如图 2.2.5 所示。

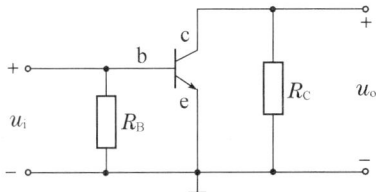

图 2.2.5　放大电路的交流通路

3. 放大电路的低频小信号模型

对放大电路进行动态分析时,通常要计算电压放大倍数,输入电阻和输出电阻等性能指标。但由于三极管为非线性元件,不能利用线性电路的分析方法。为此,常采用放大电路的电路模型分析法。当放大电路的输入信号较小,以及静态工作点选得合适时,三极管处于线性放大状态。这时,可以把三极管当作线性元件处理,作出它的小信号模型。方法如下:

从三极管的输入端看,它是一个导通的 PN 结,可用一个电阻 r_{be} 来模拟,称之为三极管的输入电阻。在常温下,对于小功率三极管,可表示为

$$r_{be}=300+\frac{(\beta+1)26(\text{mV})}{I_{EQ}(\text{mA})} \tag{2.2.4}$$

显然,r_{be} 是一个变量,与 β 和 I_{EQ} 有关。对于小功率管,当 $I_{CQ}=1\sim2$ mA 时,r_{be} 约为 1 kΩ。

从输出特性曲线看,放大区中的 i_c 与 u_{ce} 基本无关,仅取决于 i_b 的变化,因此相当于一个受 i_b 控制的恒流源,即 $i_c=\beta i_b$。

将上述两模型的公共点相连,即可得到三极管的电路模型,如图 2.2.6。

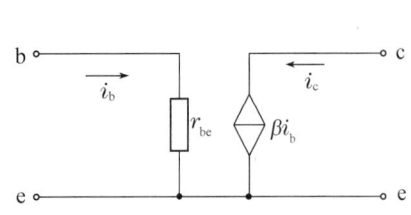
图 2.2.6 三极管的电路模型

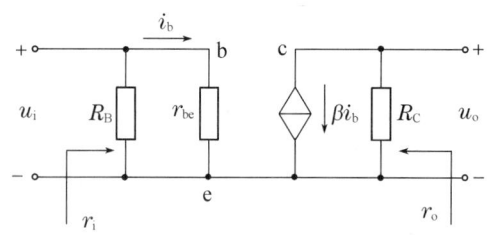
图 2.2.7 放大电路的小信号电路模型

用以上模型代替交流通路中的三极管,可得图 2.2.7 所示的放大电路的小信号电路模型。据此电路模型,可按照线性电路的分析方法进行计算。

4. 动态性能参数

(1) 电压放大倍数

$$A_u = \frac{u_o}{u_i} = \frac{-\beta i_b R_C}{i_b r_{be}} = -\frac{\beta R_C}{r_{be}} \quad (2.2.5)$$

式中负号表示输出电压与输入电压的相位相反,称之为反相。当电路中接有负载电阻时,电压放大倍数则为

$$A_u = -\frac{\beta(R_C /\!/ R_L)}{r_{be}} = -\frac{\beta R_L'}{r_{be}} \quad (2.2.6)$$

式中 $R_L' = R_C /\!/ R_L$。

(2) 输入电阻和输出电阻

一个放大电路的输入端总是与信号源相连,对信号源来说,它是一个负载,因此可用一个等效电阻替代,叫作放大电路的输入电阻。输入电阻可用来表征放大电路从信号源索取电流的能力。另一方面,放大电路的输出端总是与负载相连,对负载来说,它是一个电源,该电源的内阻就是放大电路的输出电阻。输出电阻表征了放大电路带负载的能力。在图 2.2.7 中,输入电阻即从放大电路的输入端看到的等效电阻,即

$$r_i = R_B /\!/ r_{be} \quad (2.2.7)$$

实际电路中,R_B 比 r_{be} 大得多,因此 $r_i \approx r_{be}$。

在图 2.2.7 中,输出电阻即从放大电路的输出端看到的等效电阻,即

$$r_o = R_C \quad (2.2.8)$$

实际工作中,总希望输入电阻高一些,以减小信号源的负担。同时希望输出电阻低一些,以提高放大电路的带载能力。

需特别指出的是,输出电阻 r_o 为放大电路起信号源作用时的内阻,计算时不应计入负载电阻 R_L。

【例 2.2.2】 在例 2.2.1 中,若 $r_{be}=1\ \text{k}\Omega$,试分别求出空载($R_L = \infty$)和负载电阻 $R_L = 1\ \text{k}\Omega$ 时的电压放大倍数 A_u。

解 $R_L = \infty$ 时,由式(2.2.5)得

$$A_u = -\frac{\beta R_C}{r_{be}} = -\frac{50 \times 1}{1} = -50$$

$R_L = 5\ \text{k}\Omega$ 时,由式(2.2.6)得

$$A_u = -\frac{\beta R'_L}{r_{be}} = -\frac{50 \times (1 /\!/ 1)}{1} = -25$$

2.3 静态工作点的稳定电路

2.3.1 温度对静态工作点的影响

前面介绍的共发射极基本放大电路的 $I_B \approx \frac{V_{CC}}{R_B}$，当 V_{CC} 和 R_B 固定时，I_B 基本不变，因此共发射极基本放大电路又称为固定偏置电路。一般，调整 R_B 可获得合适的静态工作点。

固定偏置电路虽然简单易调，但 Q 点易受外界条件的影响，例如温度变化、电源电压波动、三极管老化等。尤其是温度的影响最为显著，当温度升高时，三极管的电流放大系数 β 和穿透电流 I_{CEO} 随之增大，发射极正向压降 U_{BE} 减小等。所有这些影响都导致集电极电流 I_C 随温度升高而增大。但基极电流 I_B 基本不受温度影响。因此，若温度升高，在三极管的输出特性曲线上，Q 点将上移以致接近或进入饱和区；若温度下降，Q 点将下移，向截止区移动，如图 2.3.1 所示。

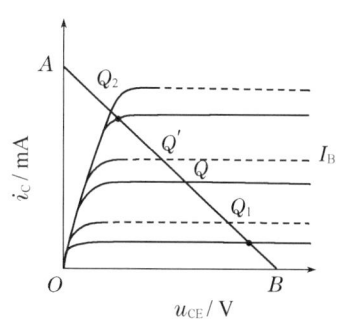

图 2.3.1 温度对静态工作点的影响

2.3.2 分压式偏置电路

1. 稳定工作点的原理

通常采用图 2.3.2(a) 所示的固定基极电位的分压式偏置电路，达到自动稳定 Q 点的目的。

温度对 Q 点的影响

该电路的工作特点：一是利用 R_{B1} 和 R_{B2} 的串联分压原理来固定基极电位，二是利用发射极电阻 R_E 上的电压调节 U_{BE} 的大小从而抑制 I_C 的变化。

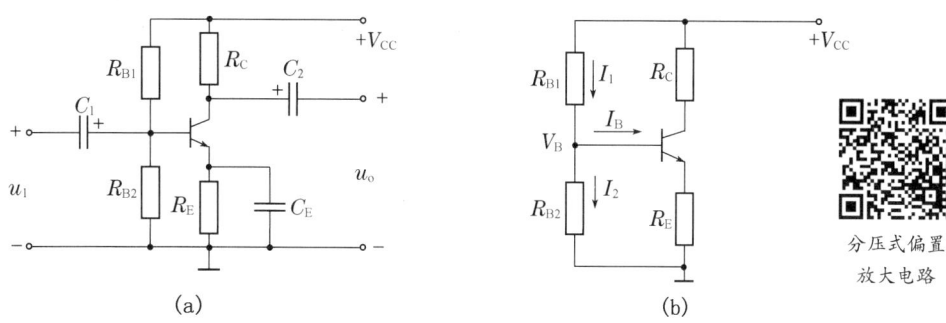

(a)   (b)

图 2.3.2 分压式偏置放大电路

分压式偏置放大电路

图 2.3.2(b) 是分压式偏置电路的直流通路，若使 $I_2 \gg I_B$，则 R_{B1} 与 R_{B2} 近似为串联关系，基极电位为

$$V_B = \frac{R_{B2}}{R_{B1} + R_{B2}} V_{CC} \tag{2.3.1}$$

$$I_C \approx I_E = \frac{V_B - U_{BE}}{R_E} \tag{2.3.2}$$

由公式(2.3.2)可见,当 $V_B \gg U_{BE}$ 时,I_C 与温度及三极管的参数 β、I_{CEO} 无关。它只取决于 V_{CC} 和各电阻参数,即使更换三极管,也不会改变已设置好的静态工作点。

稳定工作点的条件为:① $I_2 \gg I_B$,对于硅管一般取 $I_2 = (5 \sim 10)I_B$,对锗管取 $I_2 = (10 \sim 20)I_B$;② $V_B \gg U_{BE}$,对于硅管 $V_B = 3 \sim 5$ V,锗管 $V_B = 1 \sim 3$ V。

静态工作点稳定的过程:

由于环境温度升高:

$$T(℃) \uparrow \to I_C \uparrow \to I_E \uparrow \to U_E \uparrow \to V_B \to U_{BE} \downarrow \to I_B \downarrow \to I_C \downarrow$$

当三极管参数因外界因素的影响(例如温度的变化、更换三极管)使 I_C 增加时,U_E 也随之增加,而 V_B 固定不变,则 U_{BE} 减小,驱使 I_B 减小,结果 I_C 也减小,达到稳定 I_C 的目的。显然,R_E 愈大,I_C 的变化使 U_E 的变化也大,稳定静态工作点的效果也就愈好。

但是接入 R_E 后,交流输入信号会因为 R_E 上的压降而减小,电压放大倍数有所降低。为此,需在 R_E 两端并联一个容量较大的旁路电容 C_E,它对交流等效电路而言相当于短路。

2. 静态工作点的估算

$$V_B = \frac{R_{B2}}{R_{B1} + R_{B2}} V_{CC}$$

$$I_C \approx I_E = \frac{V_B - U_{BE}}{R_E}$$

$$U_{CE} = V_{CC} - I_C(R_C + R_E)$$

3. 动态分析

分压式偏置电路的微变等效电路如图 2.3.3 所示:

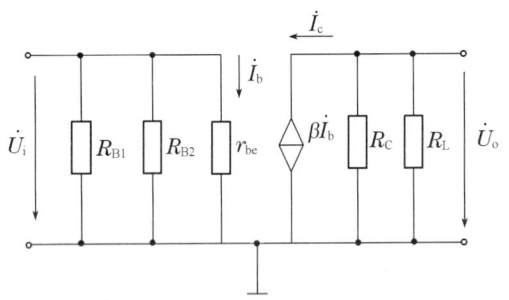 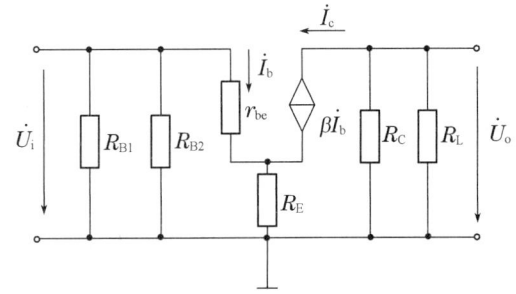

图 2.3.3 接 C_E 时的微变等效电路　　图 2.3.4 不接 C_E 时的微变等效电路

电压放大倍数

$$A_u = \frac{\dot{U}_o}{\dot{U}_i} = -\beta \frac{R'_L}{r_{be}}$$

$$R'_L = R_C // R_L$$

输入电阻

$$r_i = \frac{\dot{U}_i}{\dot{I}_i} = R_{B1} // R_{B2} // r_{be}$$

输出电阻
$$r_o = R_C$$

当旁路电容 C_E 开路时，微变等效电路如图 2.3.4 所示，动态参数计算如下：

$$A_u = \frac{\dot{U}_o}{\dot{U}_i} = -\beta \frac{\dot{I}_C(R_C /\!/ R_L)}{\dot{I}_b r_{be} + \dot{I}_e R_E} = \frac{-\beta \dot{I}_b (R_C /\!/ R_L)}{\dot{I}_b r_{be} + (1+\beta)\dot{I}_b R_E} = -\beta \frac{R_C /\!/ R_L}{r_{be} + (1+\beta)R_E} \quad (2.3.3)$$

$$r_i = \frac{\dot{U}_i}{\dot{I}_i} = R_{B1} /\!/ R_{B2} /\!/ [r_{be} + (1+\beta)R_E]$$

$$r_o = R_C$$

【例 2.3.1】 电路如图 2.3.5(a)所示，已知 $U_{CC}=12$ V，$R_{B1}=20$ kΩ，$R_{B2}=10$ kΩ，$R_C=2$ kΩ，$R_L=2$ kΩ，$R_E=2$ kΩ，三极管的 $\beta=50$，$U_{BE}=0.7$ V。

(1) 求静态工作点 I_{BQ}、I_{CQ} 和 U_{CEQ} 的值。
(2) 画出电路的微变等效电路。
(3) 求电路的电压放大倍数 A_u、输入电阻 r_i 和输出电阻 r_o 的值。

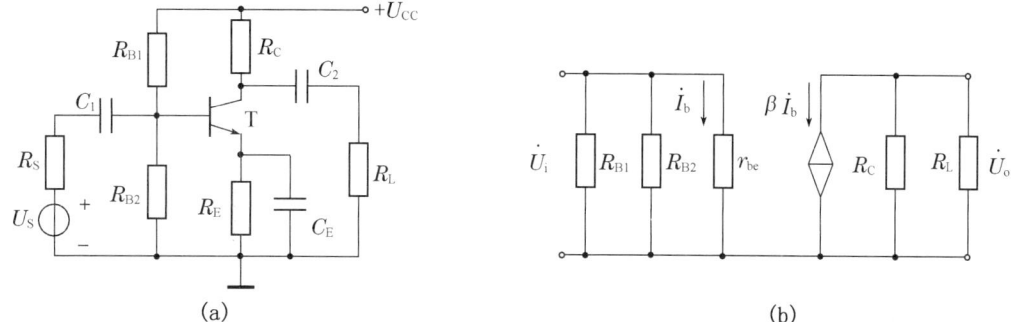

图 2.3.5　例 2.3.1

解　(1)
$$U_B = \frac{R_{B2}}{R_{B1}+R_{B2}} U_{CC} = \frac{10}{10+20} \times 12 \text{ V} = 4 \text{ V}$$

$$I_{EQ} = \frac{U_B - U_{BE}}{R_e} = \frac{4-0.7}{2} \text{ mA} = 1.65 \text{ mA} \approx I_{CQ}$$

$$I_{BQ} = \frac{I_{EQ}}{1+\beta} = \frac{1.65 \text{ mA}}{1+50} = 0.032 \text{ mA}$$

$$U_{CEQ} \approx U_{CC} - I_{CQ}(R_E + R_C) = 12 \text{ V} - 1.65 \times (2+2) \text{ V} = 5.4 \text{ V}$$

(2) 微变等效电路如图所示 2.3.5(b)

(3) $r_{be} = 300 \text{ Ω} + (1+\beta)\frac{26(\text{mV})}{I_E(\text{mA})} = 300 \text{ Ω} + (1+50) \times \frac{26}{1.65} \text{ Ω} = 1\,103.6 \text{ Ω} \approx 1.1 \text{ kΩ}$

$$R'_L = \frac{R_L R_C}{R_L + R_C} = \frac{2 \times 2}{2+2} \text{ kΩ} = 1 \text{ kΩ}$$

$$A_u = -\beta \frac{R'_L}{r_{be}} = -50 \times \frac{1}{1.1} = -45.5$$

$$r_i = r_{be} /\!/ R_{B1} /\!/ R_{B2} \approx r_{be} = 1.1 \text{ kΩ} \quad r_o \approx R_C = 2 \text{ kΩ}$$

2.4 共集电极放大电路和共基极放大电路

（掌握这两种基本放大电路的组成，静态、动态的分析，特点及应用。通过实验测量相应指标，用示波器观察相应波形，加深对这两种放大电路的理解。）

2.4.1 共集电极放大电路

除共射放大电路外，单管放大电路还有共集电极和共基极等两种组态，本节先讨论共集电路。

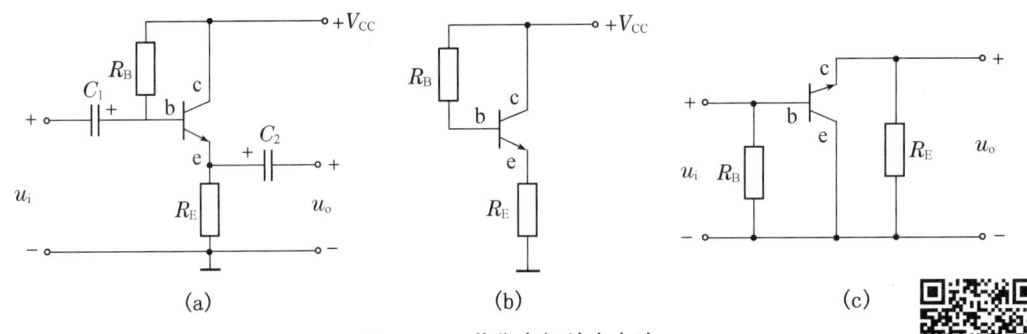

图 2.4.1　共集电极放大电路

图 2.4.1(a)所示为共集放大电路的原理图，基极为输入端，发射极为输出端。在图 2.4.1(c)所示的交流通路中，由于 V_{CC} 相当于短路，集电极便成为输入、输出回路的公共端，故名共集电极放大电路，又称射极输出器。

射极输出器

一、共集放大电路的特点

1. 静态工作点稳定

与分压式偏置电路相似，共集电路的射极电阻 R_E 也具有稳定静态工作点的作用。例如，当温度升高 I_{CQ} 随之增大时，R_E 上的压降也随之增大，因此导致 U_{BEQ} 下降，从而抑制了 I_{CQ} 的变化。由图 2.4.1(b)的直流通路可得

$$V_{CC} = I_{BQ}R_B + U_{BEQ} + I_{EQ}R_E$$

则

$$I_{CQ} \approx I_{EQ} = \frac{V_{CC} - U_{BEQ}}{R_E + R_B/(1+\beta)}$$

$$U_{CEQ} = V_{CC} - I_{CQ}R_E$$

2. 放大倍数近似为 1

用三极管的电路模型代替交流通路中的三极管，可得小信号电路模型，如图 2.4.2 所示。

$$U_i = I_b r_{be} + (\beta+1) I_b R_E$$

$$U_o = (\beta+1) I_b R_E$$

$$A_u = \frac{U_o}{U_i} = \frac{(\beta+1) I_b R_E}{I_b r_{be} + (\beta+1) I_b R_E} = \frac{(\beta+1) R_E}{r_{be} + (\beta+1) R_E}$$

(2.4.1)

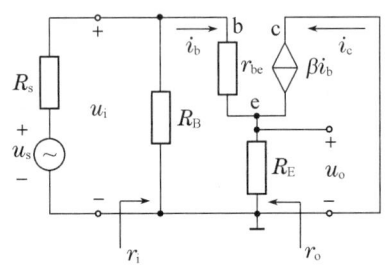

图 2.4.2　共集放大电路的小信号模型

显而易见,共集电路的电压放大倍数恒小于1。又由于 $r_{be}\ll(\beta+1)R_E$,$A_u\approx1$。表明输出电压与输入电压近似相等,相位相同。因此共集电路还可称为射极跟随器。

3. 输入电阻高

由图 2.3.4 得

$$r_i'=\frac{U_i}{I_b}=\frac{I_b r_{be}+(\beta+1)I_b R_E}{I_b}=r_{be}+(\beta+1)R_E \tag{2.4.2}$$

$$r_i=R_B // r_i'$$

射极跟随器的输入电阻高达几十到几百千欧。

4. 输出电阻低

由图 2.4.2,利用含受控源电路求等效电阻的方法可得其表达式为

$$r_o=R_E // \frac{r_{be}+R_B // R_s}{\beta+1}\approx\frac{r_{be}}{1+\beta} \tag{2.4.3}$$

射极输出器的输出电阻仅为几欧到几百欧。

二、共集电路的应用

共集电路在放大电路系统中应用广泛。根据输入电阻高的特点,常用作多级放大电路的输入级,以减小信号源的输出电流,降低信号源负担。根据电压跟随和输出电阻低的特点,常用作多级放大电路的输出级,以获得较稳定的电压和较强的带载能力。也可用作隔离级(缓冲级),以隔断多级放大电路的前后级之间或信号源与负载之间的相互影响。

共集电路虽无电压放大作用,但仍能放大电流,即 $I_c=\beta I_b$,因此依然用于功率放大。

【例 2.4.1】 电路如图 2.4.3 所示。已知 $R_B=200\text{ k}\Omega$,$R_E=3\text{ k}\Omega$,信号源内阻 $R_s=2\text{ k}\Omega$,三极管的放大系数 $\beta=80$,$r_{be}=1\text{ k}\Omega$。(1) 求静态工作点;(2) 求 $R_L=\infty$ 和 $R_L=3\text{ k}\Omega$ 时的 A_u、r_i 和 r_o。

解 (1) 静态工作点

$$I_{BQ}=\frac{V_{CC}-U_{BEQ}}{R_B+(1+\beta)R_E}=32\text{ }\mu\text{A}$$

$$I_{CQ}\approx I_{EQ}=\beta I_{BQ}=2.56\text{ mA}$$

$$U_{CEQ}=V_{CC}-I_{EQ}R_E=7.3\text{ V}$$

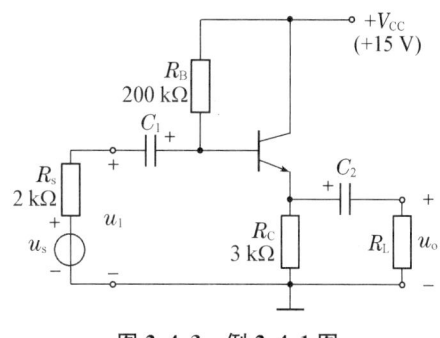

图 2.4.3 例 2.4.1 图

(2) 输入电阻和电压放大倍数

$$R_L=\infty \text{ 时}$$

$$A_u=\frac{(1+\beta)R_E}{r_{be}+(1+\beta)R_E}\approx 0.996$$

$$r_i=R_B // [r_{be}+(1+\beta)R_E]=110\text{ k}\Omega$$

$$r_o=R_E // \frac{r_{be}+R_B // R_s}{1+\beta}\approx 37\text{ }\Omega$$

$$R_L=3\text{ k}\Omega \text{ 时}$$

$$A_u=\frac{(1+\beta)R_E // R_L}{r_{be}+(1+\beta)R_E // R_L}\approx 0.992$$

$$r_i=R_B // [r_{be}+(1+\beta)R_E // R_L]=75.3\text{ k}\Omega$$

$$r_o=R_E // \frac{r_{be}+R_B // R_s}{1+\beta}\approx 37\text{ }\Omega$$

2.4.2 共基极放大电路

利用了三极管 $i_E = i_C/\alpha$ 的电流控制关系,将信号从三极管的发射极输入,从集电极输出即组成共基放大电路。原理电路如图 2.4.4 所示:R_C 为集电极电阻,R_{b1} 和 R_{b2} 为基极偏置电阻用来保证三极管有合适的 Q 点。其静态值与分压式偏置电路相同。

图 2.4.5 是它的微变等效电路。由等效电路可见,输入电压 U_i 加在发射极与基极之间,而输出电压 U_o 从集电极和基极两端取出,基极是输入、输出电路的共同端点故称为共基放大电路。

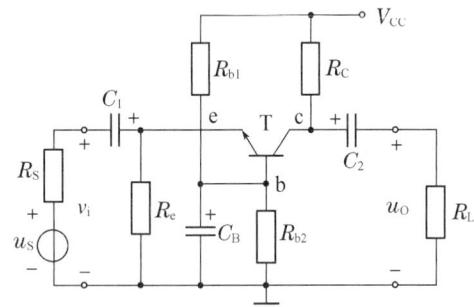

图 2.4.4 共基放大电路

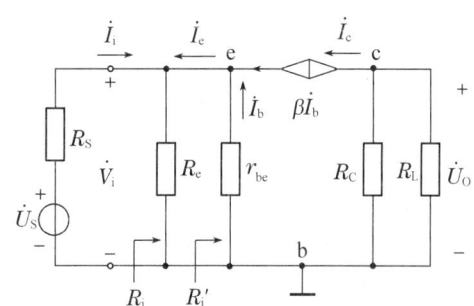

图 2.4.5 共基放大电路微变等效电路

共基放大电路的动态指标分析:
(1) 电压放大倍数

$$A_u = \frac{U_o}{U_i} = \frac{\beta R_L'}{r_{be}}, U_o 与 U_i 同相$$

(2) 输入电阻

$$r_i = \dot{U}_i / \dot{I} = \frac{r_{be}}{1+\beta} // R_e \approx \frac{r_{be}}{1+\beta} \tag{2.4.4}$$

(3) 输出电阻

$$r_o \approx R_C$$

可见,共基放大电路放大倍数较大,输入电阻小,输出电阻较大。共基放大电路适用于高频放大电路中,如高频振荡电路。

2.5 多级放大电路

前面介绍的单管放大电路的放大倍数一般都较低,或其他性能指标(例如输入、输出电阻等)达不到要求。为了提高放大倍数,或改善电路性能,需要将若干个放大电路连接起来,构成多级放大电路。把多个单级放大电路串接起来,使输入信号 v_i 经过多次放大的电路,如图 2.5.1 所示。

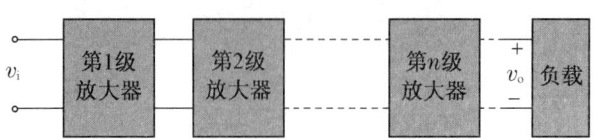

图 2.5.1 多级放大器的框图

2.5.1 多级放大电路的耦合方式

多级放大电路之间的连接称为耦合,在多级放大电路中,每一个基本放大电路称为一级,各级之间的相互连接方式称为耦合,它的方式有多种。常用的耦合方式有三种,即阻容耦合、直接耦合和变压器耦合。以下介绍它们的电路形式和主要性能。

1. 阻容耦合

它的连接方法是:通过电容和电阻把前级输出接至下一级输入。

它的特点是:各级静态工作点相对独立,便于调整。

它的缺点是:不能放大变化缓慢(直流)的信号;不便于集成。

如图 2.5.2 所示为阻容耦合接法。该电路为两级阻容耦合放大器,前后级之间通过电容 C_2 和后级的输入电阻 r_{i2} 连接,因此称为阻容耦合。因电容的隔直作用,各级静态工作点相互独立,在分析、设计、调试中可按各级单独处理。另一方面,由于电容对交流信号的容抗很小,只要 C_2 的容量选得合适,前级输出信号可以不衰减地传递到后级。阻容耦合放大器的低频特性较差,不能放大变化缓慢的信号和直流信号。又由于难于制造容量较大的电容,因而不利于集成,多用于由分立元件组成的放大电路中。

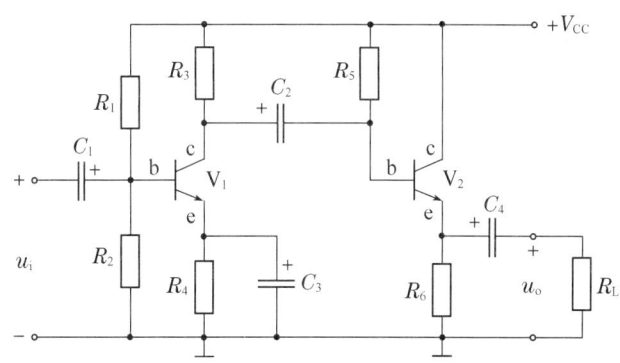

图 2.5.2 两级阻容耦合放大电路

2. 直接耦合

为了避免电容对缓慢变化信号的影响,我们直接把两级放大电路接在一起,这就是直接耦合法。

它的特点:既能放大交流信号,又能放大直流信号,便于集成,存在零漂现象。

图 2.5.3 所示为直接耦合放大电路。该电路结构简单,能直接传输前后级信号,因此低频特性较好。又因为无耦合电容,便于集成。但由于前后级之间存在直流通路,例如前级的集电极电位恒等于后级的基极电位,前级的集电极电阻又是后级的偏流电阻,因此前后级静态工作点相互影响。实际工作中必须采取一定的措施,以保证各级都有合适的静态工作点。

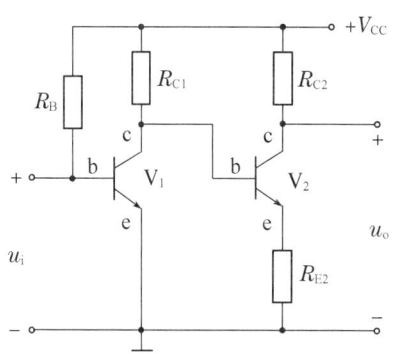

图 2.5.3 两级直接耦合放大电路

3. 变压器耦合

变压器耦合主要用于功率放大电路,它的优点是可变化电压和实现阻抗变换,工作点相对独立。缺点是体积大,不能实现集成化,频率特性差。

图 2.5.4 所示为变压器耦合放大电路。由于变压器的隔直作用,两级放大电路的静态工作点相互独立,其分析计算与单级电路相同。而对于交流信号,变压器则起传输作用。此外,变压器耦合电路可实现阻抗匹配,在功率放大电路中应用方便。但电路不能放大直流和低频信号,且因变压器自身体积和重量大,不利于电路的集成化。

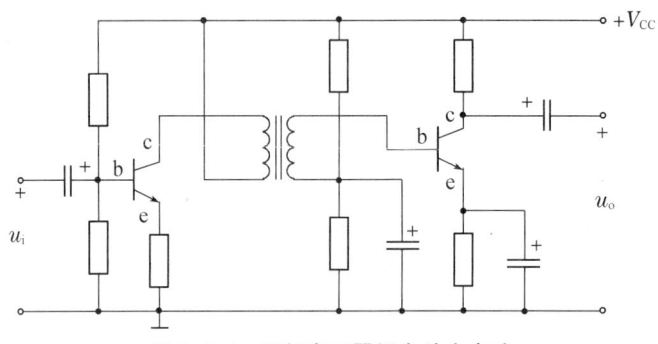

图 2.5.4 两级变压器耦合放大电路

4. 多级放大电路的指标计算

(1) 电压放大倍数 A_u

多级放大电路的倍数等于各级放大电路倍数的乘积,即

$$A_u = A_{u1} \cdot A_{u2} \cdot A_{u3} \cdots A_{un} \tag{2.5.1}$$

注意,分析多级放大器的放大倍数时要考虑后级对前级的影响,即把后级的输入电阻作为前级负载来考虑。

(2) 输入电阻和输出电阻

对于多级放大电路来说:输入级的输入电阻就是输入电阻;输出级的输出电阻就是输出电阻。在设计放大电路的输入级和输出级时,主要是考虑输入电阻和输出电阻的要求。

$$R_i = R_{i1}(第一级输入电阻)$$

$$R_o = R_{on}(最后级输出电阻)$$

【例 2.5.1】 如图 2.5.5(a) 两级阻容耦合放大器中,按给定的参数,并设两管的 $\beta_1 = \beta_2 = 40, r_{be1} = 1.3 \text{ k}\Omega, r_{be2} = 1 \text{ k}\Omega$,试估算:(1) 各级的电压放大倍数;(2) 总的电压放大倍数;(3) 输入电阻和输出电阻。

解 (1) 图 2.5.5(b) 为放大器的微变等效电路图,先估算有关参数

$$r_{i2} = R_5 // [r_{be2} + (1+\beta)R_6 // R_L] \approx 11 \text{ k}\Omega$$

$$R'_{L1} = R_3 // r_{i2} = \frac{6.2 \times 11}{6.2 + 11} \text{ k}\Omega = 4 \text{ k}\Omega$$

估算各级电压放大倍数

$$A_{u1} = -\beta \frac{R'_{L1}}{r_{be1}} = -40 \times \frac{4 \text{ k}\Omega}{1.3 \text{ k}\Omega} = -123.1$$

$$A_{u2} = \frac{(1+\beta_2)R_6 // R_L}{r_{be2} + (1+\beta_2)R_6 // R_L} = 0.98$$

(2) 总的电压放大倍数

$$A_u = A_{u1} \cdot A_{u2} = -123.1 \times 0.98 = -120.6$$

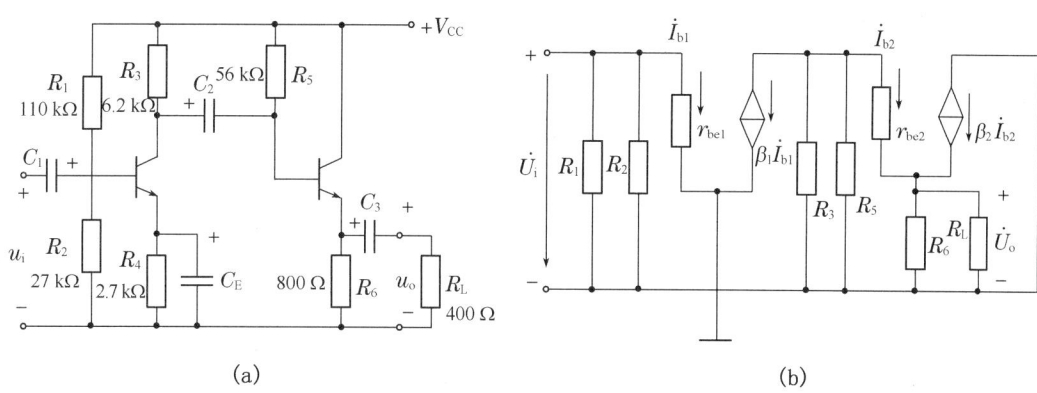

图 2.5.5 例 2.5.1 图

(3) 输入电阻
$$R_i = R_1 /\!/ R_2 /\!/ r_{be1} \approx 1.2 \text{ k}\Omega$$

输出电阻
$$R_o = R_6 /\!/ \frac{r_{be2} + R_5 /\!/ R_3}{1 + \beta_2} \approx 0.14 \text{ k}\Omega$$

【例 2.5.2】 某多级放大器其各级电压增益为:第一级是 30 dB、第二级是 40 dB、第三级为 35 dB,该放大器总的电压增益是多少分贝?

解 该多级放大器总电压增益应为各级电压增益之和,即
$$G_u = (30 + 40 + 35)\text{dB} = 105 \text{ dB}$$

2.5.2 阻容耦合放大器的频率特性

1. 放大器的频率特性

理想放大器:对于不同频率的信号,具有相同的放大倍数。

实际放大器:对于不同频率的信号,放大倍数不一样。

频率特性:放大器的放大倍数与频率之间的关系,又叫频率响应。

单级放大器频响曲线如图 2.5.6 所示。

可分为三个频段:

(1) 中频段信号频率在 f_L 和 f_H 之间,放大倍数基本不随信号频率而变化。

中频放大倍数 $|A_{um}|$:中频段的放大倍数。

上限频率 f_H 和下限频率 f_L:$|A_u|$ 下降到 $0.707|A_{um}|$ 时所对应的两个频率。

通频带 BW:$BW = f_H - f_L$

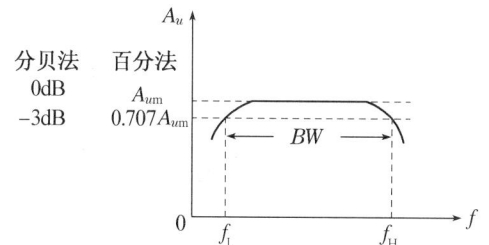

图 2.5.6 放大器的频率响应曲线

(2) 低频段信号频率小于 f_L,放大倍数随频率下降而减小。

在低频段,放大倍数下降的主要原因是耦合电容和射极旁路电容的容抗增大、分压作用增大。

(3) 高频段信号频率大于 f_H,放大倍数随频率升高而减小。

在高频段,放大倍数下降的主要原因是晶体管结电容的容抗减小、分流作用增大;另外,随频率升高,β值降低。

2. 多级放大器的频率特性

两级放大器的通频带如图 2.5.7 所示。两级放大器中频段的电压放大倍数为

$$A'_{um}=A_{um1} \cdot A_{um2}$$

在 f_L 和 f_H 处总电压放大倍数为

$$\frac{1}{\sqrt{2}}A_{um1} \cdot \frac{1}{\sqrt{2}}A_{um2}=0.5A_{um1} \cdot A_{um2}=0.5A'_{um}$$

可见,两级放大器的 f'_L 和 f'_H 两点间的频率范围比 f_L 和 f_H 两点间的频率范围缩小了,如图 2.5.7(c)所示。

结论,多级放大器的放大倍数提高了,但通频带比每个单级放大器的通频带窄。级数越多,通频带越窄。

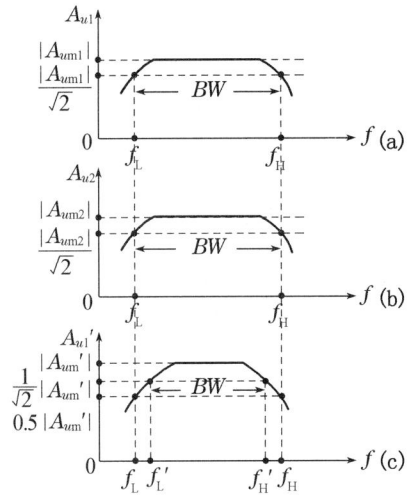

(a)(b)单级放大器的通频带
(c)两级放大器的通频带

图 2.5.7 两级放大器的通频带

2.5.3 直接耦合放大电路存在的问题

直接耦合放大器:放大器与信号源、负载以及放大器之间采用导线或电阻直接连接。

特点:低频响应好。可以放大频率等于零的直流信号或变化缓慢的交流信号。

在直接耦合的多级放大电路中,由于无隔直电容,因此存在两个突出问题:一是各级静态工作点相互影响;二是存在零点漂移。

1. 各级静态工作点相互影响

两级直耦放大电路如图 2.5.8 所示。

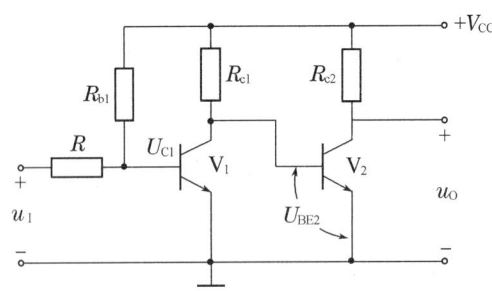

图 2.5.8 简单的直接耦合电路

由于 $U_{C1}=U_{BE2}$,而 U_{BE2} 很小,使 V_1 的工作点接近于饱和区,限制了输出的动态范围。因此,要想使直接耦合放大器能正常工作,必须解决前后级直流电位的配合问题。

2. 零点漂移问题

零点漂移是指当输入信号为零时(即输入端短路时),在放大器输出端会出现一个变化不定的输出信号,使输出电压偏离起始值而上下波动。这个现象叫作零点漂移,简称零漂。产生漂移的原因有:温度变化、电源电压波动、元器件参数变化等,其中以温度变

化所引起的影响最大,所以零漂也称温漂。如图 2.5.9 所示。

产生零漂的原因:电源电压波动、管子参数随环境温度变化。其中,温度变化是主要因素。

零漂的危害:在直接耦合多级放大器中,第一级因某种原因产生的零漂会被逐级放大,使末级输出端产生较大的漂移电压,无法区分信号电压和漂移电压,严重时漂移电压甚至把信号电压淹没了。因此抑制零漂是直耦放大器的突出问题。

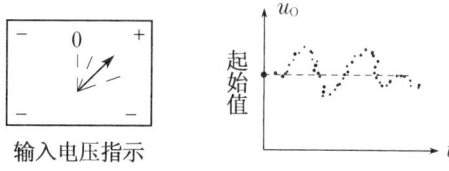

图 2.5.9 零点漂移现象

2.5.4 差动放大电路

1. 差动放大电路的基本形式

如图 2.5.10 所示为基本差动放大电路。

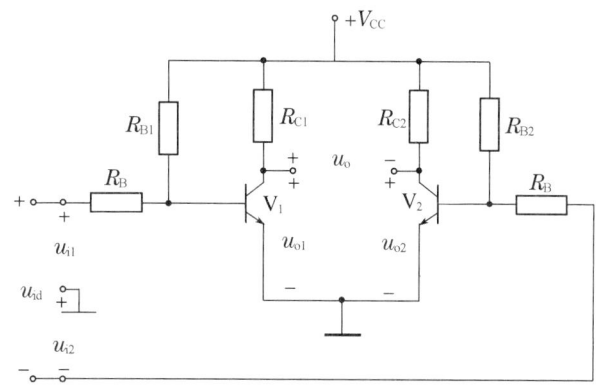

图 2.5.10 基本差动放大电路

基本形式对电路的要求:两个电路的参数完全对称,两个管子的温度特性也完全对称。

它的工作原理:当输入信号 $U_i=0$ 时,则两管的电流相等,两管的集电极电位也相等,所以输出电压 $U_o=U_{C1}-U_{C2}=0$。温度上升时,两管电流均增加,则集电极电位均下降,由于它们处于同一温度环境,因此两管的电流和电压变化量均相等,其输出电压仍然为零。

它的放大作用(输入信号有两种类型):

(1) 共模信号及共模电压的放大倍数 A_{uc}

共模信号——在差动放大管 V_1 和 V_2 的基极接入幅度相等、极性相同的信号。如图 2.5.11 所示。

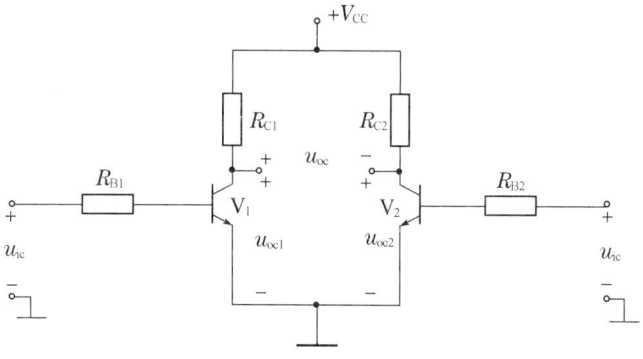

图 2.5.11 共模等效电路

共模信号的作用,对两管的作用是同向的,将引起两管电流同量地增加,集电极电位也同量减小,因此两管集电极输出共模电压 U_{oc} 为零。因此:

$$A_{uc}=\frac{U_{oc}}{U_{ic}}=0$$

差动电路对共模信号的抑制能力强。

(2) 差模信号及差模电压放大倍数 A_{ud}

差模信号——在差动放大管 V_1 和 V_2 的基极分别加入幅度相等而极性相反的信号。如图 2.5.12 所示。

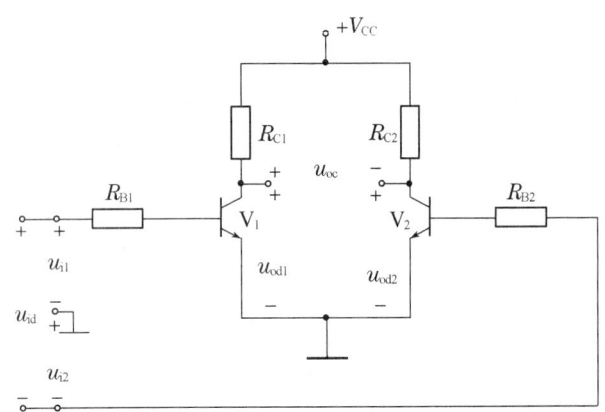

图 2.5.12 差模等效电路

差模信号的作用,由于信号的极性相反,因此 V_1 管集电极电压下降,V_2 管的集电极电压上升,且二者的变化量的绝对值相等,因此:$U_{od}=U_{od1}-U_{od2}=2U_{od1}$(或 $2U_{od2}$),此时的两管基极的信号为 $U_{id}=U_{id1}-U_{id2}=2U_{id1}$,则

$$A_{ud}=\frac{U_{od}}{U_{id}}=\frac{2U_{od1}}{2U_{id1}}=\frac{U_{od1}}{U_{id1}}=A_{u1}\approx-\frac{\beta R'_L}{R_B+r_{be}} \tag{2.5.2}$$

由式(2.5.2)可见,差动电路的差模电压放大倍数等于单管电压的放大倍数。

输入端信号之差为 0 时,输出为 0;输入端信号之差不为 0 时,就有输出。这就被称为差动放大电路,又称作差分放大电路。

基本差动电路存在如下问题:

电路难以绝对对称,因此输出仍然存在零漂;管子没有采取消除零漂的措施,有时会使电路失去放大能力;它要对地输出,此时的零漂与单管放大电路一样。

为此介绍另一种差动放大电路——长尾式差动放大电路。

2. 长尾式差动放大电路

它又被称为射极耦合差动放大电路,如图 2.5.13 所示,图中的两个管子通过射极电阻 R_e 和 U_{EE} 耦合。

(1) 静态工作点

静态时,输入短路,由于流过电阻 R_E 的电流为 I_{E1} 和 I_{E2} 之和,且电路对称,$I_{E1}=I_{E2}$,因此:

$$I_{E1}=I_{E2}=\frac{U_{EE}-U_{BE}}{\frac{R_B}{1+\beta}+2R_E}\approx\frac{U_{EE}}{2R_E}$$

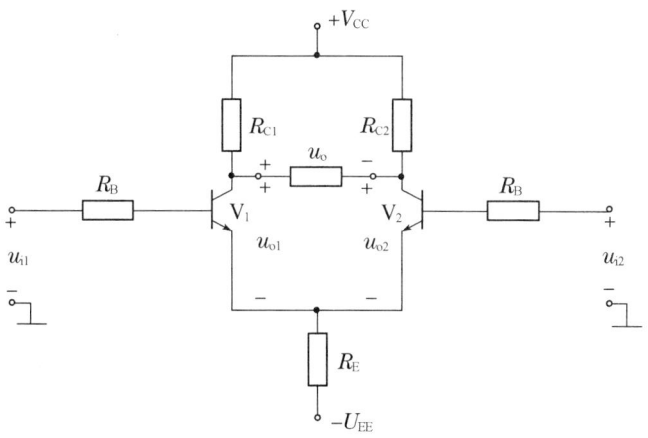

图 2.5.13 长尾式双电源供电差动放大电路

(2) 对共模信号的抑制作用

共模信号对长尾电路中的 R_E 的作用。由于是同向变化的,因此流过 R_E 的共模信号电流是 $I_{e1}+I_{e2}=2I_e$,对每一管来说,可视为在射极接入电阻为 $2R_E$。它的共模放大倍数为

$$A_{uc}=\frac{-\beta R'}{R_B+r_{be}+2(1+\beta)R_E} \tag{2.5.3}$$

由式(2.5.3)可以看出,R_E 的接入使每管的共模放大倍数下降了很多(对零漂具有很强的抑制作用)。

(3) 对差模信号的放大作用

差模信号引起两管电流的反向变化(一管电流上升,一管电流下降),流过射极电阻 R_E 的差模电流为 I_{e1}、I_{e2} 之和,由于电路对称,所以流过的差模电流为零,R_E 上的差模信号电压也为零,因此发射极可视为零电位,此处"地"称为"虚地"。因此对差模信号,R_E 不产生影响。

由于 R_E 对差模信号不产生影响,故双端输出的差模放大倍数仍为单管放大倍数:

$$A_{ud}=\frac{U_{od}}{U_{id}}=\frac{2U_{od1}}{2U_{id1}}=\frac{U_{od1}}{U_{id1}}=A_{u1}\approx -\frac{\beta R'_L}{R_B+r_{be}}$$

(4) 共模抑制比 K_{CMR}

$$K_{CMR}=\left|\frac{A_{ud}}{A_{uc}}\right| \tag{2.5.4}$$

式(2.5.4)表示差动放大电路性能的优劣。它的值越大,表明电路对共模信号的抑制能力越好。

有时还用对数的形式表示共模抑制比,即

$$K_{CMR}=20\lg\left|\frac{A_{ud}}{A_{uc}}\right| \tag{2.5.5}$$

K_{CMR} 的单位为分贝(dB)。

(5) 一般输入信号情况

如果差动电路的输入信号,既不是共模也不是差模信号时,可以将输入信号分解为一对共模信号和一对差模信号,它们共同作用在差动电路的输入端。

【例 2.5.3】 如图 2.5.14 所示电路,已知差模增益为 48 dB,共模抑制比为 67 dB,$U_{i1}=5\text{ V}$,$U_{i2}=5.01\text{ V}$,试求输出电压 U_o。

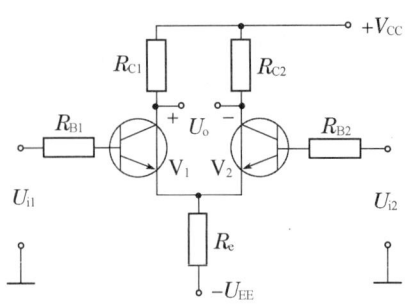

图 2.5.14 例 2.5.3

解 因为 $20\lg|A_{ud}|=48\text{ dB}$,所以 $A_{ud}\approx -251$,
又因为 $K_{CMR}=67\text{ dB}$,所以 $K_{CMR}\approx 2\,239$,
所以 $A_{uc}=A_{ud}/K_{CMR}\approx 0.11$,
则输出电压为

$$U_o = A_{ud}U_{id}+A_{uc}U_{ic}=-251\times(5-5.01)\text{V}+0.11\times\frac{5+5.01}{2}\text{V}$$
$$=2.51\text{ V}+0.55\text{ V}=3.06\text{ V}$$

3. 恒流源差动放大电路

在长尾式差动电路中,发射极电阻 R_E 提高了共模信号的抑制能力,且 R_E 越大,抑制能力越强,但 R_E 增大,使得 R_E 上的直流压降增大,要使管子能正常工作,必须提高 U_{EE} 的值,这样做是很不划算的。因此采用恒流源代替 R_E,电路如图 2.5.15(a)所示,图 2.5.15(b)为具有恒流源差动放大电路的简易画法。

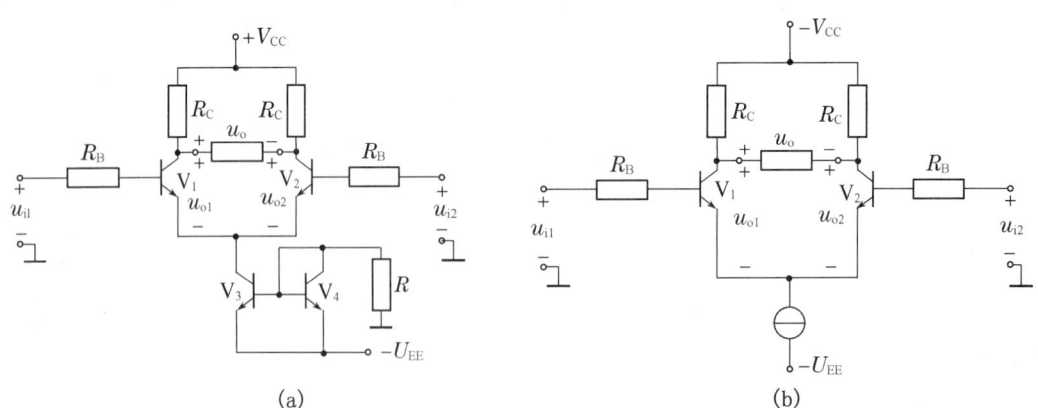

图 2.5.15 具有恒流源差动放大电路

恒流源差动放大电路的指标运算,与长尾式完全一样。

4. 差动放大电路的四种接法

差动放大电路有两个输入端和两个输出端,因此信号的输入、输出方式有四种情况。

(1) 双端输入、双端输出
它的电路接法如图 2.5.16 所示：

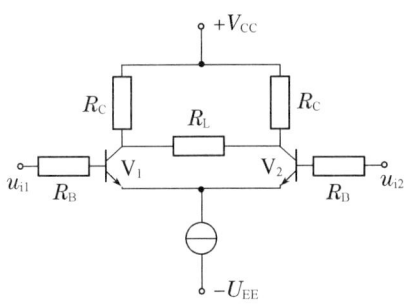

图 2.5.16 双端输入、双端输出差动放大电路

差模电压的放大倍数为 $A_{ud}=\dfrac{U_o}{U_i}=-\dfrac{\beta R_L'}{R_B+r_{be}}$，$R_L'=R_C /\!/ \dfrac{R_L}{2}$

共模电压的放大倍数为： $A_{uc}=\dfrac{U_{oc}}{U_{ic}}=0$

共模抑制比为： $K_{CMR}\rightarrow\infty$

(2) 双端输入、单端输出
它的电路接法如图 2.5.17 所示：

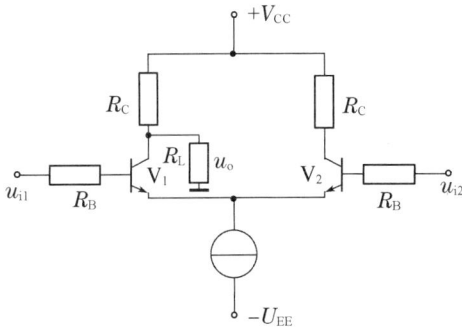

图 2.5.17 双端输入、单端输出差动放大电路

差模电压的放大倍数为：$A_{ud\text{单}}=-\dfrac{1}{2}\dfrac{\beta R_L'}{R_B+r_{be}}$，$R_L'=R_C /\!/ R_L$

共模电压的放大倍数为： $A_{uc\text{单}}=-\dfrac{\beta R_L'}{r_{be}+R_B+(1+\beta)2R_e}$

共模抑制比为： $K_{CMR}=\left|\dfrac{A_{ud}}{A_{uc}}\right|\approx\dfrac{\beta R_e}{R_B+r_{be}}$

(3) 单端输入、双端输出
电路接法如图 2.5.18 所示：
这种放大电路忽略共模信号的放大作用时，它就等效为双端输入的情况。
双端输入的结论均适用单端输入、双端输出。

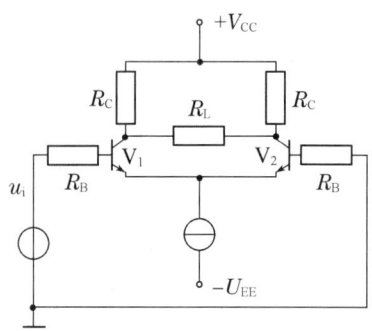

图 2.5.18 单端输入、双端输出差动放大电路

(4) 单端输入、单端输出

电路接法如图 2.5.19 所示：

它等效于双端输入、单端输出。

这种接法的特点是：它比单管基本放大电路的抑制零漂的能力强，还可根据不同的输出端，得到同相或反相关系。

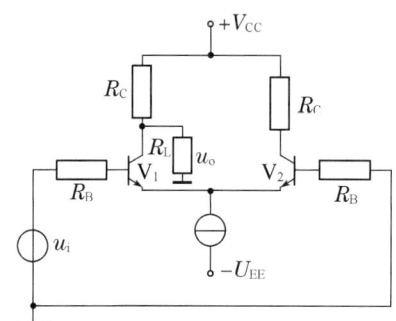

图 2.5.19 单端输入,单端输出差动放大电路

由以上分析可以看出，差动放大电路电压放大倍数仅与输出形式有关，只要是双端输出，它的差模电压放大倍数与单管基本的放大电路相同；如为单端输出，它的差模电压放大倍数是单管基本电压放大倍数的一半，输入电阻都相同。

2.6 场效应管放大电路

场效应管是一种利用电场效应来控制其电流大小的半导体器件。这种器件不仅兼有体积小、重量轻、耗电省、寿命长等特点，而且还有输入阻抗高、噪声低、热稳定性好、抗辐射能力强和制造工艺简单等优点，因而大大地扩展了它的应用范围，特别是在大规模和超大规模集成电路中得到了广泛的应用。

场效应晶体管具有输入电阻高、噪声低等优点，常用于多级放大电路的输入级以及要求噪声低的放大电路。

场效应管的共源极放大电路和源极输出器与双极型晶体管的共发射极放大电路和射极输出器在结构上也相类似。

场效应管放大电路的分析与双极型晶体管放大电路一样，包括静态分析和动态分析。

由于场效应管具有高输入电阻的特点，它适用于作为多级放大电路的输入级，尤其对高内阻信号源，采用场效应管才能有效地放大。

和双极型晶体管比较，场效应管的源极、漏极、栅极相当于它的发射极、集电极、基极。两者的放大电路也类似，场效应管有共源极放大电路和源极输出器等。在双极型晶体管放大电路中必须设置合适的静态工作点，否则将造成输入信号的失真。同理，场效应管放大电路也必须设置合适的工作点。

场效应管的共源极放大电路如图 2.6.1 所示。首先对放大电路进行静态分析，就是分析它的静态工作点。

场效应管是电压控制元件，当 U_{DD} 和 R_D 选定后，静态工作点是由栅—源电压 U_{GS}（偏压）确定的。常用的偏置电路有下面两种。

1. 自给偏压偏置电路

图 2.6.1 是 N 沟道耗尽型绝缘栅场效应管的自给偏压偏置电路。源极电流 I_S（等于 I_D）流经源极电阻 R_S，在 R_S 上产生电压降 $R_S I_S$，显然 $U_{GS} = -R_S I_S = -R_S I_D$，它是自给偏压。

电路中各元件的作用如下：

R_S 为源极电阻，静态工作点受它控制，其阻值约为几个千欧；

C_S 为源极电阻上的交流旁路电容，其容量约为几十个微法；

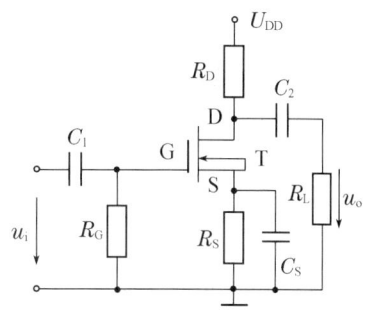

图 2.6.1 耗尽型绝缘栅场效应管的自给偏压偏置电路

R_G 为栅极电阻，用以构成栅、源极间的直流通路，R_G 不能太小，否则影响放大电路的输入电阻，其阻值约为 200 kΩ～10 MΩ；

R_D 为漏极电阻，它使放大电路具有电压放大功能，其阻值约为几个至几十千欧；

C_1、C_2 分别为输入电路和输出电路的耦合电容，其容量约为 0.01～0.047 μF。

应该指出，由 N 沟道增强型绝缘栅场效应管组成的放大电路，工作时 U_{GS} 为正，所以无法采用自给式偏压偏置电路。

2. 分压式偏置电路

图 2.6.2 采用分压式偏置电路，R_{G1} 和 R_{G2} 为分压电阻。这样栅—源电压为（电阻 R_G 中并无电流通过）

$$U_{GS} = \frac{R_{G2}}{R_{G1}+R_{G2}} U_{DD} - R_S I_D = V_G - R_S I_D$$

式中 V_G 为栅极电位。对 N 沟道耗尽型管，U_{GS} 为负值，所以 $R_S I_D > V_G$；对 N 沟道增强型管，U_{GS} 为正值，所以 $R_S I_D < V_G$。

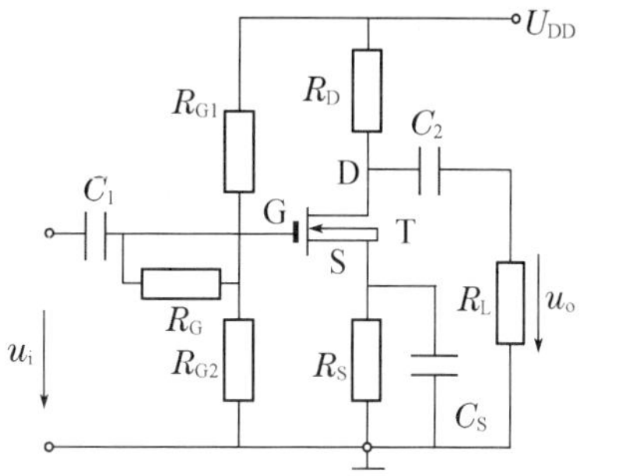

图 2.6.2 分压式偏置电路

3. 交流指标

场效应管是一种非线性器件，在交流小信号下，可以由线性等效电路——交流小信号模型代替。图 2.6.3 是场效应管微变等效电路。

当有信号输入时,放大电路进行动态分析主要是分析它的电压放大倍数和输入电阻与输出电阻。图 2.6.4 是图 2.6.2 所示分压偏置放大电路的微变等效电路图。设输入信号为正弦量。

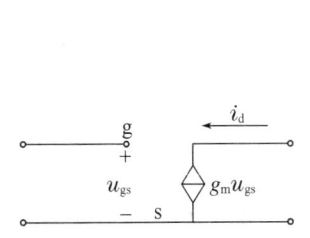
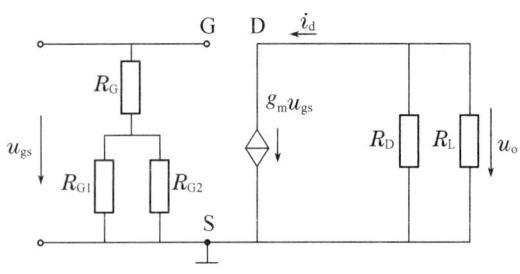

图 2.6.3 场效应管微变等效电路　　　　图 2.6.4 共源极放大电路的交流通路

在图 2.6.4 分压式偏置电路中,放大电路的输入电阻为

$$r_i = R_G + (R_{G1} /\!/ R_{G2}) \tag{2.6.1}$$

R_G 的接入增大输入电阻,对电压放大倍数并无影响;在静态时 R_G 中无电流通过,因此也不影响静态工作点。

由于场效应管的输出特性具有恒流特性(从输出特性曲线可见),

$$r_{ds} = \frac{\Delta U_{DS}}{\Delta I_D}\bigg|_{U_{GS}} \tag{2.6.2}$$

故其输出电阻是很高的。在共源极放大电路中,漏极电阻 R_D 是和管子的输出电阻 r_{ds} 并联的,所以当 $r_{ds} \gg R_D$ 时,放大电路的输出电阻

$$r_o \approx R_D \tag{2.6.3}$$

这点和晶体管共发射极放大电路是类似的。

输出电压为

$$\dot{U}_o \approx -R_D \dot{I}_d = -g_m R_D \dot{U}_{gs}$$

电压放大倍数为

$$A_u = \frac{\dot{U}_o}{\dot{U}_i} = \frac{\dot{U}_o}{\dot{U}_{gs}} = -g_m R_D \tag{2.6.4}$$

式(2.6.4)中的负号表示输出电压和输入电压反相。

4. 源极跟随器的动态分析

如图 2.6.5(a)所示,从源极取出信号,称为源极输出器,在交流电路中,漏极是输入回路与输出回路的公共端,因此也称为共漏极放大器。源极输出器的微变等效电路如图 2.6.5(b)所示。

(1) 输入电阻

$$r_i = R_G + (R_{G1} /\!/ R_{G2})$$

(2) 电压放大倍数

$$u_o = R_L' g_m u_{gs}$$
$$u_i = u_{gs} + u_o = u_{gs}(1 + g_m R_L')$$

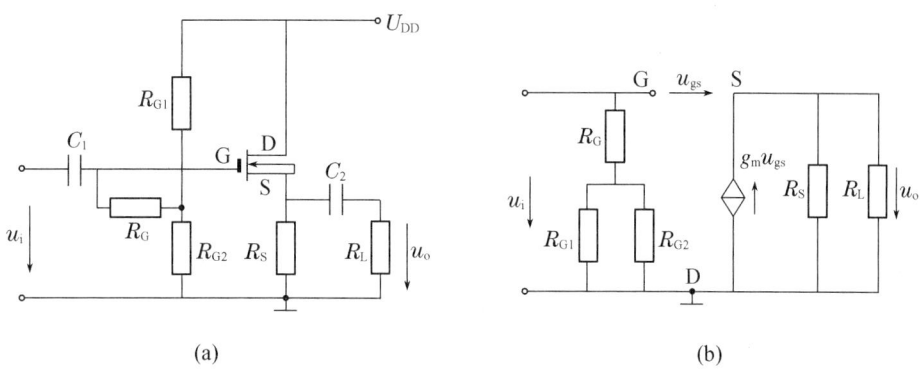

图 2.6.5　源极输出器

$$A_u = \frac{u_o}{u_i} = \frac{g_m R_L'}{1 + g_m R_L'} \leqslant 1 \tag{2.6.5}$$

由式(2.6.5)可见，源极输出器的输出电压与输入电压同相，且放大倍数小于等于1。

(3) 输出电阻

分析源极输出器的输出电阻，采用求含受控源电路的等效电阻的方法计算，如图 2.6.6 所示。

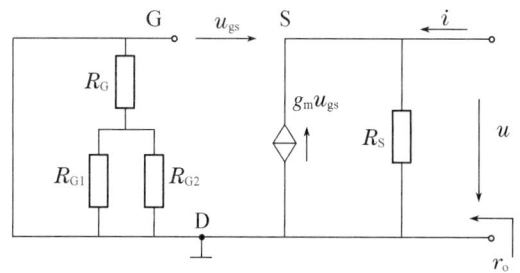

图 2.6.6　源极输出器输出电阻计算

$$r_o = \frac{u}{i}$$

$$u = -u_{gs}$$

$$i = \frac{u}{R_S} - g_m u_{gs} = u\left(g_m + \frac{1}{R_S}\right)$$

$$r_o = \frac{u}{i} = R_S \mathbin{/\mkern-6mu/} \frac{1}{g_m} \tag{2.6.6}$$

本章小结

三极管实现放大的条件：(1) 晶体管必须工作在放大区。发射结正偏，集电结反偏。(2) 正确设置静态工作点，使晶体管工作于放大区。(3) 输入回路将变化的电压转化成变化的基极电流。(4) 输出回路将变化的集电极电流转化成变化的集电极电压，经电容耦合只输出交流信号。

直交流通路因电容对交、直流的作用不同。在放大电路中,如果电容的容量足够大,可以认为它对交流分量不起作用,即对交流短路,而对直流可以看成开路。这样,交直流所走的通路是不同的。

直流通路:无信号时电流(直流电流)的通路,用来计算静态工作点。

交流通路:有信号时交流分量(变化量)的通路,用来计算电压放大倍数、输入电阻、输出电阻等动态参数。

共射极放大电路的结论:

(1) 无输入信号电压时,三极管各电极都是恒定的电压和电流:I_B、U_{BE} 和 I_C、U_{CE},(I_B、U_{BE})和(I_C、U_{CE})分别对应于输入、输出特性曲线上的一个点,称为静态工作点。

(2) 加上输入信号电压后,各电极电流和电压的大小均发生了变化,都在直流量的基础上叠加了一个交流量,但方向始终不变。

(3) 若参数选取得当,输出电压可比输入电压大,即电路具有电压放大作用。

(4) 输出电压与输入电压在相位上相差 $180°$,即共发射极电路具有反相作用。

三种分析方法。(1) 估算法(直流模型等效电路法)——估算 Q。(2) 图解法——分析 Q(Q 的位置是否合适);分析动态(最大不失真输出电压)。(3) 微变等效电路法分析动态(电压放大倍数、输入电阻、输出电阻等)。

三种组态。(1) 共射——A_u 较大,R_i、R_o 适中,常用作电压放大。(2) 共集——$A_u \approx 1$,R_i 大,R_o 小,适用于信号跟随、信号隔离等。(3) 共基——A_u 较大,R_i 小,频带宽,适用于放大高频信号。

多级放大器。三种耦合方式:阻容耦合、直接耦合及变压器耦合。

电压放大倍数:$A_u = A_{u1} \times A_{u2} \times \cdots \times A_{un}$。

差动放大电路能放大差模信号,抑制共模信号,能消除零点漂移。

频率响应——两个截止频率:

下限截止频率 f_L——频率下降,使 A_u 下降为 $0.707A_{um}$ 所对应的频率。由电路中的耦合电容和旁路电容所决定。

上限截止频率 f_H——频率上升,使 A_u 下降为 $0.707A_{um}$ 所对应的频率,由电路中三极管的极间电容所决定。

多级放大电路的频带宽度比单级放大电路频带宽度窄。

场效应管放大电路动态分析,了解共源极及共漏极放大电路的分析。

习 题

2.1 试判断图 2.1 所示各电路能否进行电压放大?并修改。

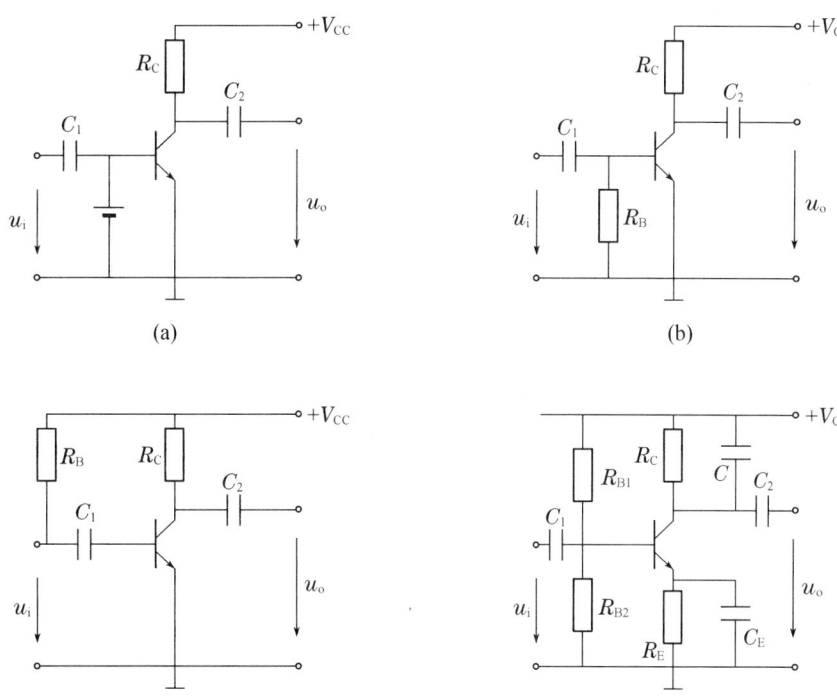

图 2.1 习题 2.1 图

2.2 如图 2.2 所示,已知三极管的 $U_{BE}=0.7$ V,$\beta=100$,求电路中的 I_B、I_C、U_{CE}。

2.3 如图 2.3 为放大电路及三极管的输出特性曲线,已知 $V_{CC}=15$ V,$R_B=300$ kΩ,$R_C=4$ kΩ,$\beta=40$,求:

(1) 估算静态值 I_B、I_C、U_{CE}。

(2) 用图解法在输出特性曲线上确定静态工作点值。

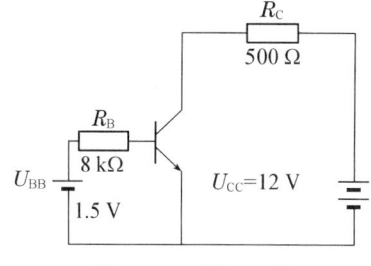

图 2.2 习题 2.2 图

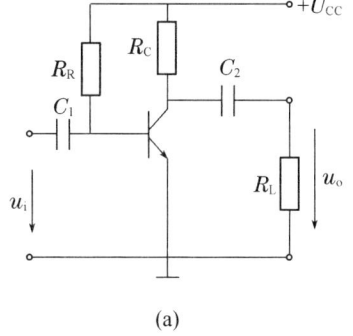

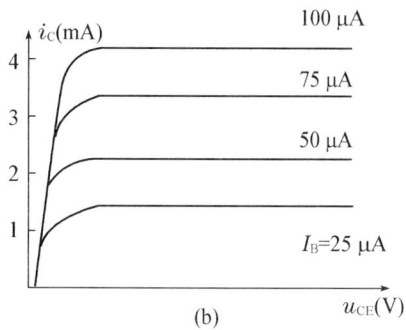

图 2.3 习题 2.3 图

2.4 如图 2.4 所示,已知 $V_{CC}=12$ V,$R_B=300$ kΩ,$R_C=5$ kΩ,$\beta=40$,试求:
(1) 放大电路静态值。

(2) 画出微变等效电路图,并求放大电路空载时的电压放大倍数。

(3) 接入负载为 5 kΩ 后的电压放大倍数。

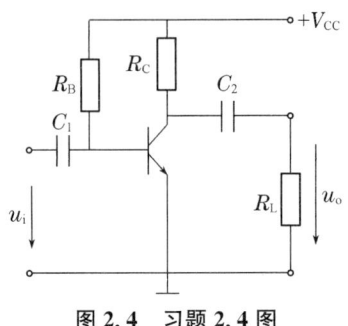

图 2.4　习题 2.4 图

2.5　如图 2.5 所示,分压偏置共射极放大电路。已知 $V_{CC}=12$ V,$R_{B1}=20$ kΩ,$R_{B2}=10$ kΩ,$R_C=R_E=2$ kΩ,$\beta=50$。求:

(1) 静态工作点值 I_B、I_C、U_{CE}。

(2) 画出微变等效电路图,并求 A_u、R_i、R_o。

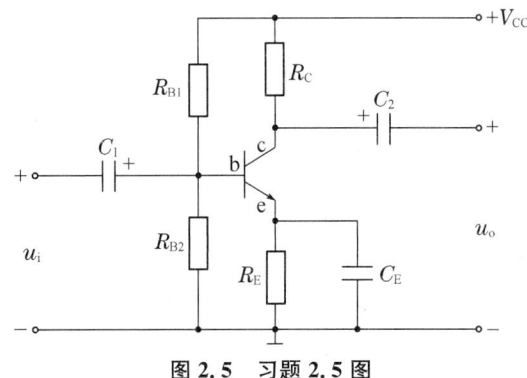

图 2.5　习题 2.5 图

2.6　如图 2.6 所示,已知 $V_{CC}=10$ V,$R_{B1}=22$ kΩ,$R_{B2}=4.7$ kΩ,$R_C=2.5$ kΩ,$R_E=1$ kΩ,$\beta=50$。求:

(1) 静态工作点。

(2) 空载时电压放大倍数。

(3) 带 4 kΩ 负载时电压放大倍数。

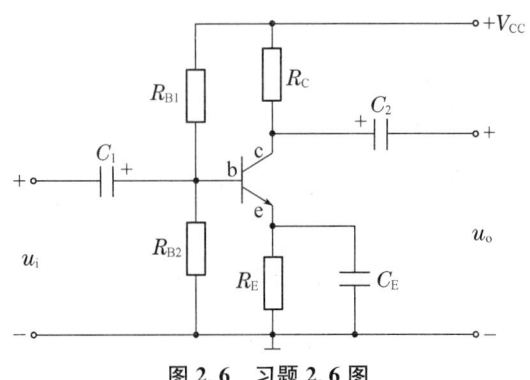

图 2.6　习题 2.6 图

2.7 两级直接耦合电路如图 2.7 所示，若 $\beta_1=\beta_2=40$，求：
(1) 画出电路的微变等效电路图。
(2) 电压放大倍数 A_u、输入电阻 R_i、输出电阻 R_o。

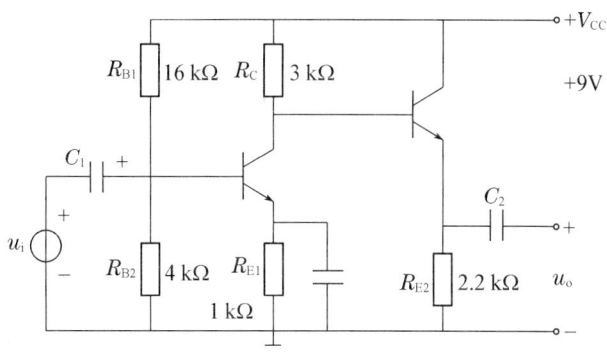

图 2.7 习题 2.7 图

2.8 共集电极放大电路如图 2.8 所示，已知 $V_{CC}=15$ V，$R_B=150$ kΩ，$R_E=2$ kΩ，$R_L=1.6$ kΩ，$\beta=80$，信号源内阻 $R_s=500$ Ω。求：
(1) 放大电路的静态工作点。
(2) 电压放大倍数 A_u、输入电阻 R_i、输出电阻 R_o。

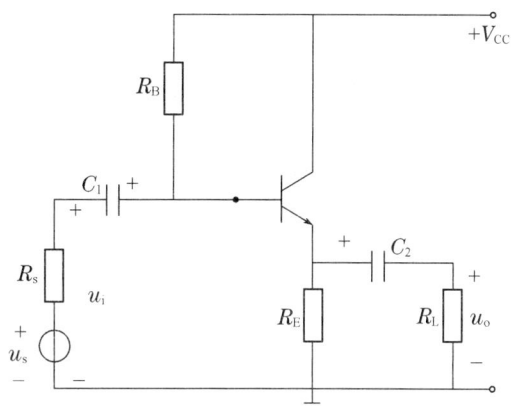

图 2.8 习题 2.8 图

2.9 如图 2.9 所示电路参数理想对称，$\beta_1=\beta_2=150$，$U_{BE1}=U_{BE2}=0.7$ V。求：
(1) 静态时两个晶体管的静态值。
(2) 差模电压放大倍数和共模电压放大倍数。
(3) 当 $u_{ID}=10$ mV 时，求输出电压 u_o 的值。

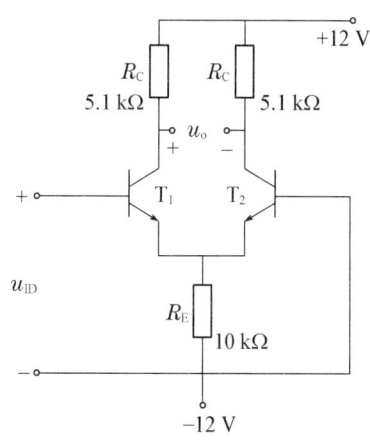

图 2.9 习题 2.9 图

2.10 如图 2.10 所示,已知 $V_{DD}=15\text{ V}, R_D=10\text{ k}\Omega, R_S=10\text{ k}\Omega, R_{G1}=200\text{ k}\Omega, R_{G2}=64\text{ k}\Omega, g_m=2\text{ ms}$。求电压放大倍数、输入电阻、输出电阻。

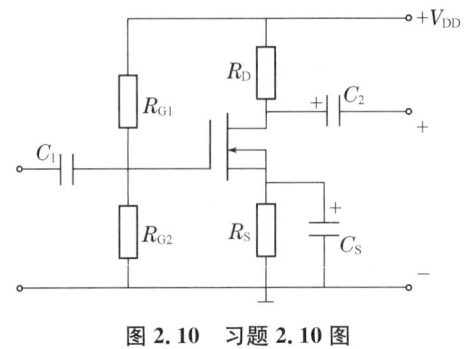

图 2.10　习题 2.10 图

技能训练:共射极单管放大器

一、实验目的
1. 学会放大器静态工作点的调试方法,分析静态工作点对放大器性能的影响。
2. 掌握放大器电压放大倍数、输入电阻、输出电阻及最大不失真输出电压的测试方法。
3. 熟悉常用电子仪器及模拟电路实验设备的使用。

二、实验原理
图 T2.1 为电阻分压式工作点稳定单管放大器实验电路图。它的偏置电路采用 R_{B1} 和 R_{B2} 组成的分压电路,并在发射极中接有电阻 R_E,以稳定放大器的静态工作点。当在放大器的输入端加入输入信号 u_i 后,在放大器的输出端便可得到一个与 u_i 相位相反,幅值被放大了的输出信号 u_o,从而实现了电压放大。

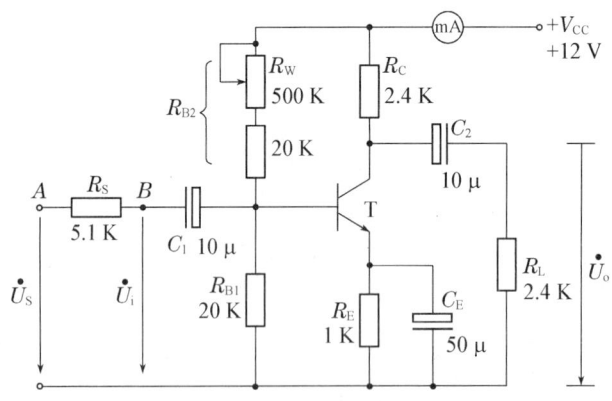

图 T2.1　共射极单级放大器电路

三、实验内容
实验电路如图 T2.1 所示。各电子仪器按规定连接,为防止干扰,各仪器的公共端必须连在一起,同时信号源、交流毫伏表和示波器的引线应采用专用电缆线或屏蔽线,如使用屏蔽线,则屏蔽线的外包金属网应接在公共接地端上。

1. 调试静态工作点

接通直流电源前,先将 R_W 调至最大,函数信号发生器输出旋钮旋至零。接通 +12 V 电源、调节 R_W,使 $I_C=2.0$ mA(即 $U_E=2.0$ V),用直流电压表测量 U_B、U_E、U_C 及用万用电表测量 R_{B2} 值。记入表 T2.1。

表 T2.1 $\quad I_C=2$ mA

测量值				计算值		
$U_B(V)$	$U_E(V)$	$U_C(V)$	$R_{B2}(KΩ)$	$U_{BE}(V)$	$U_{CE}(V)$	$I_C(mA)$

2. 测量电压放大倍数

在放大器输入端加入频率为 1 kHz 的正弦信号 u_S,调节函数信号发生器的输出旋钮使放大器输入电压 $U_i≈10$ mV,同时用示波器观察放大器输出电压 u_o 波形,在波形不失真的条件下用交流毫伏表测量下述两种情况下的 U_o 值,并用双踪示波器观察 u_o 和 u_i 的相位关系,记入表 T2.2。

表 T2.2 $\quad I_C=2.0$ mA $\quad U_i=$ mV

$R_C(kΩ)$	$R_L(kΩ)$	$U_o(V)$	A_u	观察记录一组 u_o 和 u_i 波形
2.4	∞			
2.4	2.4			

3. 观察静态工作点对电压放大倍数的影响

置 $R_C=2.4$ kΩ,$R_L=∞$,U_i 适量,调节 R_W,用示波器监视输出电压波形,在 u_o 不失真的条件下,测量数组 I_C 和 U_o 值,记入表 T2.3。

表 T2.3 $\quad R_C=2.4$ kΩ $\quad R_L=∞$ $\quad U_i=$ mV

$I_C(mA)$			2.0		
$U_o(V)$					
A_u					

测量 I_C 时,要先将信号源输出旋钮旋至零(即使 $U_i=0$)。

4. 观察静态工作点对输出波形失真的影响

置 $R_C=2.4$ kΩ,$R_L=2.4$ kΩ,$u_i=0$,调节 R_W 使 $I_C=2.0$ mA,测出 U_{CE} 值,再逐步加大输入信号,使输出电压 u_o 足够大但不失真。然后保持输入信号不变,分别增大和减小 R_W,使波形出现失真,绘出 u_o 的波形,并测出失真情况下的 I_C 和 U_{CE} 值,记入表 T2.4 中。每次测 I_C 和 U_{CE} 值时都要将信号源的输出旋钮旋至零。

表 T2.4　　　　　　　$R_C=2.4\ \text{k}\Omega$　$R_L=\infty$　$U_i=$　　mV

I_C(mA)	U_{CE}(V)	u_o波形	失真情况	管子工作状态
2.0				

5. 测量最大不失真输出电压

置 $R_C=2.4\ \text{k}\Omega$，$R_L=2.4\ \text{k}\Omega$，按照实验原理 2.4 中所述方法，同时调节输入信号的幅度和电位器 R_W，用示波器和交流毫伏表测量 U_{OPP} 及 U_o 值，记入表 T2.5。

表 T2.5　　　　　　　$R_C=2.4\ \text{K}$　$R_L=2.4\ \text{K}$

I_C(mA)	U_{im}(mV)	U_{om}(V)	U_{OPP}(V)

*6. 测量输入电阻和输出电阻

置 $R_C=2.4\ \text{k}\Omega$，$R_L=2.4\ \text{k}\Omega$，$I_C=2.0\ \text{mA}$。输入 $f=1\ \text{kHz}$ 的正弦信号，在输出电压 u_o 不失真的情况下，用交流毫伏表测出 U_S，U_i 和 U_L 记入表 T2.6。

保持 U_S 不变，断开 R_L，测量输出电压 U_o，记入表 T2.6。

表 T2.6　　　　$I_C=2\ \text{mA}$　$R_C=2.4\ \text{k}\Omega$　$R_L=2.4\ \text{k}\Omega$

U_S (mV)	U_i (mV)	R_i(kΩ)		U_L(V)	U_o(V)	R_o(kΩ)	
		测量值	计算值			测量值	计算值

*7. 测量幅频特性曲线

取 $I_C=2.0\ \text{mA}$，$R_C=2.4\ \text{k}\Omega$，$R_L=2.4\ \text{k}\Omega$。保持输入信号 u_i 的幅度不变，改变信号源频率 f，逐点测出相应的输出电压 U_o，记入表 T2.7。

表 T2.7　　　　　　　　　　　　　　　$U_i=$　　mV

	f_1	f_2	…	f_n
f(kHz)				
U_o(V)				
$A_u=U_o/U_i$				

为了信号源频率 f 取值合适,可先粗测一下,找出中频范围,然后再仔细读数。

说明:本实验内容较多,其中 6、7 可作为选做内容。

四、实验总结

1. 列表整理测量结果,并把实测的静态工作点、电压放大倍数、输入电阻、输出电阻之值与理论计算值比较(取一组数据进行比较),分析产生误差原因。
2. 总结 R_C,R_L 及静态工作点对放大器电压放大倍数、输入电阻、输出电阻的影响。
3. 讨论静态工作点变化对放大器输出波形的影响。
4. 分析讨论在调试过程中出现的问题。

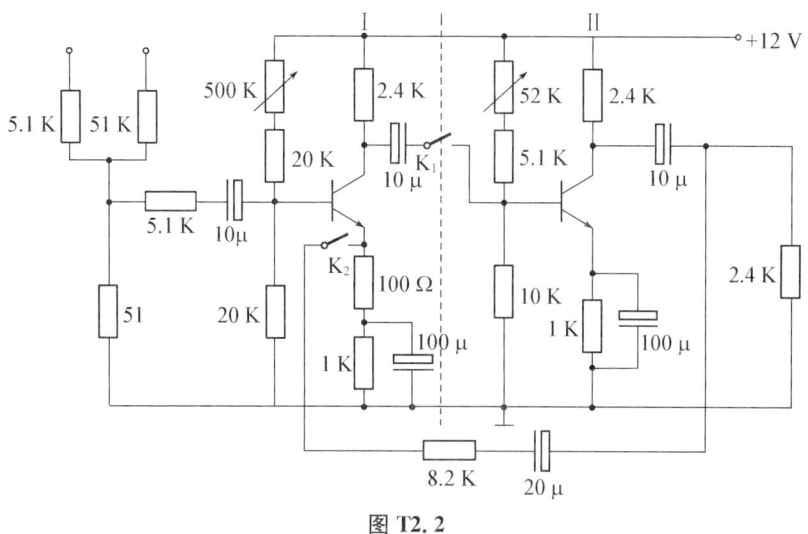

图 T2.2

Multisim 仿真

下图是共发射极三极管放大电路,断开开关 J_1 为空载,闭合开关 J_1 接入 5.1 kΩ 的负载,可以看到接入负载后输出电压将下降。

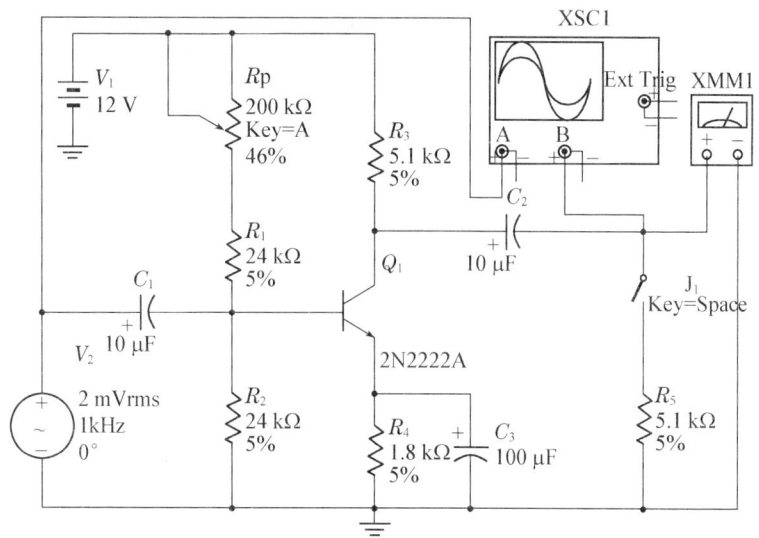

图 M2.1　共发射极放大电路

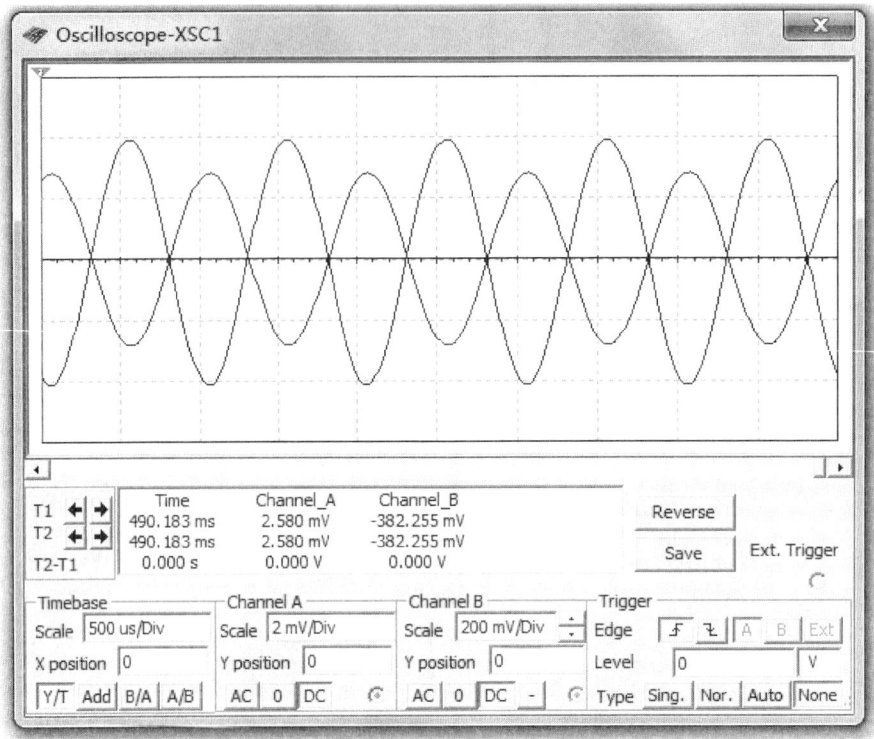

图 M2.2　共发射极放大电路输出波形

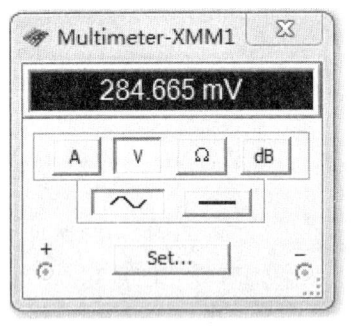 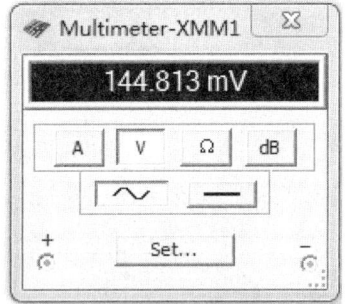

图 M2.3　共发射极放大电路空载、有载电压输出情况

第 3 章 放大电路中的负反馈

本章学习目标

1. 理解反馈的含义,掌握正负反馈的判别、负反馈的类型判别方法及负反馈对放大电路的影响,能判别单级及多级负反馈放大电路。

2. 掌握负反馈放大电路的实践操作能力。能按要求测试负反馈放大电路的静态工作点及应用毫伏表、示波器等电子仪器测试观察放大倍数、输入电阻、输出电阻及频带宽度等动态指标。

3. 能按图正确接线;能分析排除一般性故障;能正确读取实验数据;能对实验数据进行分析处理并得出相应结论等。

反馈在电子电路中得到极为广泛的应用。正反馈应用于各种振荡电路,可产生各种波形的信号,将在第 6 章中介绍;负反馈可用来改善放大电路的性能。前面章节介绍的放大电路虽然能够起到放大信号的作用,但其静态及动态的性能指标会受到环境、温度、电源电压及负载变化等因素的影响,往往不能满足实际应用的要求,因此在放大电路中引入负反馈以改善电路性能是十分必要的。本章以分立元件构成的放大电路介绍反馈的含义、反馈的分类、负反馈的四种类型及深度负反馈的含义,负反馈在集成电路的应用将在集成运算放大器所构成的线性电路应用中介绍。

3.1 反馈

3.1.1 反馈的基本概念

1. 反馈的概念

将放大电路输出回路的信号(电压或电流)的一部分或全部通过某一电路或元件送回输入回路的过程,称为反馈,具有反馈的放大器称为反馈放大器。连接输出与输入,实现将输出信号反送到输入回路的这一电路称为反馈支路。从输出端反送到输入端的信号称为反馈信号。如图 3.1.1 所示,R_F 为连接输入与输出的元件,并将输出信号反送输入回路。

含有反馈网络的放大电路称为反馈放大电路。图 3.1.2 为反馈放大电路的方框图,由基本放大器和反馈网络两部分组成。

反馈放大器图中 A 表示没有反馈的放大电路

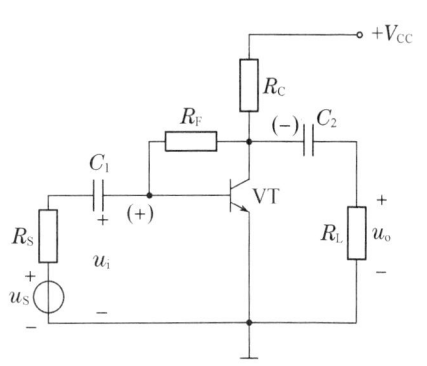

图 3.1.1 反馈电路

（基本放大电路，也称开环放大电路）。F 表示反馈网络，反馈网络一般由电阻或电容元件组成。放大电路引入反馈后构成闭环放大器。符号 $\otimes$ 代表比较环节。x_i、x_f、x_id 和 x_o 分别表示电路的输入量、反馈量、净输入量和输出量，它们可以是电压，也可以是电流。x 若为正弦量，还可以用相量表示。

2. 反馈的极性

反馈的极性分为正反馈和负反馈。如图 3.1.2 所示，在反馈放大电路中，如果反馈量使净输入量得到增强，则称为正反馈；反之，若反馈量使净输入量减弱，则称为负反馈。

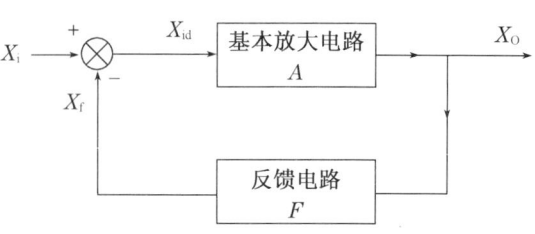

图 3.1.2 反馈放大电路的框图

正反馈与负反馈的区别在于反馈信号是起增强还是起削弱净输入信号的作用。正反馈起增强输入信号的作用，主要用于振荡电路；而负反馈则起削弱原输入信号的作用，一般用于放大电路。

通常采用瞬时极性法来判断反馈的极性。具体方法是：先假定输入信号在某一瞬时对地极性为正，并用 $\oplus$ 标示，然后顺着信号的传输方向，逐级推出电路各点的瞬时极性，得出输出信号和反馈信号的瞬时极性，并用 $\oplus$ 或 $\ominus$ 标示，最后判断反馈信号是增强还是减弱输入信号，如果是增强则为正反馈，反之则为负反馈。

现以图 3.1.3 所示电路为例进行判断。首先假设放大电路的输入端输入信号的瞬时极性为正，如图中（+）号所示，由于共射放大电路输入与输出的倒相关系，所以输出端的输出信号也为正，使反馈信号由输出端流向接地端，在 R_E1 上产生反馈电压 u_f；显然，反馈电压 u_f 在输入回路与输入电压 u_i 的共同作用使输入电压 $u_\text{id}=u_\text{i}-u_\text{f}$ 比无反馈时减小了，所以是负反馈。

图 3.1.3 所示中两级放大电路间的反馈为级间反馈，可改善放大电路总的性能指标；每级放大电路的反馈为本级反馈，只调整本级的性能指标。一般在有级间反馈时，只讨论级间反馈。

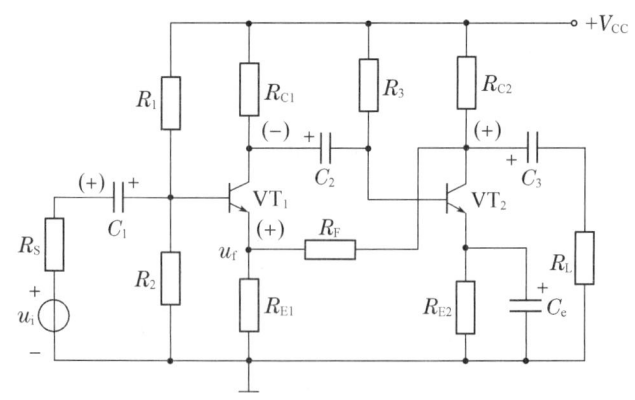

图 3.1.3 用瞬时极性法判断反馈的极性

瞬时极性法

3. 交流反馈和直流反馈

反馈还有交流和直流之分。若反馈信号是交流量，则称为交流反馈，它影响电路的交流性能(如电压放大倍数、输入电阻和输出电阻等);若反馈信号是直流量,则称为直流反馈,它影响电路的直流性能(如静态工作点);若反馈信号中既有交流量,又有直流量,则反馈对电路的交、直流性能都有影响。可根据反馈元件所出现的电流通路进行判断。若出现在交流通路中,则该元件起交流反馈作用,若出现在直流通路中,则起直流反馈作用。

图 3.1.4 中,(a)图由于反馈支路中串有电容 C_4,只有交流信号通过,因此为交流反馈;(b)图由于在反馈信号 u_f 两端并联电容 C_4,交流信号被旁路,因此为直流反馈;图 3.1.3 在反馈支路中无电容,因此为交直流反馈。

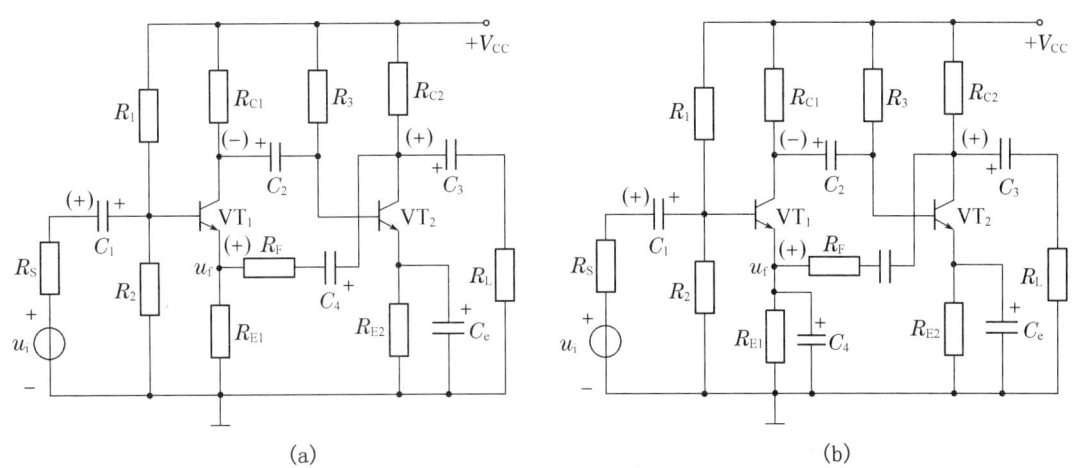

图 3.1.4 交流反馈和直流反馈

3.1.2 反馈电路的类型

反馈除了可分为正反馈、负反馈、交流及直流反馈外,根据反馈信号在输出端的取样和在输入端的连接方式,放大电路可以组成四种不同类型的负反馈:电压串联负反馈、电压并联负反馈、电流串联负反馈和电流并联负反馈。对于直流反馈与交流正反馈,一般不分类型。判断方法如下:

1. 电压反馈和电流反馈

电压反馈还是电流反馈是按照反馈信号在放大器输出端的取样方式来分类的。若反馈信号取自输出电压,即反馈信号与输出电压成比例,称为电压反馈;若反馈信号取自输出电流,即反馈信号与输出电流成比例,称为电流反馈。常采用负载电阻 R_L 短路法进行判断。若 R_L 短路使输出电压为零,此时若反馈量为零,则为电压反馈;否则为电流反馈。也可根据反馈支路与输出端的接法加以判断,若反馈支路与输出端接在同一节点,则为电压反馈,不接在同一节点则为电流反馈。

如图 3.1.5 所示,反馈支路 R_{F2}、C_2 接在放大电路输出端,为电压反馈;反馈支路 R_{F1} 接在三极

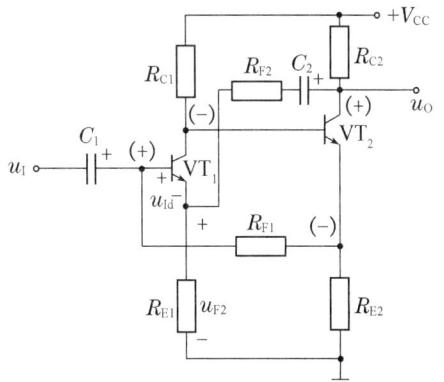

图 3.1.5 反馈电路的类型

管的发射极能取到输出电流,为电流反馈。

2. 串联反馈和并联反馈

串联反馈和并联反馈是按照反馈信号在放大器输入端的连接方式来分类的。若反馈信号在放大器输入端以电压形式出现,即与输入信号串联,则为串联反馈;若反馈信号在放大器输入端以电流形式出现,即与输入信号并联,则为并联反馈。它们与输出端取样的形式无关。

判断方法:在输入端,如何判别是串联反馈还是并联反馈,可以根据反馈信号与输入信号在输入端引入的节点不同来判断。如果反馈信号与输入信号是在输入端的同一个节点引入,反馈信号与输入信号必为电流相加减,为并联反馈;如果它们不在同一个节点引入,为串联反馈。如图3.1.5所示,反馈支路 R_{F2},C_2 接在放大电路输入回路三极管 VT_1 的发射极,而输入信号接在 VT_1 的基极,两信号接在不同端,为串联反馈;反馈支路 R_{F1} 接在放大电路输入回路三极管 VT_1 的基极,与输入信号接在同一节点,为并联反馈。

这样,负反馈放大器就有四种基本组态:电压串联负反馈、电压并联负反馈、电流串联负反馈、电流并联负反馈。

【**例 3.1.1**】 电路如图 3.1.6 所示,判断反馈类型。

解 假定输入信号对地瞬时极性为(+),经两级共射放大电路反相后,u_o 为(+),反馈电压 u_f 为(+)。因净输入量 $u_{id}=u_{be}=u_i-u_f$ 减少,电路为负反馈。

在输入端,输入信号与反馈信号分别加在三极管 b、e 两端,故为串联反馈。在输出端,若将负载电阻处短路,则输出信号通地,反馈信号随之消失,故为电压反馈。

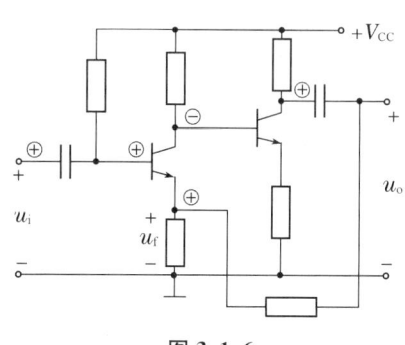

图 3.1.6

综上所述,电路为电压串联负反馈。

【**例 3.1.2**】 电路图 3.1.1,判断反馈类型。

解 假定输入信号对地瞬时极性为(+),经共射放大电路倒相后输出信号 u_o 为(−),反馈电流 i_f 为(+),因净输入量 $i_{id}=i_i-i_f$ 减少,电路为负反馈。

在输出端,由于反馈信号接在输出端,取自输出电压,为电压反馈;在输入端,由于输入信号与反馈信号均加在三极管 b 端,为并联反馈。因此该电路为电压并联负反馈。

【**例 3.1.3**】 如图 3.1.7 所示,判断反馈的类型。

解 假定输入信号对地瞬时极性为(+),电阻 R_E 上的电压也为(+),净输入信号 u_{BE} 减小,因此电路为负反馈。

由于反馈信号取自发射极电阻 R_E 的电压,并没有接在输出端,或将输出端接的 R_L 短接,反馈信号依然存在,因此为电流反馈;在输入端由于输入信号与反馈信号分别接在 b、e 两端,为不同节点,为串联反馈。综上所述,该电路为电流串联负反馈。

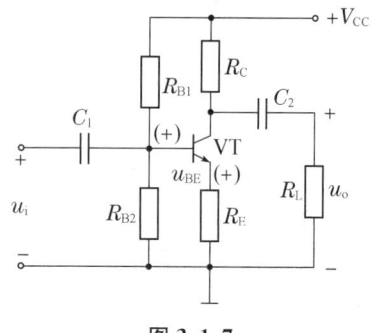

图 3.1.7

如图 3.1.5 所示电路中反馈支路 R_{F1} 对应的反馈电流并联负反馈,读者可按上述方法进行分析。

3.2 负反馈对放大器性能的影响

3.2.1 负反馈对电路的影响

1. 负反馈放大电路中的物理量与基本关系

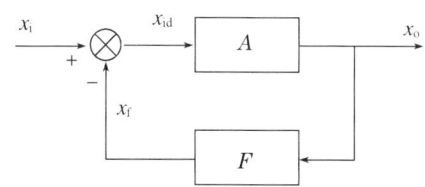

图 3.2.1 负反馈放大器的方框图

如图 3.2.1 所示为负反馈放大器的方框图,按图中各物理量极性和传输方向,可得放大器的开环增益、反馈系数和净输入量分别为

$$A = \frac{x_o}{x_{id}} \quad (3.2.1)$$

$$F = \frac{x_f}{x_o} \quad (3.2.2)$$

$$x_{id} = x_i - x_f \quad (3.2.3)$$

由此可得放大电路闭环电压放大倍数为

$$A_f = \frac{x_o}{x_i} = \frac{x_o}{x_{id} + x_f} = \frac{\frac{x_o}{x_{id}}}{1 + \frac{x_f}{x_o} \frac{x_o}{x_{id}}} = \frac{A}{1 + AF} \quad (3.2.4)$$

式(3.2.4)表明放大电路引入负反馈后,闭环放大倍数 A_f 减小到开环放大倍数 A 的 $\frac{1}{1+AF}$,式中 $1+AF$ 称为反馈深度,其值越大,则负反馈越深。工程中,通常把 $(1+AF) \gg 1$ 时的反馈称为深度负反馈,此时

$$A_f = \frac{A}{1+AF} \approx \frac{A}{AF} = \frac{1}{F} \quad (3.2.5)$$

上式中的 AF 也常称为环路增益。

2. 负反馈对放大器性能的影响

放大器引入负反馈后,放大倍数有所下降,但其性能却得到改善。

(1) 提高电路及其增益的稳定性

直流负反馈稳定直流量,能起到稳定静态工作点的作用,交流负反馈能改善交流指标。无反馈时,由于负载和环境温度的变化、电源电压的波动以及元器件老化等原因,放大电路的放大倍数也将随之变化。引入负反馈后,由式(3.2.5)可见,电路的闭环增益仅取决于反馈系数 F,也即电路参数,而与外界因素的变化无关,因此可以提高放大倍数的稳定性。可以证明,引入负反馈后,放大倍数下降了 $(1+AF)$ 倍,但放大倍数的稳定性却提高了 $(1+AF)$ 倍。

假设由于某种原因,放大器增益加大(输入信号不变),使输出信号加大,从而使反馈信号加大。由于负反馈的原因,使净输入信号减少。这样就抑制了输出信号的加大,实际上是使增益保持稳定。电压负反馈稳定输出电压,电流负反馈稳定输出电流。

(2) 减小非线性失真

由于三极管、场效应管等元件的非线性,会造成输出信号的非线性失真,引入负反馈后可以减小这种非线性失真,其原理如图 3.2.2 所示。

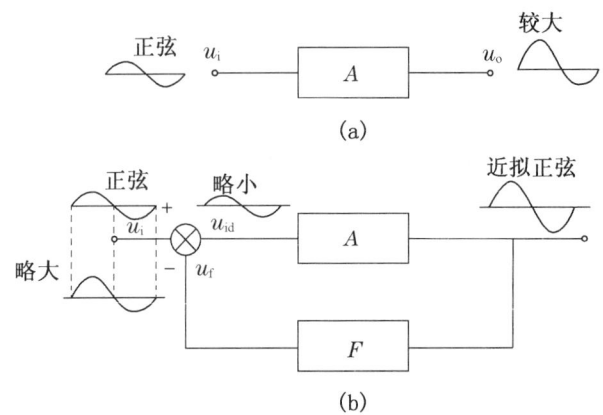

图 3.2.2 负反馈减小非线性失真

设输入信号为正弦波,无反馈时,放大电路的输出信号产生了正半周幅度比负半周幅度大的波形失真,引入负反馈后,反馈信号也为正半周幅度略大于负半周幅度的失真波形。由于 $u_{id}=u_i-u_f$,因此 u_{id} 波形变为正半周幅度略小于负半周幅度的波形。即通过负反馈使净输入信号产生预失真,这种预失真正好补偿放大电路的非线性失真,使输出波形得到改善。

必须指出,负反馈只能减小放大电路内部引起的非线性失真,对于信号本身固有的失真则无能为力。此外,负反馈只能减小而不能消除非线性失真。

(3) 改善了放大电路的频率响应

由于电路中电抗元件的存在,如耦合电容、旁路电容,以及三极管本身的结电容等,放大器的放大倍数会随频率而变化。实验证明,放大电路在高频区和低频区的电压放大倍数比中频区低。当输入等幅不同频的信号时,高、低频段的输出信号比中频段的小。因此,反馈信号也小,所以高、低频段的放大倍数减小程度比中频段的小,类似于频率补偿作用。引入负反馈后,放大电路的幅频特性变得比较平坦,相当于扩展了通频带。

(4) 改变输入电阻和输出电阻

根据不同的反馈类型,负反馈对放大器的输入电阻、输出电阻有不同的影响。

负反馈对输入电阻的影响取决于反馈信号在输入端的连接形式。在串联负反馈电路中,反馈信号与输入信号串联,反馈信号电压抵消了输入信号电压,导致信号源提供的电流减少,从而引起输入电阻增大,且是无负反馈时的输入电阻的 $(1+AF)$ 倍。

而在并联负反馈电路中,反馈信号电流对输入信号电流进行分流,导致信号源提供的电流增大,从而使输入电阻减小,且是无反馈时的输入电阻的 $\left(\dfrac{1}{1+AF}\right)$ 倍。

负反馈对输出电阻的影响取决于反馈信号在输出端的取样方式。因电压负反馈可稳定输出电压,提高了输出端带负载的能力,即电压负反馈使输出电阻降低,且是无负反馈时的输出电阻的 $\left(\dfrac{1}{1+AF}\right)$。

因电流负反馈可稳定输出电流,具有恒流特性,电流负反馈使输出电阻变大,且是无反馈时的输出电阻的 $(1+AF)$ 倍。

综上所述,可归纳出各种反馈类型、定义、判别方法和对放大电路的影响,见表 3.2.1。

表 3.2.1 放大电路中的反馈类型、定义、判别方法和对放大电路的影响

反馈类型		定义	判别方法	对放大电路的影响
1	正反馈	反馈信号使净输入信号加强	反馈信号与输入信号作用于同一个节点时,瞬时极性相同;作用于不同节点时,瞬时极性相反	使放大倍数增大,电路工作不稳定
	负反馈	反馈信号使净输入信号削弱	反馈信号与输入信号作用于同一个节点时,瞬时极性相反;作用于不同节点时,瞬时极性相同	使放大倍数减小,且改善放大电路的性能
2	直流负反馈	反馈信号为直流信号	反馈信号两端并联电容	能稳定静态工作点
	交流负反馈	反馈信号为交流信号	反馈支路串联电容	能改善放大电路的性能
3	电压负反馈	反馈信号从输出电压取样,即与输出电压成正比	反馈信号通过元件连线从输出电压端取出,或使负载短路,反馈信号将消失	能稳定输出电压,减小输出电阻
	电流负反馈	反馈信号从输出电流取样,即与输出电流成正比	反馈信号与输出电压无关,或使负载短路,反馈信号依然存在	能稳定输出电流,增大输出电阻
4	串联负反馈	反馈信号与输入信号在输入端以串联形式出现	输入信号与反馈信号在不同节点引入	增大输入电阻
	并联负反馈	反馈信号与输入信号在输入端以并联形式出现	输入信号与反馈信号在同节点引入	减小输入电阻

3.2.2 深度负反馈的分析

1. 深度负反馈的特点

当电路满足深度负反馈的条件,即 $1+AF \gg 1$(一般取 10 以上)时,负反馈放大电路的一般表达式为

$$A_f = \frac{X_o}{X_i} = \frac{X_o}{X_{id}+X_f} = \frac{AX_{id}}{X_{id}+AFX_{id}} = \frac{A}{1+AF} = \frac{1}{F}$$

则

$$\frac{x_o}{x_i} = \frac{x_o}{x_f} \tag{3.2.6}$$

即

$$x_i = x_f \tag{3.2.7}$$

式(3.2.7)表明,在深度负反馈条件下,反馈信号 x_f 与外加输入信号 x_i 近似相等,则净输入信号 $x_{id}=0$。对于串联负反馈,$u_i=u_f$,$u_{id}=0$;并联负反馈,$i_i=i_f$,$i_{id}=0$。

在深度负反馈情况下,由负反馈对输入输出电阻的影响可知,串联负反馈的输入电阻 $R_{if} \to \infty$,并联负反馈的输入电阻 $R_{if} \to 0$,电压负反馈的输出电阻 $R_{of} \to 0$,电流负反馈的输出

电阻 $R_{of} \to \infty$。

2. 深度负反馈放大电路的估算

（1）电压串联负反馈

如图 3.2.3 所示是电压串联负反馈电路，在深度负反馈条件下，根据电路分压有

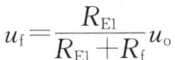

$$u_f = \frac{R_{E1}}{R_{E1}+R_f} u_o$$

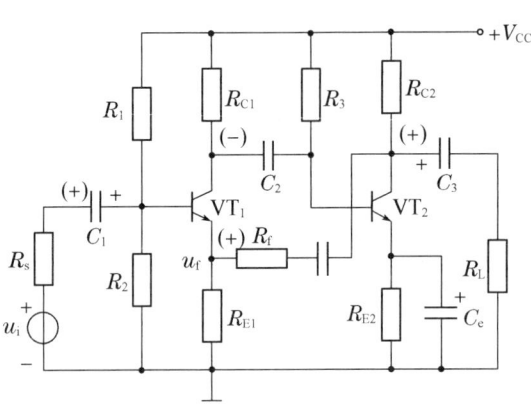

图 3.2.3

根据 $u_i = u_f$，得电路电压放大倍数

$$A_{uf} = \frac{u_o}{u_i} = \frac{u_o}{u_f} = \frac{R_f + R_{e1}}{R_{e1}} = 1 + \frac{R_f}{R_{e1}} \tag{3.2.8}$$

上式表明，在深度负反馈条件下，电压串联负反馈电路的电压放大倍数只取决于反馈电路的电阻值，与放大电路元件及参数无关，电路性能指标非常稳定。

（2）电压并联负反馈

如图 3.2.4 所示，R_F 跨接在放大管的基极与集电极之间，从而交直流电压并联负反馈。该反馈使输入电阻减小，使输出电阻也减小。

由于一般 $u_o \gg u_{be}$，因此有

$$i_f = -\frac{u_o}{R_F}$$

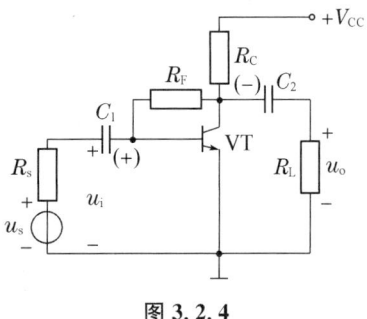

图 3.2.4

又由于并联负反馈使输入电阻 R_i 很小，故有 $R_s \gg R_i$，则有

$$i_i = \frac{u_s}{R_s + R_i} \approx \frac{u_s}{R_s}$$

由于深度负反馈，即有 $i_f = i_i$，则有

$$A_{uf} = \frac{u_o}{u_s} = -\frac{R_F}{R_s} \tag{3.2.9}$$

本章小结

1. 反馈是通过反馈支路将输出信号的全部或部分输送到输入回路，与外加输入信号相

作用决定加在放大器上的净输入信号,从而控制输出。反馈的目的是改善放大电路的某些性能。如使净输入信号加强,则为正反馈;反之,则为负反馈。它们可用瞬时极性法来判别。在放大电路中广泛采用的是负反馈电路。

2. 反馈可分为:正反馈和负反馈。正反馈可使放大倍数增大,但不能改善放大电路其他性能,还可能引起不稳定,故放大电路一般不引入正反馈。负反馈使放大倍数减小,但可以改善放大电路性能,如稳定放大倍数、展宽通频带、减小非线性失真、改变输入电阻和输出电阻等。放大电路一般引入负反馈。正负反馈的判别方法是采用瞬时极性法。

3. 直流反馈和交流反馈。直流反馈可稳定静态工作点,交流负反馈可改善放大电路的交流指标。交、直流反馈判别可根据反馈支路中有无电容及电容的位置决定。

4. 串联反馈和并联反馈。串联反馈:反馈信号与输入信号在输入回路以电压形式相比较,以调整净输入电压。并联反馈:反馈信号与输入信号在输入回路以电流形式相比较,以调整净输入电流。串、并联反馈的判别方法可根据电路连接情况而定。反馈信号加到信号输入端的是并联反馈,加到非信号输入端的是串联反馈。串联负反馈可提高放大电路的输入电阻,要求信号源内阻越小越好。并联负反馈可降低放大电路的输入电阻,要求信号源内阻越大越好。

5. 电压反馈和电流反馈。反馈信号取自于输出电压,与输出电压成正比的是电压反馈。反馈信号取自于输出电流,与输出电流成正比的是电流反馈。判别方法:将负载短接,反馈信号依然存在的是电流反馈,反之是电压反馈。电压负反馈可稳定输出电压,降低放大电路的输出电阻。电流负反馈可稳定输出电流,提高放大电路的输出电阻。

6. 负反馈在放大电路中经常采用,虽然它使放大电路放大能力降低,但它可改善放大电路的其他性能。如能稳定放大电路增益、展宽频带、减小非线性失真、改变输入电阻和输出电阻。对负反馈的不同的组态的判断及其特点应重点掌握。

习　题

3.1　填空:

(1) 能使输入电阻增大的是_____反馈。

(2) 能使输出电阻降低的是_____反馈。

(3) 能使输出电流稳定,输入电阻增大的是_____反馈。

(4) 能稳定静态工作点的是_____反馈。

(5) 能稳定放大电路增益的是_____反馈。

(6) 能提高放大电路增益的是_____反馈。

3.2　选择题:

(1) 反馈放大器电路的含义是_____。

　　A. 输出与输入之间有信号通路

　　B. 电路中存在反向传输的信号通路

　　C. 除放大电路以外,还有反馈信号通路

(2) 构成反馈通路的元器件_____。

　　A. 只能是电阻、电容或电感等无源元件

B. 只能是晶体管、集成电路等有源元件

C. 可以是无源元件，也可以是有源元件

（3）直流负反馈是指_____。

　　A. 只能存在于直接耦合的电路中

　　B. 直流通路中的负反馈

　　C. 放大直流信号时才有的负反馈

（4）交流负反馈是指_____。

　　A. 只存在于阻容耦合或直接耦合电路中的负反馈

　　B. 交流通路中的负反馈

　　C. 放大正弦信号时才有的负反馈

（5）某一放大电路中，要求输入电阻大、输出电流稳定，应选用_____负反馈；若放大电路放大的信号是传感器产生的电压信号（几乎不能提供电流），希望放大后的输出电压与信号电压成正比，应选_____负反馈。

　　A. 电压串联　　B. 电压并联　　C. 电流串联　　D. 电流并联

（6）负反馈能减小非线性失真是指_____。

　　A. 使放大器的输出电压的波形与输入信号的波形基本一致

　　B. 不论输入波形是否失真，引入负反馈后，总能使输出为正弦波

（7）在放大电路中，为了稳定静态工作点，可以引入_____；若要稳定放大倍数，可以引入_____；某些场合为了提高放大倍数，可适当引入_____；为了抑制温漂，可引入_____。

　　A. 直流负反馈　　　　　　　B. 交流负反馈

　　C. 交流正反馈　　　　　　　D. 直流负反馈和交流负反馈

（8）如希望减小放大电路从信号源所得电流，则采用_____；如希望取得较强的反馈作用而信号源内阻很大，则宜采用_____；如希望负载变化使输出电流稳定，应引入_____；如希望负载变化使输出电压稳定，则引入_____。

　　A. 电压负反馈　　　　　　　B. 电流负反馈

　　C. 串联负反馈　　　　　　　D. 并联负反馈

3.3　试判断图 3.1 所示电路反馈的极性和类型。

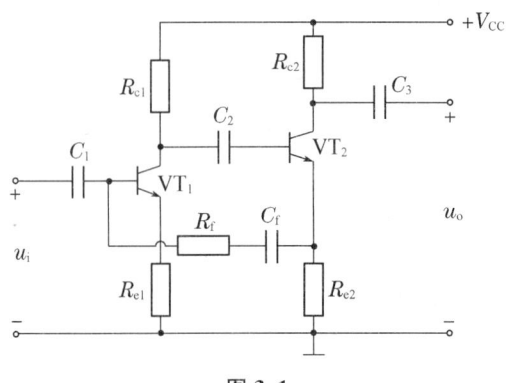

图 3.1

3.4 如图 3.2 所示电路中,试判断引入反馈的极性,并判断是直流还是交流反馈。

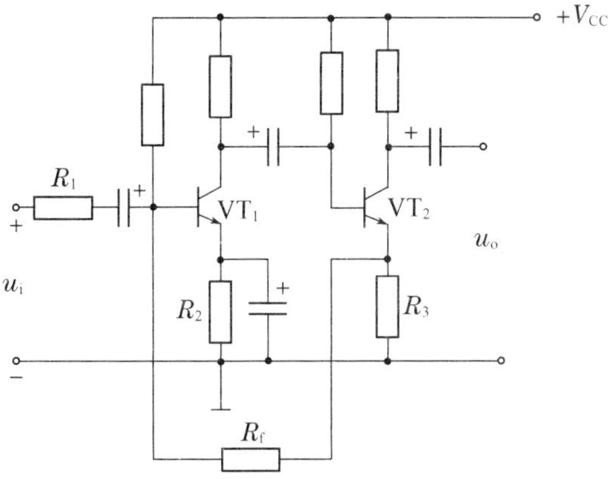

图 3.2

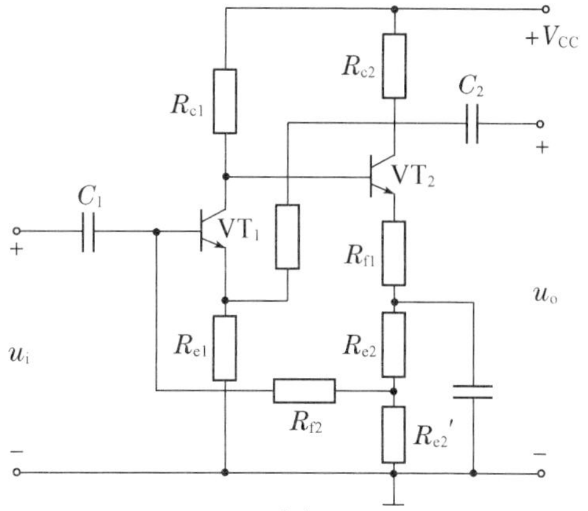

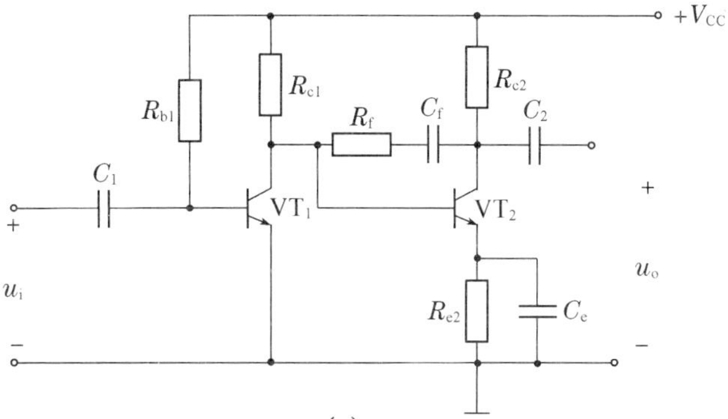

3.5 如图 3.3 所示电路中,欲引入负反馈达到下列效果,试说明反馈电阻 R_F 应接在电路中的哪两点之间,相应反馈是何类型。

(1) 为了减小放大电路的输出电阻,应将反馈电阻 R_F 自_____接到_____,相应为_____反馈电路。

(2) 欲稳定放大电路的静态工作点,应将反馈电阻 R_F 自_____接到_____,相应为_____反馈电路。

(3) 欲提高输入电阻,应将反馈电阻 R_F 自_____接到_____,相应为_____反馈电路。

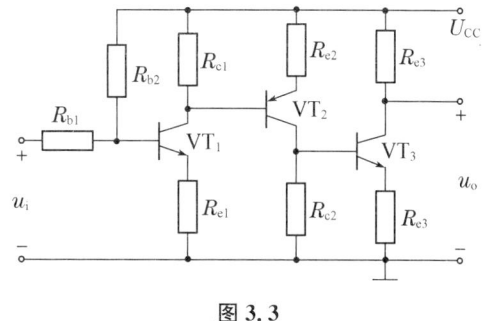

图 3.3

(4) 欲希望负载 R_L 变化时输出电压 u_o 基本不变,应将反馈电阻 R_F 自_____接到_____,相应为_____反馈电路。

3.6 反馈放大电路,其电压反馈系数 $F=0.01$,如果要求放大倍数 A_f 在 20 以上,其开环电压放大倍数最小应为多少?

3.7 判断下列说法是否正确(在括号中打×或√)：
(1) 在负反馈放大电路中,放大器的放大倍数越大,闭环放大倍数就越稳定。 （ ）
(2) 在负反馈放大电路中,在反馈系数较大的情况下,只有尽可能地增大开环放大信号,才能有效地提高闭环放大倍数。 （ ）
(3) 在深度负反馈的条件下,闭环放大倍数 $A_f≈1/F$,它与反馈网络有关,而与放大器开环放大倍数 A 无关,故可以省去放大通路,仅留下反馈网络,来获得稳定的放大倍数。
（ ）
(4) 在深度负反馈的条件下,由于闭环放大倍数 $A_f≈1/F$,与管子参数几乎无关,因此,可以任意选用晶体管来组成放大级,管子的参数也就没什么意义了。 （ ）
(5) 负反馈只能改善反馈环路内的放大性能,对反馈环路外无效。 （ ）
(6) 若放大电路负载固定,为使其电压放大倍数稳定,可以引入电压负反馈,也可以引入电流负反馈。 （ ）
(7) 电压负反馈可以稳定输出电压,流过负载的电流也就必然稳定。因此电压负反馈和电流负反馈都可以稳定输出电流,在这一点上电压负反馈和电流负反馈没有区别。
（ ）
(8) 负反馈能减小放大电路的噪声,因此无论噪声是输入信号中混合的还是反馈环路内部产生的,都能使输出端的信噪比得到提高。 （ ）
(9) 由于负反馈可展宽频带,所以只要负反馈足够深,就可以用低频管代替高频管组成放大电路来放大高频信号。 （ ）

3.8 如图 3.4 所示,假设在深度负反馈条件下,估算闭环电压放大倍数。

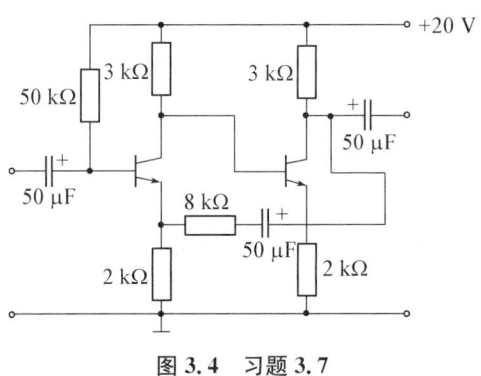

图 3.4 习题 3.7

技能训练:负反馈放大器测试

一、实验目的
掌握放大电路中引入负反馈的方法和负反馈对放大器各项性能指标的影响。
二、实验设备与器件
1. +12 V 直流电源　　2. 函数信号发生器
3. 双踪示波器　　　　4. 频率计
5. 交流毫伏表　　　　6. 万用表

7. 由晶体三极管 3DG6×2(β=50~100)或 9011×2,电阻器、电容器若干组成电路板

三、实验内容

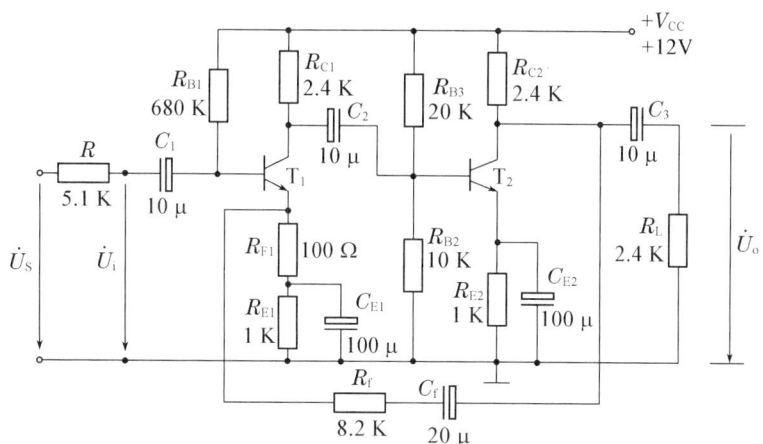

图 T3.1 带有电压串联负反馈的两级阻容耦合放大器

1. 测量静态工作点

按图 T3.1 连接实验电路,取 V_{CC}=+12 V,U_i=0,用直流电压表分别测量第一级、第二级的静态工作点,记入表 T3.1。

表 T3.1

	U_B(V)	U_E(V)	U_C(V)	I_C(mA)
第一级				
第二级				

2. 测试基本放大器的各项性能指标

(1) 测量中频电压放大倍数 A_u,输入电阻 R_i 和输出电阻 R_o。

① 以 f=1 kHz,U_S 约 5 mV 正弦信号输入放大器,用示波器监视输出波形 u_o,在 u_o 不失真的情况下,用交流毫伏表测量 U_S、U_i、U_L,记入表 T3.2。

表 T3.2

	U_S(mV)	U_i(mV)	U_L(V)	U_o(V)	A_u	R_i(kΩ)	R_o(kΩ)
基本放大器							
负反馈放大器	U_S(mV)	U_i(mV)	U_L(V)	U_o(V)	A_{uf}	R_{if}(kΩ)	R_{of}(kΩ)

② 保持 U_S 不变,断开负载电阻 R_L(注意,R_f 不要断开),测量空载时的输出电压 U_o,记入表 T3.2。

(2) 测量通频带

接上 R_L,保持(1)中的 U_S 不变,然后增加和减小输入信号的频率,找出上、下限频率 f_H 和 f_L,记入表 T3.3。

表 T3.3

	f_L(kHz)	f_H(kHz)	Δf(kHz)
基本放大器			

	f_{Lf}(kHz)	f_{Hf}(kHz)	Δf_f(kHz)
负反馈放大器			

四、实验总结

1. 将基本放大器和负反馈放大器动态参数的实测值和理论估算值列表进行比较。
2. 根据实验结果，总结电压串联负反馈对放大器性能的影响。

Multisim 仿真

下图为多级放大电路，闭合开关 J_1 将接入反馈电阻 R_{11}，变成负反馈放大电路。接入负反馈支路后，输出电压将下降。

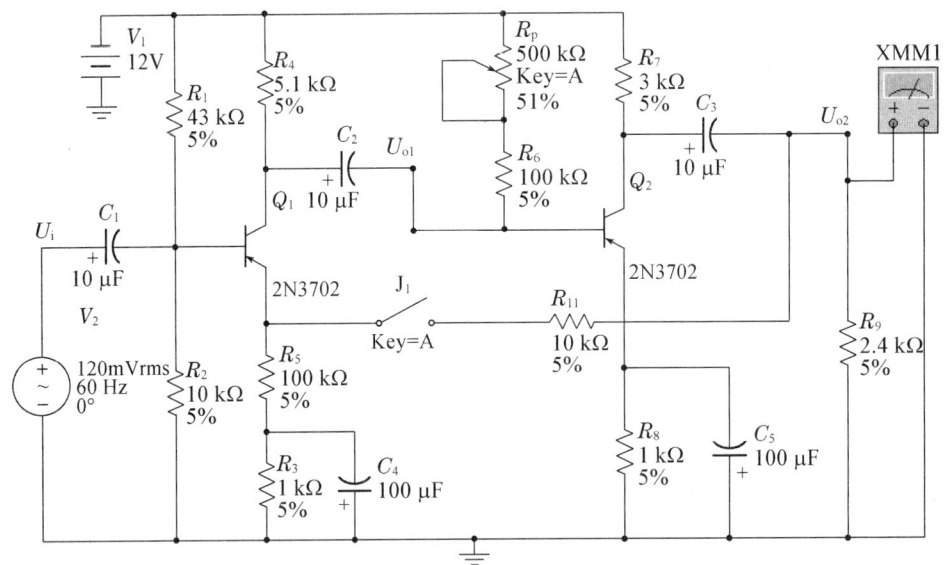

图 M3.1　负反馈放大电路

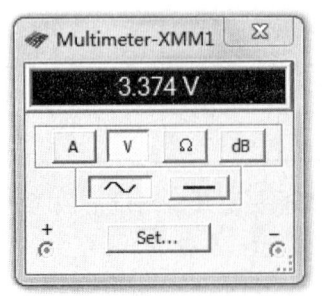 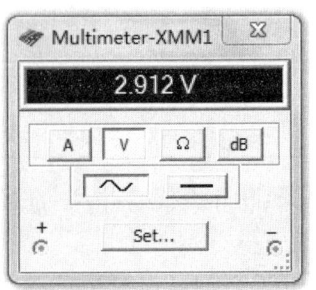

图 M3.2　接入负反馈支路前、后的电压输出情况

第4章　集成运算放大器及其应用

本章学习目标
1. 了解集成运算放大器的基本结构、主要参数。
2. 掌握理想运算放大器虚短及虚断的概念,学会利用虚短和虚断的概念对含有理想运算放大器的电路进行分析。
3. 掌握运算放大器在信号运算中的基本应用,掌握电压比较器的构成特点及应用。
4. 运放构成反相及同相比例电路。正确掌握运放的引脚功能,接成反相比例电路、同相比例电路,要求测试比例电路的电压放大倍数,并用示波器观察输入输出波形数值及相位关系。

集成电路是20世纪60年代初发展起来的一种新型电子器件。它把整个电路中的各个元器件以及器件之间的连线,采用半导体集成工艺同时制作在一块半导体芯片上,再将芯片封装并引出相应管脚,做成具有特定功能的集成电子线路。与分立电路相比,集成电路实现了器件、连线和系统的一体化,外接线少,具有可靠性高、性能优良、重量轻、造价低廉、使用方便等优点。因此,集成电路得到迅速发展并在实践中获得了广泛的应用。

4.1　集成运算放大器简介

集成运算放大器(简称运放)是一种高电压放大倍数的直接耦合放大器。它工作在放大区时,输入和输出呈线性关系,所以它又被称为线性集成电路。随着集成运放技术的发展,目前集成运放的应用几乎渗透到电子技术的各个领域,它成为组成电子系统的基本功能单元。

4.1.1　集成电路的分类与封装

一般,集成电路可分为模拟集成电路和数字集成电路两大类。模拟集成电路是对连续变化的模拟信号进行处理的集成电路,按现有的集成电路工艺水平,几乎包含了除逻辑集成电路以外的所有集成电路。模拟集成电路的种类繁多,按照功能分类,常用的有集成运算放大器、集成功率放大器、模拟乘法器、集成稳压器等等,在众多的模拟集成电路中,集成运算放大器应用极为广泛。集成运算放大器是属于模拟集成电路的一种。由于它最早应用于信号的运算,所以取名运算放大器。

4.1.2　集成运算放大器及其基本组成

集成运放的类型和品种相当丰富,从20世纪60年代发展至今已经历了四代产品,但在结构上基本一致。集成运放的内部实际上是一个高放大倍数的直接耦合放大电路,电路的结构一般包括输入级、中间级、输出级和偏置电路四个部分,如图4.1.1所示。

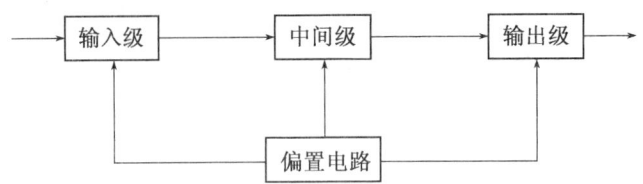

图 4.1.1 集成运放内部组成原理框图

输入级是提高集成运放质量的关键部分,其主要作用是提高放大电路的输入电阻,减小零漂,有效地抑制干扰信号。输入级一般采用具有恒流源的差动放大电路。

中间级的主要作用是进行电压放大,它的电压放大倍数高,为输出级提供所需的较大的推动电流,还具有电平移动作用,将双端输出转换为单端输出的作用等。一般由共射电路组成。

输出级主要向负载提供足够大的输出功率,具有较低的输出电阻,较强的带载能力。为防止过载危害,还设有过载保护措施。输出级一般由射极输出器或互补对称电路组成。

偏置电路的作用是为上述各级电路提供稳定和合适的偏置电流,一般由恒流电路组成。

此外还有一些辅助环节,如电平移动电路,过载保护电路以及高频补偿环节等。下面以第二代双极型通用集成运算放大器 μA741(F007) 为例,对运放各功能引脚简单说明。

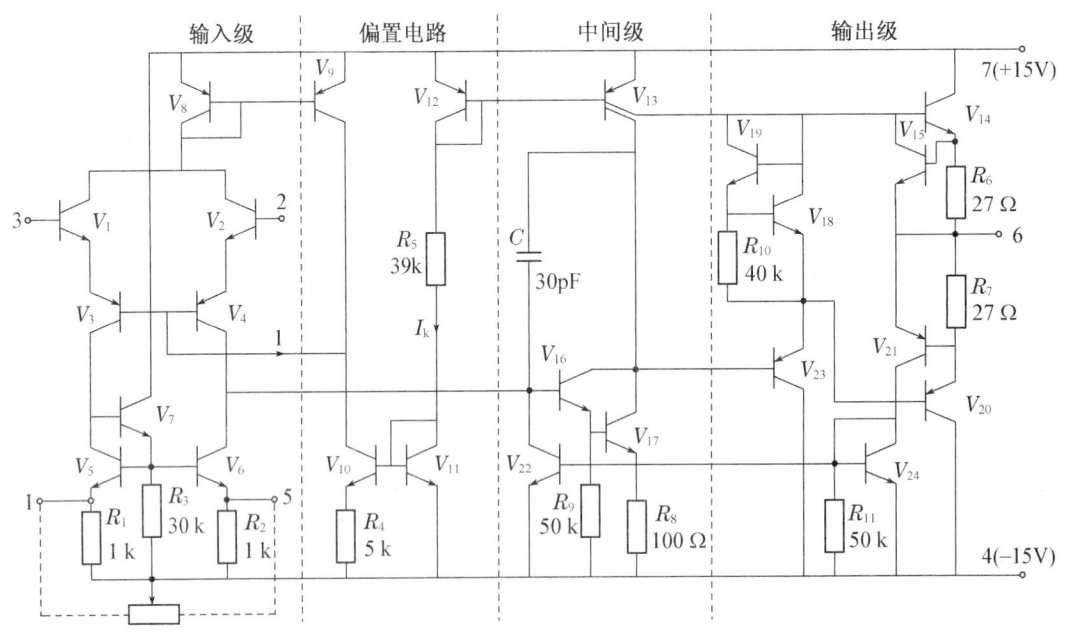

图 4.1.2 μA741 内部电路

图4.1.2为通用型集成运算放大电路 μA741(F007) 的电路原理图,图4.1.3(b)为其接线图。电路对外共有8个引脚,"2"为反相输入端,"3"为同相输入端,"6"为输出端,"7"接正电源,"4"接负电源,"1"、"5"间接调零电位器,"8"空脚。

集成运放的符号如图 4.1.3(a)所示,它有两个输入端,"一"号表示反相输入端,电压用"u_-"表示,它表明该输入端的信号与输出端信号 u_o 相位相反,"+"号表示同相输入端,电压用"u_+"表示,它表明该输入端的信号与输出端信号 u_o 相位相同。

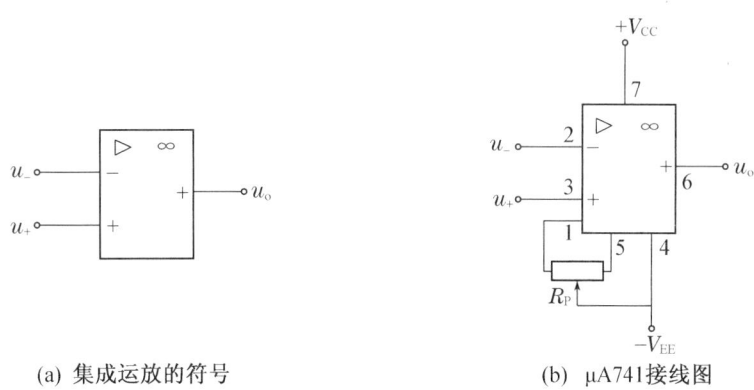

(a) 集成运放的符号 　　　　　(b) μA741接线图

图 4.1.3　集成运放的符号及引脚

4.1.3　集成运算放大器的主要性能指标

集成运放的性能指标较多,运用时可查集成运放手册。现将一些主要性能指标说明如下:

1. **差模电压增益 A_{ud}**　差模电压增益是指在标称电源电压和额定负载下,运放在开环时对差模信号的电压放大倍数。A_{ud} 越大越好,一般运放的 A_{ud} 为 60~100 dB。

2. **共模抑制比 K_{CMR}**　共模抑制比是指差模电压放大倍数与共模电压放大倍数绝对值之比,即 $K_{CMR}=20\lg|A_{ud}/A_{uc}|$(dB)。$K_{CMR}$ 越大表示集成运放对共模信号(零漂)的抑制能力越强。多数集成运放的 K_{CMR} 在 65~110 dB 之间。

3. **差模输入电阻 r_{id} 和输出电阻 r_{od}**　差模输入电阻是指集成运放对差模信号所呈现的电阻,即运放两输入端之间的电阻。一般在几十千欧到几十兆欧范围内。输出电阻是指集成运放开环时,从输出端向里看的等效电阻。一般在几十到几百欧姆之间。

4. **输入失调电压 U_{IO}**　一个理想的集成运放应满足零输入时零输出。而一个实际的集成运放,当输入为零时一般总存在一定的输出电压,将其折算到输入端即为输入失调电压。它在数值上等于输出电压为零时,输入端应施加的直流补偿电压。它的大小反映了差分输入级的不对称程度,其值越小越好。通用型运放的 U_{IO} 约为毫伏级。

5. **输入偏置电流 I_{IB}**　输入偏置电流是指运放在静态时,流过两个输入端的偏置电流的平均值,即 $I_{IB}=(I_{B1}+I_{B2})/2$。其值越小越好,通用型集成运放的 I_{IB} 约为几个微安。

6. **输入失调电流 I_{IO}**　一个理想的集成运放其两输入端的静态电流应该完全相等。实际上,当集成运放的输出电压为零时,流入两输入端的电流并不相等。这个静态电流之差($I_{IO}=I_{B1}-I_{B2}$)就是输入失调电流。其值愈小愈好,一般为纳安级。

7. **最大差模输入电压 U_{idmax}**　是指能安全地加在运放两个输入端之间最大的差模电压。若超过此值,输入级的 PN 结或栅、源间绝缘层可能被反向击穿。

8. **最大共模输入电压 U_{icmax}**　是指输入端能够承受的最大共模电压,如超过这个范围,集成运放的共模抑制性能将急剧恶化,甚至导致运放不能正常工作。

9. 最大输出电压 U_{om}　最大输出电压亦称额定输出电压。是指电源电压一定时,集成运放的最大不失真输出电压,一般用峰峰值表示。

4.1.4　集成运放的理想模型

集成运算放大器是一种具有高电压放大倍数的直接耦合多级放大电路。当外部接入不同的线性或非线性元器件组成输入和负反馈电路时,可以灵活地实现各种特定的函数关系。

在大多数情况下,将运放视为理想运放,就是将运放的各项技术指标理想化,满足下列条件的运算放大器称为理想运放。

开环电压增益　$A_{ud}=\infty$

输入阻抗　$r_i=\infty$

输出阻抗　$r_o=0$

共模抑制比　$K_{CMR}=\infty$

失调与漂移均为零等。

集成运放的工作区、传输特性及其特点:

前面已经提到,集成运放实际上是一个直接耦合的多级放大电路,可以工作在线性放大区,也可以工作在饱和区。

虚短与虚断

1. 线性放大区

当集成运放工作在线性区时,其输出信号随输入信号作线性变化,即 $u_{od}=A_{ud}(u_+-u_-)$,二者的关系曲线(称为传输特性)如图 4.1.4 所示。

对于理想集成运放,由于 $A_{ud}\to\infty$,而 u_{od} 为有限值(不超过电源电压),可得 $u_{id}=u_+-u_-=u_{od}/A_{ud}\approx 0$,即

$$u_+\approx u_- \tag{4.1.1}$$

上式表明,集成运放同相端和反相端的电位近似相等,即两输入端近似为短路状态,并称之为"虚短"。

图 4.1.4　集成运放的传输特性

其次,又因为 $r_{id}\to\infty$,两输入端几乎不取用电流,即两输入端都接近于开路状态,并称之为"虚断",记为

$$i_+=i_-\approx 0 \tag{4.1.2}$$

这里需要指出的是,为了使集成运放可靠工作在线性区,需引入深度负反馈,有关内容将在下节介绍。

2. 非线性工作区

当集成运放的输入信号过大,或未采取相关措施时,由于 A_{ud} 很大,只要有微小的输入信号,电路立即进入饱和状态。依据净输入状况,将有两种输出状态,即正饱和电压和负饱和电压,可表示为

$$\begin{cases} u_+>u_-\text{时},u_o=+U_{om} \\ u_+<u_-\text{时},u_o=-U_{om} \end{cases} \tag{4.1.3}$$

其传输特性如图 4.1.4 所示。

当集成运放工作在饱和状态时,两输入端的电流依然为零,即 $i_+=i_-\approx 0$。

4.2 集成运算放大器的应用

4.2.1 基本运算电路

1. 反相比例运算电路（反相输入方式）

图 4.2.1 所示为反相比例运算电路，输入信号 u_i 通过电阻 R_1 加到集成运放的反相输入端，反馈电阻 R_F 接在输出端和反相输入端之间，构成电压并联负反馈。$R_2 = R_1 // R_F$ 为直流平衡电阻，其作用是保证当 u_i 为零时，u_o 也为零，从而消除输入偏置电流以及温漂对放大电路的影响。

因 $i_+ = i_- \approx 0$，$u_+ \approx u_-$，可得 A 点的电位为 $u_A \approx u_+ \approx 0$，并称 A 点为"虚地"，它是反相比例运算电路的重要特征。

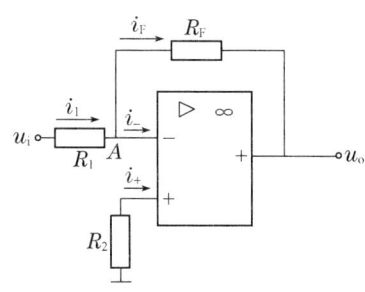

图 4.2.1 反相比例运算电路

根据"虚断"的概念，可得

$$i_1 \approx i_f$$

又因为

$$i_1 = \frac{u_i}{R_1}, \quad i_f = \frac{u_- - u_o}{R_F} = -\frac{u_o}{R_F}$$

所以

$$\frac{u_i}{R_1} = -\frac{u_o}{R_F}$$

即

$$u_o = -\frac{R_F}{R_1} u_i \tag{4.2.1}$$

$$A_{uf} = -\frac{R_F}{R_1} \tag{4.2.2}$$

式(4.2.2)表明，输出电压与输入电压成比例关系，式中负号表示二者相位相反。同时，u_o 与 u_i 的关系仅取决于外部元件 R_1 和 R_F 的阻值，而与运放本身参数无关。这样，只要 R_1 和 R_F 的精度和稳定性达到要求，就可以保证比例运算的精度和稳定性。

当 $R_1 = R_F = R$ 时，$u_o = -\frac{R_F}{R_1} u_i = -u_i$，即输出电压与输入电压大小相等、相位相反，对应的电路则称为反相器。

反相比例运算放大器的输入、输出电阻分别为 $r_{if} = \frac{u_i}{i_1} \approx R_1$、$r_{of} \approx 0$。

【例 4.2.1】 在图 4.2.2 所示电路中，已知 $R_1 = 100\ \text{k}\Omega$，$R_{f1} = 200\ \text{k}\Omega$，$R_{f2} = 200\ \text{k}\Omega$，$R_{f3} = 1\ \text{k}\Omega$，求：

（1）闭环电压放大倍数 A_{uf}、输入电阻 r_i 及平衡电阻 R_2；

（2）如果改用图 4.2.1 的电路，要想保持闭环电压放大倍数和输入电阻不变，反馈电阻 R_F 应该多大？

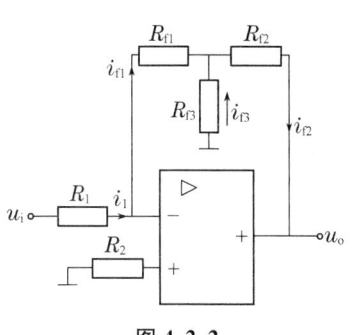

图 4.2.2

解 (1) 闭环电压放大倍数为

$$A_{uf} = -\frac{1}{R_1}\left(R_{f1} + R_{f2} + \frac{R_{f1}R_{f2}}{R_{f3}}\right)$$

$$= -\frac{1}{100}\left(200 + 50 + \frac{200 \times 50}{1}\right)$$

$$= -102.5$$

输入电阻为

$$r_i = \frac{u_i}{i_1} = \frac{R_1 i_1}{i_1} = R_1 = 100 \text{ k}\Omega$$

平衡电阻为

$$R_2 = R_1 // (R_{f1} + R_{f2} // R_{f3}) = 100 // (200 + 50 // 1)\text{k}\Omega = 66.8 \text{ k}\Omega$$

(2) 如果改用图 4.2.1 的电路,由 $A_{uf} = -102.5, R_1 = r_i = 100 \text{ k}\Omega$ 及闭环电压放大倍数的公式 $A_{uf} = -\frac{R_f}{R_1}$,可求得反馈电阻 R_F 为

$$R_F = -A_{uf}R_1 = -(-102.5) \times 100 = 10\ 250 \text{ k}\Omega \approx 10 \text{ M}\Omega$$

可见,R_F 阻值太大,而图 4.2.1 结构阻值适中。

2. 同相比例运算电路(同相输入方式)

图 4.2.3 所示为同相比例运算电路,输入信号 u_i 通过电阻 R_2 加到集成运放的同相输入端,反馈电阻 R_F 接在输出端和反相输入端之间,构成电压串联负反馈。R_2 为直流平衡电阻,满足 $R_2 = R_1 // R_F$ 的关系。该电路为电压串联负反馈。

由图 4.2.3 可见,同相输入时,A 点经 R_1 接地,因此不再具有"虚地"特征,其电位应根据 R_1、R_F 分压关系计算。

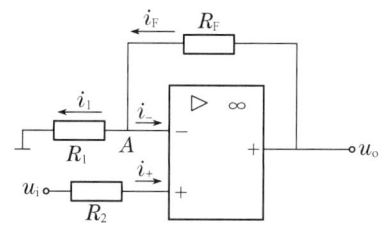

图 4.2.3 同相比例运算电路

根据 $u_+ \approx u_-, i_+ = i_- \approx 0$,由图 4.2.3 可得

$$i_1 \approx i_f, u_+ \approx u_i, u_i \approx u_- = u_A = u_o \frac{R_1}{R_1 + R_F}$$

所以
$$u_o = \left(1 + \frac{R_F}{R_1}\right)u_i \tag{4.2.3}$$

$$A_{uf} = 1 + \frac{R_F}{R_1} \tag{4.2.4}$$

式(4.2.3)表明,输出电压与输入电压成比例关系,且相位相同。

如取 $R_F = 0$ 或 $R_1 = \infty$,由式(4.2.3)可得 $u_o = \left(1 + \frac{R_F}{R_1}\right)u_i = u_i$,这时电路称为电压跟随器,如图 4.2.4 所示。

第 4 章 集成运算放大器及其应用

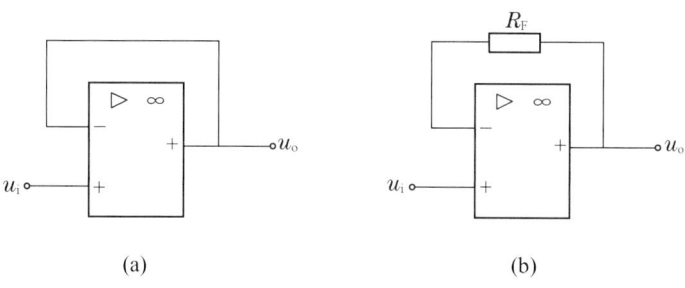

图 4.2.4 电压跟随器

由于同相比例运算电路引入了深度电压串联负反馈,所以输入、输出电阻分别为 $r_{if}\approx\infty$、$r_{of}\approx 0$。

【例 4.2.2】 如图 4.2.5 所示电路中,已知 $R_1=100\text{ k}\Omega$,$R_f=200\text{ k}\Omega$,$u_i=1\text{ V}$,求输出电压 u_o,并说明输入级的作用。

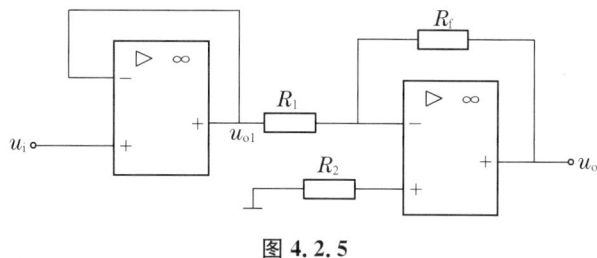

图 4.2.5

解 输入级为电压跟随器,由于是电压串联负反馈,因而具有极高的输入电阻,起到减轻信号源负担的作用。且 $u_{o1}=u_i=1\text{ V}$,作为第二级的输入。

第二级为反相输入比例运算电路,因而其输出电压为

$$u_o=-\frac{R_f}{R_1}u_{o1}=-\frac{200}{100}\times 1\text{ V}=-2\text{ V}$$

4.2.2 集成运算放大器的线性应用

1. 比例运算电路

如上所述。

2. 加法运算电路

图 4.2.6 所示为三个输入信号的加法运算电路,输入信号采用反相输入方式。直流平衡电阻 $R_4=R_1//R_2//R_3//R_F$。

根据"虚断"的概念,由图 4.2.6 可得

$$i_i\approx i_f$$

其中 $i_i=i_1+i_2+i_3$

再根据"虚地"的概念,可得

$$i_1=\frac{u_{i1}}{R_1},\ i_2=\frac{u_{i2}}{R_2},\ i_3=\frac{u_{i3}}{R_3}$$

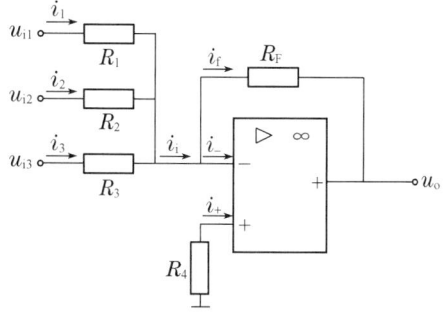

图 4.2.6 加法电路

则
$$u_o = -R_F i_f = -R_F\left(\frac{u_{i1}}{R_1} + \frac{u_{i2}}{R_2} + \frac{u_{i3}}{R_3}\right) \quad (4.2.5)$$

电路实现了各信号的比例求和运算。

当 $R_1 = R_2 = R_3 = R_F = R$ 时，$u_o = -(u_{i1} + u_{i2} + u_{i3})$，电路实现了各输入信号的反相求和运算。

【例 4.2.3】 求 4.2.7 图示电路中 u_o 与 u_{i1}、u_{i2} 的关系。

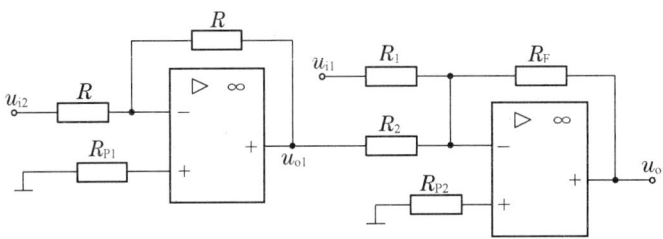

图 4.2.7

解 电路由第一级的反相器和第二级的加法运算电路级联而成。
$$u_{o1} = -u_{i2}$$
$$u_o = -\left(\frac{R_F}{R_1}u_{i1} + \frac{R_F}{R_2}u_{o1}\right) = \frac{R_F}{R_2}u_{i2} - \frac{R_F}{R_1}u_{i1}$$

3. 减法运算

图 4.2.8 所示为减法运算电路，它是反相端和同相端都有信号输入的放大器，也称差分输入放大器。其中 u_{i1} 通过 R_1 加到反相端，而 u_{i2} 通过 R_2、R_3 分压后加到同相端。

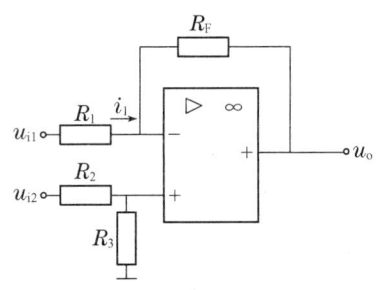

图 4.2.8 减法电路

由图可知　$u_- = u_{i1} - i_1 R_1 = u_{i1} - \dfrac{u_{i1} - u_o}{R_1 + R_F} R_1$

$$u_+ = \frac{R_3}{R_2 + R_3} u_{i2}$$

由"虚短"的概念，得　$u_{i1} - \dfrac{u_{i1} - u_o}{R_1 + R_F} R_1 = \dfrac{R_3}{R_2 + R_3} u_{i2}$

整理可得
$$u_o = \frac{R_1 + R_F}{R_1} \cdot \frac{R_3}{R_2 + R_3} u_{i2} - \frac{R_F}{R_1} u_{i1} \quad (4.2.6)$$

当 $R_1 = R_2, R_3 = R_F$ 时
$$u_o = \frac{R_F}{R_1}(u_{i2} - u_{i1}) \quad (4.2.7)$$

即电路的输出电压与差分输入电压成比例。

式(4.2.7)中，若再设 $R_1 = R_F$，则
$$u_o = u_{i2} - u_{i1} \quad (4.2.8)$$

可见，适当选配电阻值，可使输出电压与输入电压的差值成正比，实现了减法运算。

【例 4.2.4】 求 4.2.9 图示电路中 u_o 与 u_{i1}、u_{i2} 的关系。

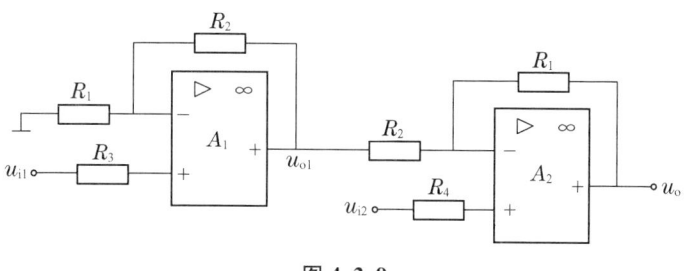

图 4.2.9

解 电路由第一级的同相比例运算电路和第二级的减法运算电路级联而成。

$$u_{o1}=\left(1+\frac{R_2}{R_1}\right)u_{i1}$$

$$u_o=-\frac{R_1}{R_2}u_{o1}+\left(1+\frac{R_1}{R_2}\right)u_{i2}=-\frac{R_1}{R_2}\left(1+\frac{R_2}{R_1}\right)u_{i1}+\left(1+\frac{R_1}{R_2}\right)u_{i2}=\left(1+\frac{R_1}{R_2}\right)(u_{i2}-u_{i1})$$

4. 积分运算

图 4.2.10 所示为积分运算电路,它和反相比例运算电路的差别仅是用电容 C 代替反馈电阻 R_F。图中直流平衡电阻 $R_2=R_1$。

根据运放反相端的"虚地"概念和图示电压、电流的参考方向,可得

$$i_1=\frac{u_i}{R_1}=i_f,u_o=-u_C=-\frac{1}{C}\int i_f\mathrm{d}t=-\frac{1}{C}\int i_1\mathrm{d}t=-\frac{1}{C}\int\frac{u_i}{R_1}\mathrm{d}t$$

即

$$u_o=-\frac{1}{R_1C}\int u_i\mathrm{d}t \tag{4.2.9}$$

可见,输出电压与输入电压的积分成比例关系,实现了积分运算。式中负号表示输出电压与输入电压反相,R_1C 为积分时间常数。

5. 微分运算

微分与积分互为逆运算。将图 4.2.10 中 C 与 R_1 互换位置,即成为微分运算电路,如图 4.2.11 所示。

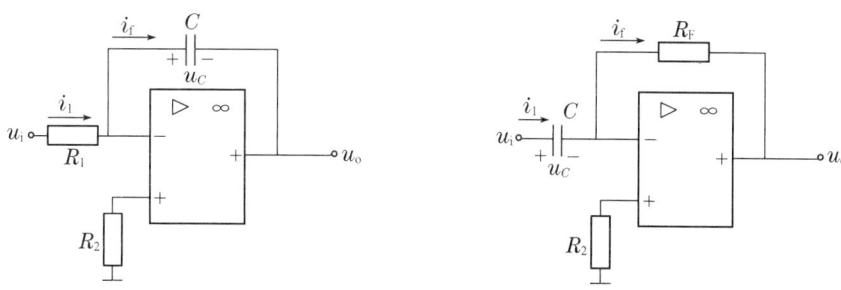

图 4.2.10 积分运算电路   图 4.2.11 微分运算电路

由图 4.2.11 所示电压、电流的参考方向以及"虚地"概念可得

$$i_1=C\frac{\mathrm{d}u_C}{\mathrm{d}t}=C\frac{\mathrm{d}u_i}{\mathrm{d}t}=i_f$$

$$u_o=-R_Fi_f=-R_FC\frac{\mathrm{d}u_i}{\mathrm{d}t} \tag{4.2.10}$$

可见,输出电压与输入电压的微分成比例关系,实现了微分运算。R_FC 为电路的时间

常数。

电子技术中,常通过积分和微分电路实现波形变换。积分电路可将方波变换为三角波,微分电路可将方波变换为尖脉冲。图 4.2.12(a)、(b)分别为积分电路、微分电路的输入、输出波形的一种类型,读者可自行分析其原理。

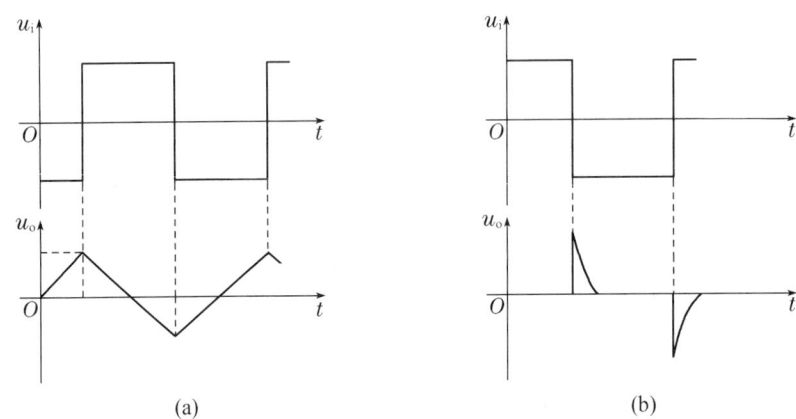

图 4.2.12　微、积分运算电路用于波形转换

4.2.3　集成运算放大器的非线性应用

在自动控制中,常通过电压比较电路将一个模拟信号与基准信号相比较,并根据比较结果决定执行机构的动作。各种越限报警器就是利用这一原理工作的。

电压比较器是集成运放非线性应用电路,它将一个模拟量电压信号和一个参考电压相比较,在二者幅度相等的附近,输出电压将产生跃变,相应输出高电平或低电平。比较器可以组成非正弦波形变换电路及应用于模拟与数字信号转换等领域。

图 4.2.13 所示为一最简单的电压比较器,U_R 为参考电压,加在运放的同相输入端,输入电压 u_i 加在反相输入端。

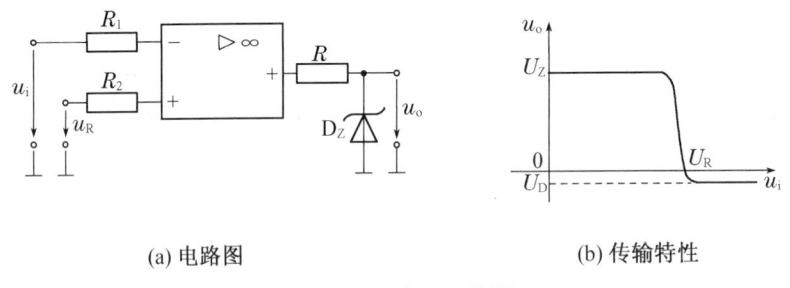

(a) 电路图　　　　　　　　　(b) 传输特性

图 4.2.13　电压比较器

当 $u_i < U_R$ 时,运放输出高电平,稳压管 D_Z 反向稳压工作。输出端电位被其箝位在稳压管的稳定电压 U_Z,即 $u_o = U_Z$。

当 $u_i > U_R$ 时,运放输出低电平,D_Z 正向导通,输出电压等于稳压管的正向压降 U_D,即 $u_o = -U_D$。

因此,以 U_R 为界,当输入电压 u_i 变化时,输出端反映出两种状态,即高电位和低电位。

表示输出电压与输入电压之间关系的特性曲线,称为传输特性。图 4.2.13(b)为(a)图比较器的电压传输特性。

常用的电压比较器有过零比较器、具有滞回特性的比较器、双限比较器(又称窗口比较器)等。

1. 过零比较器

如图 4.2.14 所示为加限幅电路的过零比较器,D_Z 为限幅稳压管。信号从运放的反相输入端输入,参考电压为零,从同相端输入。当 $u_i>0$ 时,输出 $u_o=-(U_Z+U_D)$,当 $u_i<0$ 时,$u_o=+(U_Z+U_D)$。其电压传输特性如图 4.2.14(b)所示。

过零比较器结构简单,灵敏度高,但抗干扰能力差。

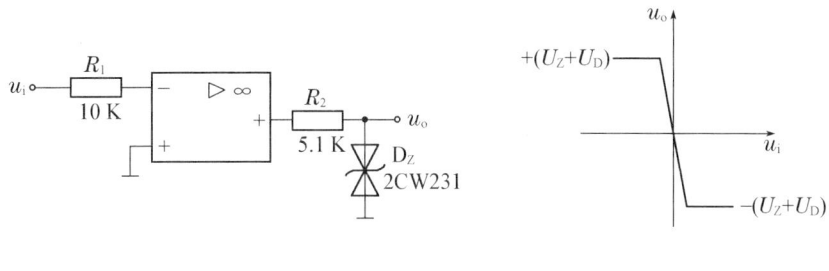

(a) 过零比较器 (b) 电压传输特性

图 4.2.14　过零比较器

电压比较器广泛应用在模-数接口、电平检测及波形变换等领域。如图 4.2.15 所示为用过零比较器把正弦波变换为矩形波的例子。

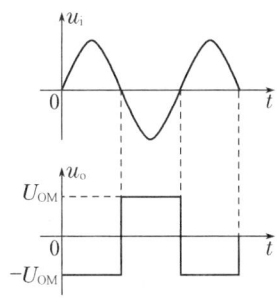

图 4.2.15　波形变换

2. 滞回比较器

过零比较器在实际工作时,如果 u_i 恰好在过零值附近,则由于零点漂移的存在,u_o 将不断由一个极限值转换到另一个极限值,这在控制系统中,对执行机构将是很不利的。为此,就需要输出特性具有滞回现象。如图 4.2.16 所示,从输出端引一个电阻分压正反馈支路到同相输入端,若 u_o 改变状态,$\sum$ 点也随之改变电位,使过零点离开原来位置。当 u_o 为正(记作 U_+),则当 $u_i>U_\Sigma$ 后,u_o 即由正变负(记作 U_-),此时 U_Σ 变为 $-U_\Sigma$。故只有当 u_i 下降到 $-U_\Sigma$ 以下,才能使 u_o 再度回升到 U_+,于是出现图 4.2.16(b)中所示的滞回特性。

$$U_\Sigma = \frac{R_2}{R_f+R_2}U_+$$

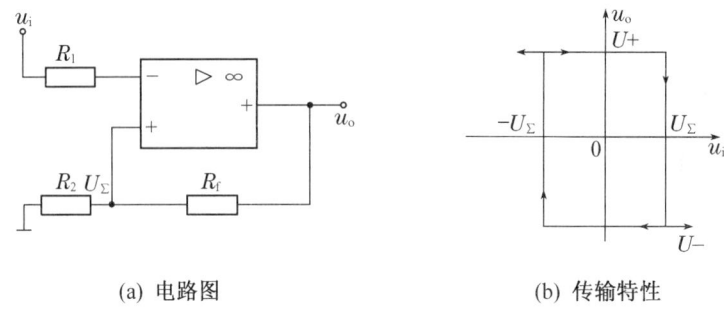

(a) 电路图　　　　　　　　(b) 传输特性

图 4.2.16　滞回比较器

$-U_\Sigma$ 与 U_Σ 的差别称为回差电压 ΔU。改变 R_2 的数值可以改变回差电压的大小，电压 ΔU 越大，比较器抗干扰的能力越强。

3. 窗口(双限)比较器

简单的比较器仅能鉴别输入电压 u_i 比参考电压 U_R 高或低的情况，窗口比较电路是由两个简单比较器组成，如图 4.2.17 所示，它能指示出 u_i 值是否处于 U_R^+ 和 U_R^- 之间。如果 $U_R^-<u_i<U_R^+$，窗口比较器的输出电压 u_o 等于运放的正饱和输出电压($+U_{Omax}$)，如果 $u_i<U_R^-$ 或 $u_i>U_R^+$，则输出电压 u_o 等于运放的负饱和输出电压($-U_{Omax}$)。

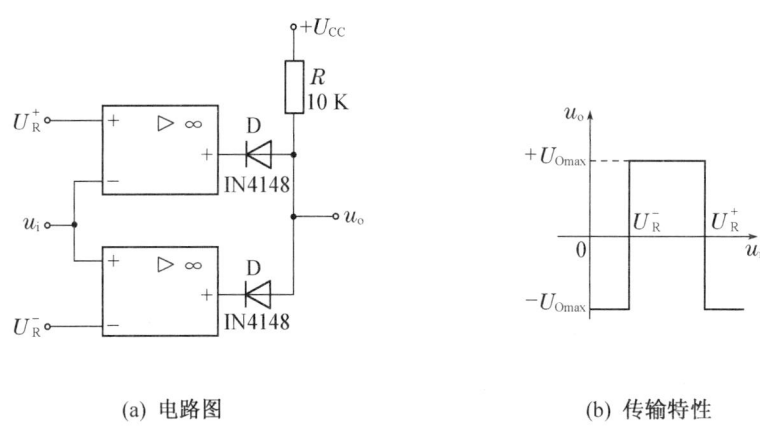

(a) 电路图　　　　　　　　(b) 传输特性

图 4.2.17　由两个简单比较器组成的窗口比较器

4.2.4　集成运算放大器在使用中的注意点

集成运放在使用前除应正确选型，了解各引脚排列位置、外接电路，在调试、使用时还应注意以下问题：

在使用中，由于电源极性接反、输入信号电压过高、输出端负载过大等原因，都会造成集成运放的损坏。所以运放在使用中须加保护电路。图 4.2.18(a)所示为输入端保护电路。在输入端接入两个反向并联的二极管，可将输入电压限制在二极管导通电压之内。图 4.2.18(b)所示为输出端保护电路。正常工作时，输出电压小于双向稳压管的稳压值，双向稳压管相当于开路，保护支路不起作用。当输出电压大于稳压管稳压值时，稳压管击穿导通，使运放负反馈加深，将输出电压限制在稳压管的稳压值范围内。图 4.2.18(c)为电源保护电路。它是利用二极管的单向导电性来防止电源极性接错造成运放损坏的。

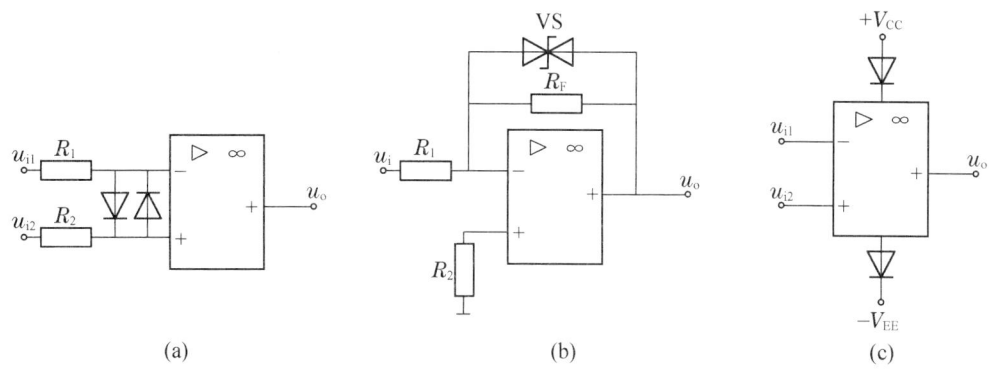

图 4.2.18 集成运放的保护电路

本章小结

集成运算放大器是一种多级直接耦合的高电压放大倍数的集成放大电路，具有输入电阻高、输出电阻小等特点。同时还有可靠性高、性能优良、重量轻、造价低廉、使用方便等集成电路的优点。内部主要由输入级、中间级、输出级以及偏置电路组成。

集成运放在使用前，要对其主要技术参数有所了解。在运放的使用中要有应对过电压、过电流、短路和电源极性接反等意外情况的措施。

"虚断"和"虚短"概念。"虚短"和"虚断"是理想运算放大器的重要特性，主要用于分析含有理想运算放大器的电路。"虚短"是指在理想情况下，两个输入端的电位相等，就好像两个输入端短接在一起，但事实上并没有短接，称为"虚短"。虚短的必要条件是运放引入深度负反馈。"虚断"是指在理想情况下，流入集成运算放大器输入端电流为零。这是由于理想运算放大器的输入电阻无限大，就好像运放两个输入端之间开路，但事实上并没有开路，称为"虚断"。

集成运算放大器线性应用电路。集成运算放大器实际上是高增益直耦多级放大电路，它实现线性应用的必要条件是引入深度负反馈。此时，运放本身工作在线性区，两输入端的电压与输出电压呈线性关系，各种基本运算电路就是由集成运放加上不同的输入回路和反馈回路构成。

运算电路是集成运放最基本的应用电路，其中比例电路、加法电路和减法电路的输出和输入电压之间是线性关系，而微分电路、积分电路等运算电路的输出与输入电压之间是非线性关系，但运算放大器本身总是工作在线性区。

集成运算放大器非线性应用电路。运算放大器在无负反馈或加正反馈时，运放工作在非线性区，输出只有两种状态，称为电压比较器。常用的电压比较器有过零比较器、具有滞回特性的比较器、双限比较器(又称窗口比较器)等。

习 题

4.1 判断下列说法是否正确(在括号内打×或√)：

(1) 处于线性工作状态下的集成运放,反相输入端可按"虚地"来处理。 ( )

(2) 反相比例运算电路属于电压串联负反馈,同相比例运算电路属于电压并联负反馈。
( )

(3) 处于线性工作状态的实际集成运放,在实现信号运算时,两个输入端对地的直流电阻必须相等,才能防止输入偏置电流带来的运算误差。 ( )

(4) 在反相比例电路中,集成运放的反相输入为虚地,流过反馈电阻的电流基本上等于各输入电流之和。 ( )

(5) 同相加法电路跟同相比例电路一样,各输入信号的电流几乎等于零。 ( )

4.2 如图 4.1 所示电路中,设运放为理想运放,电源电压为±12 V,试估算出输出电压 u_o 的值。

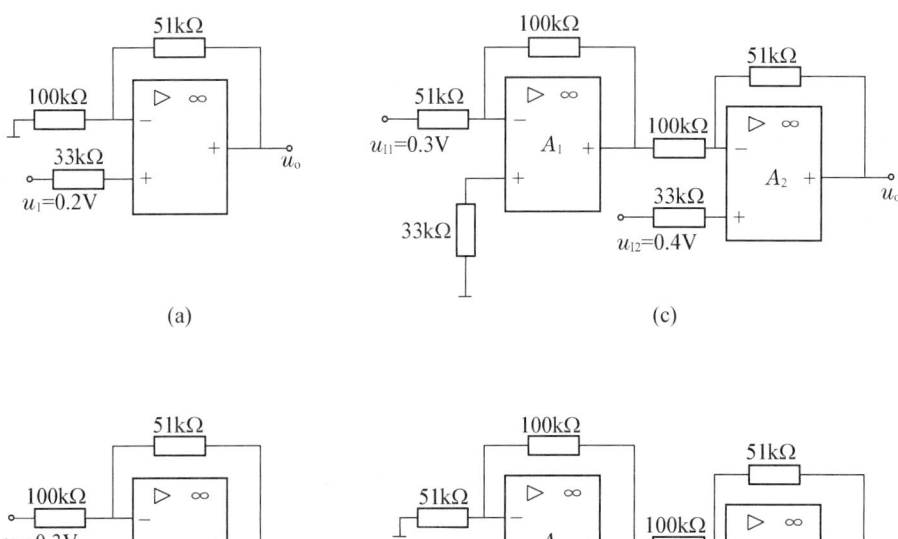

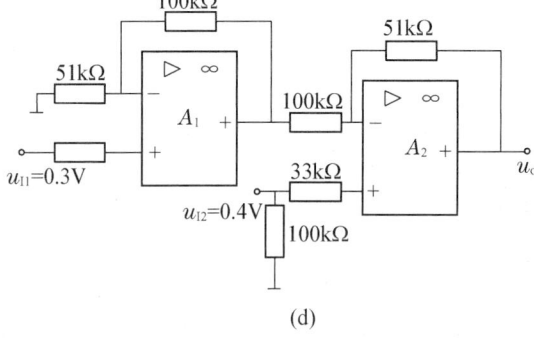

图 4.1 习题 4.2 图

4.3 如图 4.2 所示电路,求输出电路 u_o 与输入电压 u_{i1}、u_{i2} 的关系式。

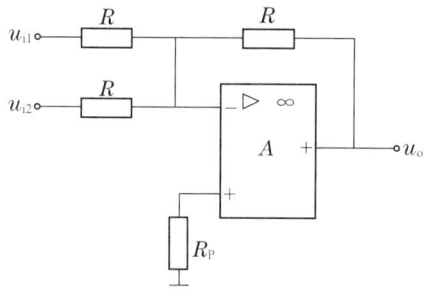

图 4.2 习题 4.3

4.4 如图 4.3 所示电路,求输出电路 u_o 与输入电压 u_{i1}、u_{i2}、u_{i3} 的关系式。

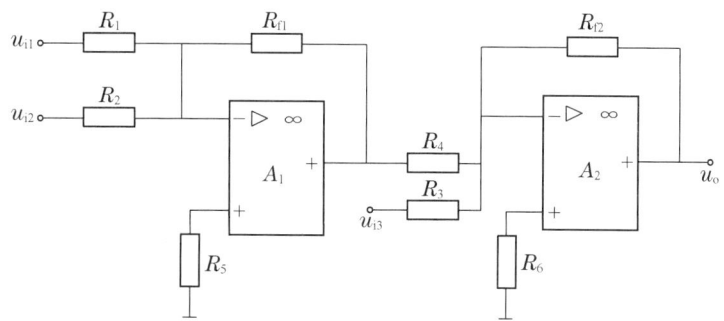

图 4.3 习题 4.4 图

4.5 如图 4.4 所示,求输出电路 u_o 与输入电压 u_{i1}、u_{i2} 的关系式。

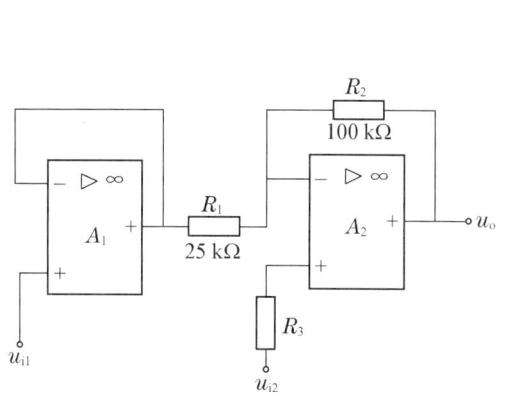

图 4.4 习题 4.5 图

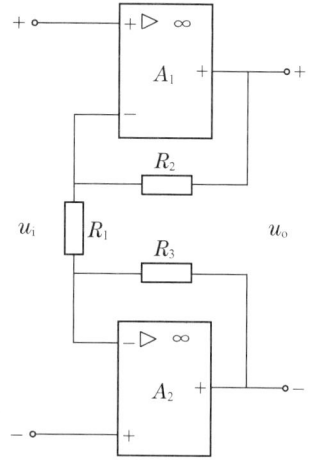

图 4.5 习题 4.6 图

4.6 如图 4.5 所示,求 u_o 与 u_i 的关系。

4.7 如图 4.6 所示,试计算输出电压 u_o。

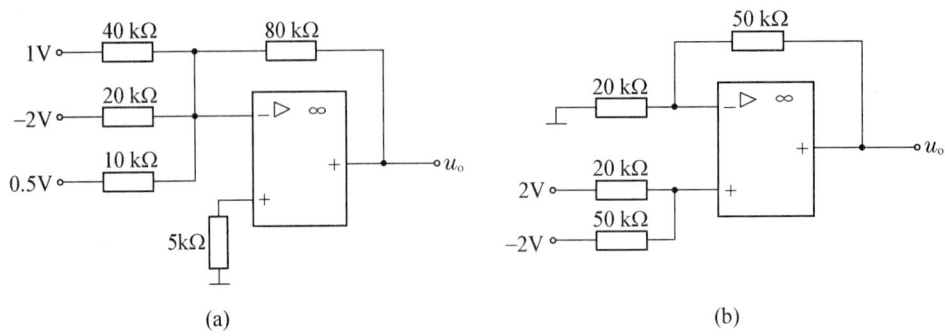

图 4.6　习题 4.7 图

4.8 如图 4.7 所示,写出输出电压与输入电压的关系式。

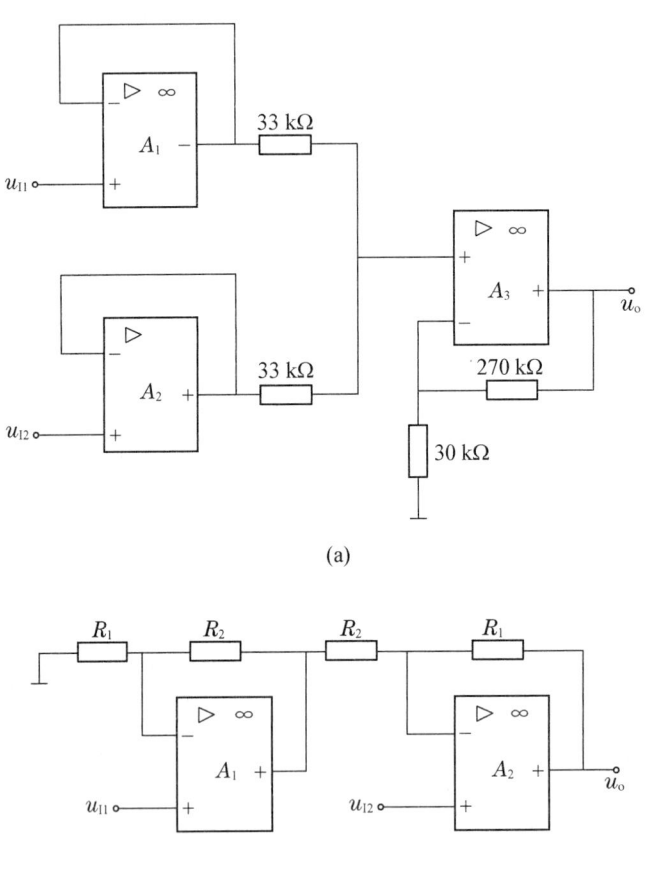

图 4.7　习题 4.8 图

4.9 电路如图 4.8 所示,试写出 u_o 表达式,并求出当 $u_{i1}=1.5\text{ V}$,$u_{i2}=-0.5\text{ V}$ 时,u_o 的值。

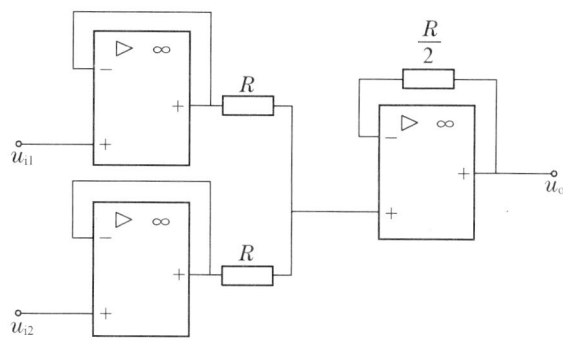

图 4.8　习题 4.9 图

4.10　电路如图 4.9 所示,求电路的输出电压值,并指出 A_1 属于什么类型的电路。

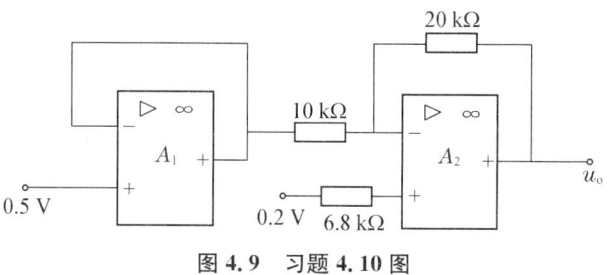

图 4.9　习题 4.10 图

技能训练:集成运算放大器的线性基本应用

一、实验目的
1. 熟悉集成运放的引脚功能,模拟实验箱的功能。
2. 研究由集成运算放大器组成的比例、加法、减法和积分等基本运算电路的功能。
3. 了解运算放大器在实际应用时应考虑的一些问题。

二、实验设备与器件
1. ±12 V 直流电源。
2. 函数信号发生器。
3. 交流毫伏表、双踪示波器。
4. 万用表。
5. 集成运算放大器 μA741×1,电阻器、电容器若干。

三、实验内容
1. 反相比例运算电路
按图 T4.1 连接实验电路,接通±12 V 电源。
输入 $f=100\text{ Hz}$,$U_i=0.5\text{ V}$ 的正弦交流信号,测量相应的 U_o,并用示波器观察 u_o 和 u_i 的相位关系,记入表 T4.1。

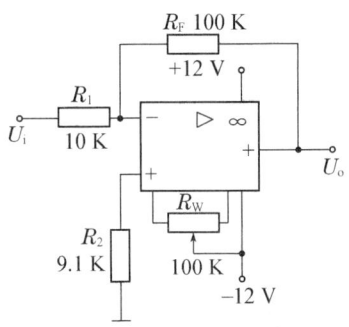

图 T4.1　反相比例运算电路

表 T4.1　$U_i = 0.5\text{ V}, f = 100\text{ Hz}$

$U_i(V)$	$U_o(V)$	u_i 波形	u_o 波形	A_u	
				实测值	计算值
		↑＿＿→ t	↑＿＿→ t		

2. 同相比例运算电路

按图 T4.2 连接实验电路。实验步骤同内容 1，将结果记入表 T4.2。

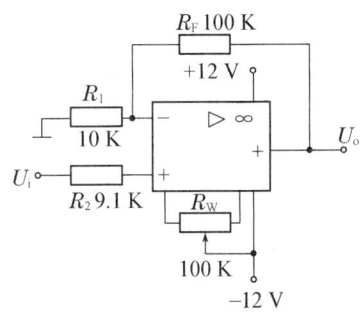

图 T4.2　同相比例运算电路

表 T4.2　$U_i = 0.5\text{ V}、f = 100\text{ Hz}$

$U_i(V)$	$U_o(V)$	u_i 波形	u_o 波形	A_u	
				实测值	计算值
		↑＿＿→ t	↑＿＿→ t		

3. 减法运算电路

(1) 按图 T4.3 连接实验电路。

(2) 输入信号采用直流信号，图 T4.4 所示电路为简易直流信号源，由实验者自行完成。实验时要注意选择合适的直流信号幅度以确保集成运放工作在线性区。用直流电压表测量输入电压 U_{i1}、U_{i2} 及输出电压 U_O，记入表 T4.3。

第 4 章 集成运算放大器及其应用

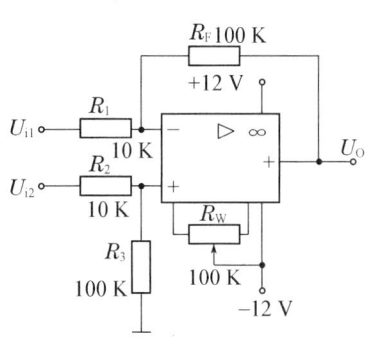

图 T4.3 减法运算电路图

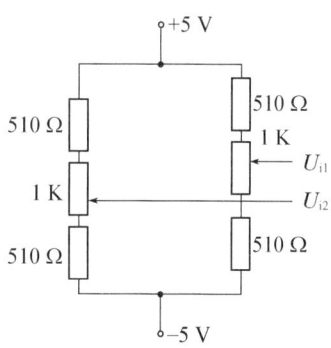

图 T4.4 简易可调直流信号源

表 T4.3

U_{i1} (V)				
U_{i2} (V)				
U_O (V)				

四、实验总结

1. 整理实验数据,画出波形图(注意波形间的相位关系)。
2. 将理论计算结果和实测数据相比较,分析产生误差的原因。
3. 分析讨论实验中出现的现象和问题。
4. 实验前要看清运放组件各管脚的位置;切忌正、负电源极性接反和输出端短路,否则将会损坏集成块。

Multisim 仿真

下面分别为集成运放的线性应用及非线性应用。集成运放加入负反馈时工作在线性区,可用于线性计算;加入正反馈或不加反馈时工作在非线性区,可应用于非正弦波产生电路。

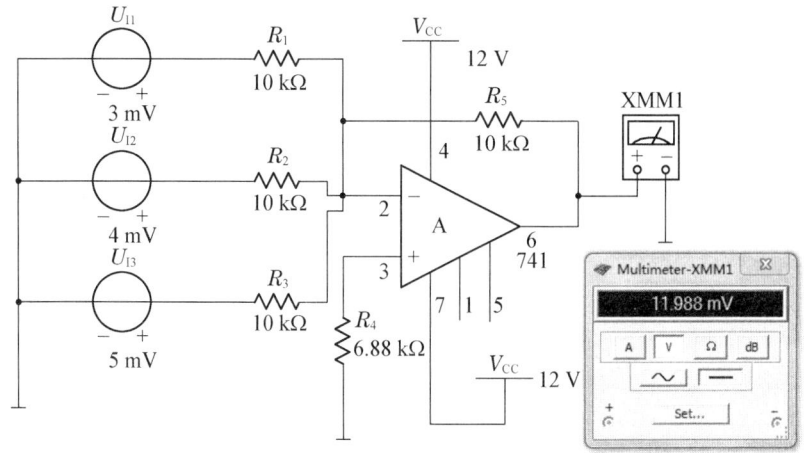

图 M4.1 集成运放线性应用——加法计算

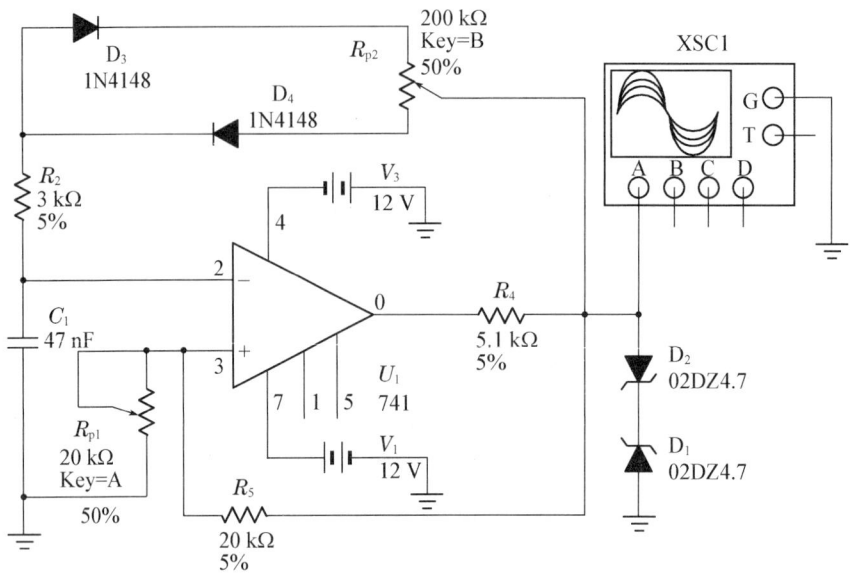

图 M4.2　集成运放非线性应用——方波发生器

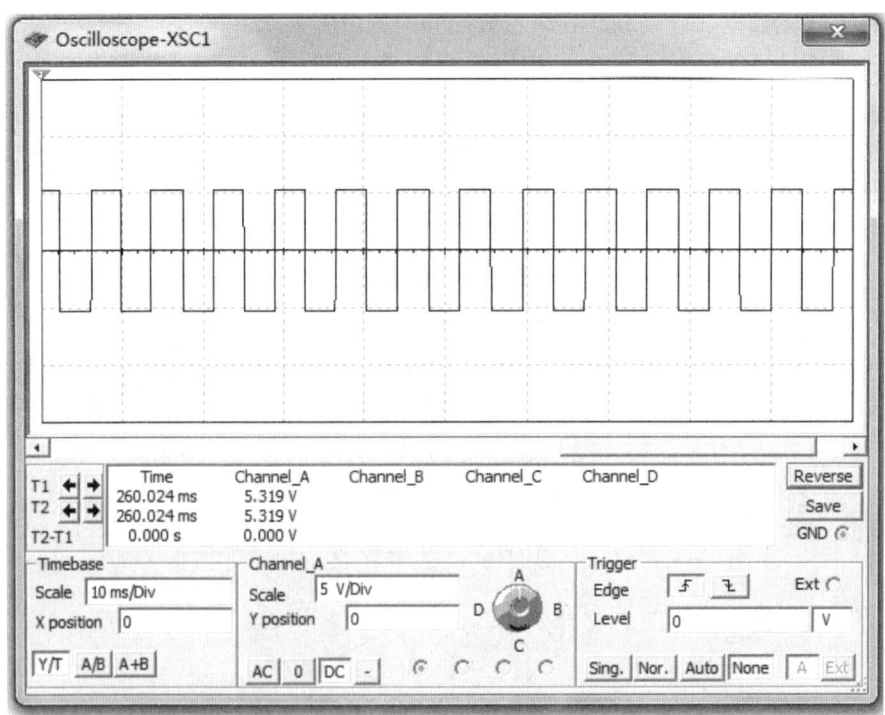

图 M4.3　方波发生器输出波形

第 5 章 低频功率放大电路

本章学习目标
1. 掌握功率放大电路根据功率放大管静态工作点的不同可分为甲类、乙类、甲乙类。
2. 掌握 OCL 及 OTL 电路的组成及主要参数指标的估算。
3. 了解由复合管构成的准互补对称推挽输出电路的分析。
4. 掌握常用集成功率器件如 LM386、TDA2030 的功能、引脚及应用电路。

5.1 功率放大器的特点及分类

5.1.1 功率放大电路的特点

就放大信号而言,电压放大电路一般位于多级放大电路的前级,故又称为前置放大电路,研究的主要技术指标是电压放大倍数、输入电阻、输出电阻及频率特性等。而大功率放大电路位于多级放大电路的最后一级,其特点是大信号放大,电路工作电压高、电流大。因此对功率放大电路有特殊要求。

1. 输出功率足够大

在输出不发生失真情况下,为获得足够大的输出功率,三极管的输出电压和电流的幅度也得足够大,三极管往往工作在极限状态。因此在选择功率管时,必须考虑使它的工作状态不超过它的极限参数 I_{CM}、P_{CM}、$U_{(BR)CEO}$。

2. 效率要高

功率放大电路的输出功率是通过三极管将直流电源供给的能量转换为随输入信号变化的交流能量而得到的。功率放大电路的信号输出功率很大,相应的直流电源消耗的功率也很大。所谓效率是指放大电路的交流输出功率与电源提供的直流功率的比值。比值越大,效率越高。

3. 非线性失真要小

功率放大电路在大信号状态下工作,输出电压和电流的幅值都很大,容易产生非线性失真。因此,将非线性失真限制在允许的范围内,就成为功率放大电路的一个重要问题。在实用中要采取负反馈等措施减小失真,使之满足负载的要求。

5.1.2 功率放大电路的分类

根据功率三极管静态工作点的状况,可分为甲类、乙类和甲乙类三种,分别如图 5.1.1

(a)、(b)、(c)所示。

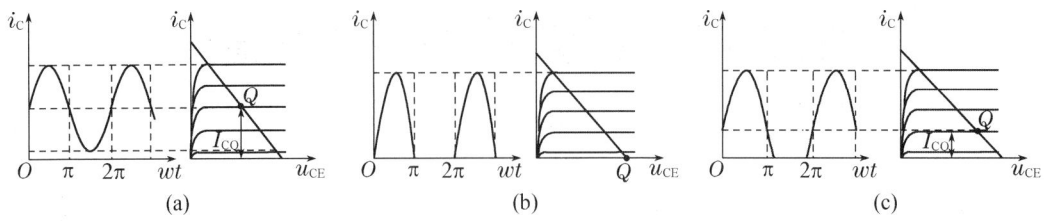

图 5.1.1　放大电路的三种工作状态

甲类功率放大电路是功率管在一个周期内都处于正向偏置的导通状态,其优点是在输入信号的整个周期内,为全波放大,因此输出信号失真较小,缺点是静态电流 I_{CQ} 较大,没有输入信号时,电源提供的功率全部消耗在集电结和电阻上,所以电路的效率不高,理想情况下仅为 50%。如图 5.1.1(a)所示。

乙类功率放大电路是功率管只在信号的半个周期处于导通状态,电路的工作点设置在截止区,此时 $I_{CQ}=0$,所以效率最高,可达 78.5%。但三极管只在半个周期内导通,因此非线性失真大。如图 5.1.1(b)所示。

甲乙类功率放大电路的工作点设置在放大区,但接近截止区,I_{CQ} 稍大于零。静态时,三极管处于微导通状态,其效率比乙类稍低,远高于甲类。如图 5.1.1(c)所示。

5.2　互补对称功率放大电路

5.2.1　OCL 乙类互补对称功率放大电路

1. OCL 功率放大电路基本结构

如图 5.2.1(a)所示为双电源乙类互补对称功率放大电路。它由 V_1、V_2 两个特性对称即导电类型相反且性能参数相同的功放管组成,V_1、V_2 分别是 NPN 和 PNP 型三极管,两管的基极和发射极分别连在一起,信号从两管的基极输入,并从两管的射极输出,输入电压 u_i 加在两管的基极,输出电压 u_o 由两管的射极取出,R_L 为负载。电路中正、负电源对称,两管特性对称,这类电路称为 OCL(Output Capacitor Less)电路,双电源供电形成两管推挽工作方式。

2. 工作原理

静态时,即 $u_i=0$,V_1、V_2 均因无偏流而截止,负载上无电流通过,输出电压 $u_o=0$。

动态时,当输入端所加正弦信号 u_i 为正半周时,两管的基极电位为正,故 V_1 导通,V_2 截止,V_1 管的集电极电流由 $+V_{CC}$ 经 V_1、R_L 到地,在 R_L 上形成正半周电压;在 u_i 负半周,两管的基极电位为负,故 V_2 导通,V_1 截止,V_2 管的集电极电流由地经 R_L、V_2 到 $-V_{CC}$,在 R_L 上形成负半周电压。这样在整个周期两管轮流导通,负载上得到完整的正弦波,故名乙类互补对称功率放大电路。工作波形如图 5.2.1(b)所示。

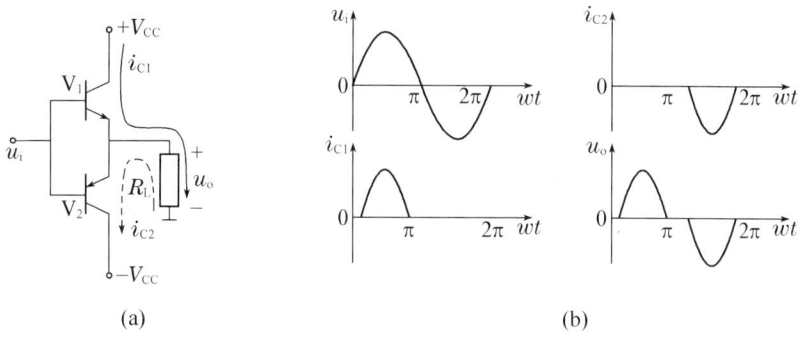

图 5.2.1 乙类互补对称放大电路及工作波形

3. 分析计算

在输入信号 u_i 为正弦波时,即

$$u_i = \sqrt{2}U\sin\omega t$$

1) 输出功率

负载上获得输出功率的平均值为输出正弦电压和输出电流有效值的乘积,即

$$P_o = \frac{U_{om}}{\sqrt{2}} \frac{I_{om}}{\sqrt{2}} = \frac{1}{2}U_{om}I_{om} \tag{5.2.1}$$

式中,U_{om}、I_{om} 分别是负载上正弦输出电压和电路的幅值。因为 $I_{om} = \dfrac{U_{om}}{R_L}$,故式(5.2.1)也可写成

$$P_o = \frac{1}{2}\frac{U_{om}^2}{R_L} \tag{5.2.2}$$

由于 U_{om}、I_{om} 的大小均取决于正弦输入信号 u_i 的幅值,所以输出功率 P_o 也和 u_i 的幅值有关。

当 u_i 的幅值足够大时,功率管处于极限应用时,如果忽略三极管的饱和压降和穿透电流,负载获得最大输出电压,其幅值为电源电压 V_{CC},故负载上最大输出功率为

$$P_{om} = \frac{1}{2}\frac{(V_{CC}-U_{CE(sat)})^2}{R_L} \approx \frac{1}{2}\frac{V_{CC}^2}{R_L} \tag{5.2.3}$$

2) 直流电源提供的功率

由于一个周期内 V_1 管和 V_2 管轮流导通,每个管子只工作半周,每个管子流过的电流是直流电源提供的半波电流,故每个直流电源提供的功率是半波正弦电流平均值与相应直流电源电压的乘积,而半波电流的平均值为

$$I_E = \frac{I_{om}}{2\pi}\int_0^\pi \sin\omega t\,d(\omega t) = \frac{U_{om}}{\pi R_L} \tag{5.2.4}$$

两个电源提供的功率为

$$P_E = 2I_E V_{CC} = \frac{2}{\pi}\frac{V_{CC}}{R_L}U_{om} \tag{5.2.5}$$

当输出达到最大不失真输出时,电源输出的最大功率为

$$P_{Em} = \frac{2}{\pi}\frac{V_{CC}^2}{R_L} \tag{5.2.6}$$

3) 效率

输出功率和直流电源提供的功率之比为功率放大器的效率。理想条件下输出最大功率时的效率,即最大效率为

$$\eta_m = \frac{P_{om}}{P_{Em}} \times 100\% = \frac{\pi}{4} \times 100\% = 78.5\% \qquad (5.2.7)$$

考虑到管压降等因数,实际的最大效率低于这个值。

4) 管耗

两管的总管耗是直流电源提供的功率减去输出功率,即

$$P_V = P_E - P_o = \frac{2U_{om}V_{CC}}{\pi R_L} - \frac{U_{om}^2}{2R_L} \qquad (5.2.8)$$

由(5.2.8)式可知,管耗大小随输出电压 U_{om} 而变化。最大管耗由数学上求极值关系而定,即令

$$\frac{dP_V}{dU_{om}} = 0$$

$$\frac{dP_V}{dU_{om}} = \frac{V_{CC}}{\pi R_L} - \frac{U_{om}}{2R_L} = 0$$

因此在 $U_{om} = \frac{2V_{CC}}{\pi}$ 时,管耗达到最大值,并由(5.2.8)式得

$$P_{Vm} = \frac{4}{\pi^2} \frac{V_{CC}^2}{2R_L} \approx 0.4 P_{om} \qquad (5.2.9)$$

则每只管子消耗的最大功率为

$$P_{V1m} \approx 0.2 P_{om} \qquad (5.2.10)$$

式(5.2.10)为每只管子最大管耗与最大不失真输出功率的关系,可用作设计乙类互补对称功率放大电路时选择三极管的依据之一。例如,要求输出功率为 5 W,则应选用两个集电极最大功耗大于等于 1 W 的管子。

从以上的分析可知,如要得到预期的最大输出功率,三极管有关参数的选择,应满足以下条件:

(1) 每只管子的最大管耗 $P_{V1m} \approx 0.2 P_{om}$。

(2) 由图 5.2.1 可知,当导通管饱和时,截止管所承受的反向电压为 $2V_{CC}$,因此三极管的反向击穿电压应满足 $|U_{(BR)CEO}| > 2V_{CC}$。

(3) 三极管的最大集电极电流为 $\frac{V_{CC}}{R_L}$,因此三极管的 $I_{CM} > \frac{V_{CC}}{R_L}$。

【例 5.2.1】 有一乙类对称功率放大电路(OCL)如图 5.2.1 所示,直流电源 $V_{CC} = 12$ V,在输入信号 u_i 的一个周期内 V_1、V_2 轮流导通,导通角为 $180°$,负载电阻 $R_L = 8$ Ω,忽略管子的饱和压降。求电路的最大输出功率,最大输出功率时直流电源供给的总功率、效率和总管耗,并选择三极管。

解 由式(5.2.3)可求得最大输出功率为

$$P_{om} = \frac{1}{2} \frac{V_{CC}^2}{R_L} = \frac{1}{2} \times \frac{12^2}{8} \text{ W} = 9 \text{ W}$$

由式(5.2.6)可求得直流电源供给的总功率

$$P_{Em} = \frac{2}{\pi} \frac{V_{CC}^2}{R_L} = \frac{2}{\pi} \frac{12^2}{8} \text{ W} = 11.5 \text{ W}$$

由式(5.2.7)可求得效率

$$\eta_m = \frac{P_{om}}{P_{Em}} \times 100\% = \frac{9}{11.5} \times 100\% = 78.5\%$$

由式(5.2.9)可求得总功率

$$P_{Vm} = \frac{4}{\pi^2} \frac{V_{CC}^2}{2R_L} \approx 0.4 P_{om} = 3.6 \text{ W}$$

三极管参数的选择：

$$P_{CM} > 0.2 P_{om} = 1.8 \text{ W}$$
$$|U_{(BR)CEO}| > 2V_{CC} = 24 \text{ V}$$
$$I_{CM} > \frac{V_{CC}}{R_L} = \frac{12}{8} \text{ A} = 1.5 \text{ A}$$

根据以上计算结果，适当留有余量，查阅半导体器件手册，确定相应的 NPN 型和 PNP 型三极管。

5.2.2　甲乙类互补对称功率放大电路

1. 交越失真的产生

乙类互补对称功率放大电路虽然实现了全波放大，但由于没有基极偏流，当输入信号小于死区电压时，V_1、V_2 依然截止，输出电压为零。这样在输入信号正、负半周的交变处，也无输出信号，使波形失真，称为交越失真。

现以图 5.2.2(a)中的 OCL 电路为例，交越失真的产生如图 5.2.2(b)所示。只有当输入信号正半周的幅度超过了 V_1 管的开启电压时，V_1 管才导通；同理，当输入信号负半周的幅度超过了 V_2 管的开启电压时，V_2 管才导通。因此，虽然 u_i 是正弦波信号，但 i_L 波形产生了失真，导致输出信号电压波形 u_o 在正负半周交界处产生失真，称为交越失真。输入信号越小，交越失真越大。

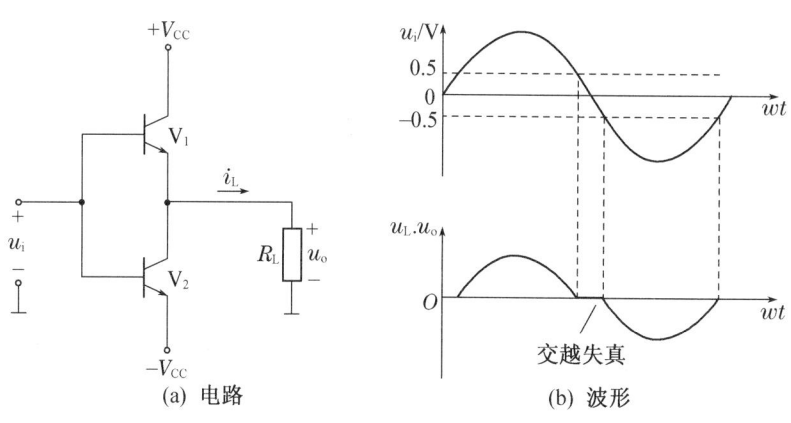

图 5.2.2　交越失真的产生示意图

交越失真

2. 甲乙类双电源互补对称功率放大电路

为消除交越失真，给两三极管加适当的基极偏置电压，偏置电压只要大于三极管的开启电压,使两管在静态时处于微导通状态,即构成甲乙类互补对称功率放大电路,如图 5.2.3 所示。图中二极管 V_3、V_4 用来为 V_1、V_2 发射结提供偏置电压,利用 V_3、V_4 的直流电压为 V_1、V_2 提供大于开启电压的静态偏置,使其导通。静态时 V_1、V_2 都处于微导通状态,即 V_1、V_2 静态时的集电极电流不为零,两管轮流导通时,正负交替比较平滑,达到了消除交越失真得目的。动态时,由于 V_3、V_4 的交流电阻很小,管压降接近为零,因此对称管两基极之间可视为等电位点,在输入信号 u_i 作用下,负载电压与电流波形得到了改善。为了克服交越失真,互补对称电路工作在甲乙类放大状态,但为了提高放大电路的效率,在设置偏置时,使其尽可能接近乙类状态,因此定量分析时,仍可近似地应用式(5.2.1)～(5.2.10)。

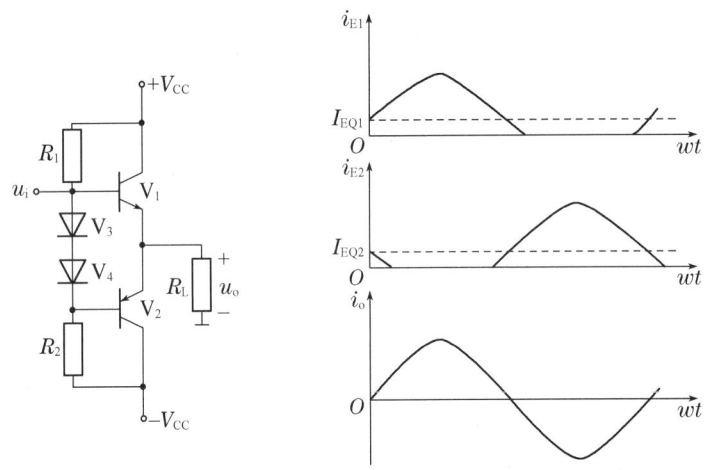

图 5.2.3 甲乙类互补放大电路

3. 单电源互补对称功率放大电路

在 OCL 电路中采用双电源供电,使用时感到不便。如采用单电源供电,只需在两管发射极与负载间接上一个大容量电容 C 即可。这种电路通常又称为无输出变压器电路,简称为 OTL(Output Transform Less),电路如图 5.2.4 所示。

静态时,调整三极管的发射极电位,使 $V_E = \dfrac{V_{CC}}{2}$,于是电容 C 上的电压也等于 $\dfrac{V_{CC}}{2}$,这就达到了与双电源供电相同的效果,电容 C 在这里实际上起着电源的作用。加上交流信号 u_i 时,因 C 值很大,可视为交流短路,而且 $R_L C$ 乘积远大于工作信号的周期,因此电容 C 上的电压总能维持不变。

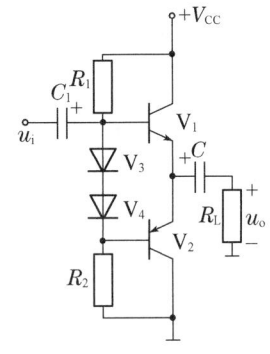

图 5.2.4 单电源互补放大电路

当输入信号 u_i 为正半周时,V_1 导通,V_2 截止,有电流通过负载 R_L,并同时向电容充电;在 u_i 负半周,V_2 导通,V_1 截止。此时,电容 C 起负电源的作用,通过 R_L 放电,负载上得到一完整的波形。只要 $R_L C$ 足够大,就可保证 C 上的直流压降变化不大。

应当指出的是,单电源供电的互补对称功率放大电路功率与效率的计算方法与双电源供电相同,但要注意公式中的 V_{CC} 应用 $\dfrac{V_{CC}}{2}$ 代替,因为此时每个管子的工作电压已不是 V_{CC},

而是 $\frac{V_{CC}}{2}$，输出电压最大值也只能达到 $\frac{V_{CC}}{2}$。

5.2.3 准互补功率放大电路

以上讨论的 OCL 互补功率放大电路，要求两互补输出管的参数完全匹配。但两管类型不同要做到这一要求比较困难，特别是在大功率输出的场合，很难挑选出一对参数一致的输出互补管。采用下述的复合管电路，可解决上述难题。

1. 复合管的构成及特点

1) 复合管的构成

复合管是指用两只或多只三极管按一定规律进行组合，等效为一只三极管。复合管又称为达林顿管。复合管的组合方式如图 5.2.5 所示。

2) 复合管的特点

(1) 复合管的类型取决于前一只管子，即 i_B 向管内流者等效为 NPN 管，如图 5.2.5 中的(a)、(d)所示；i_B 向管外流者等效为 PNP 管，如图 5.2.5 中的(b)、(c)所示。

(2) 复合管的电流放大系数约等于两只管子电流放大系数之积，即 $\beta = \beta_1 \beta_2$。

(3) 复合管的各管各极电流必须符合电流一致性原则，即各极电流流向必须一致：串接点处电流方向一致，并接点处必须保证电流为两管输出电流之和。

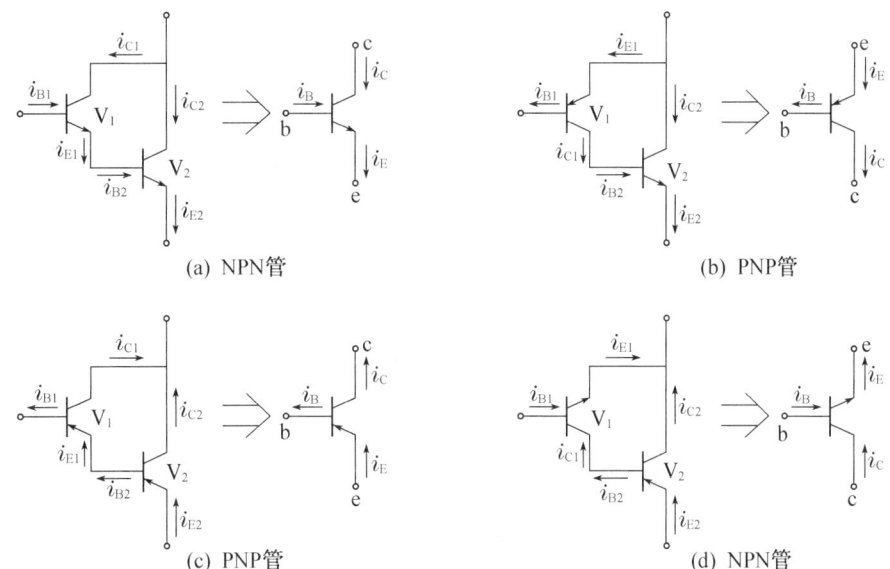

图 5.2.5 复合管的组合方式

2. OCL 准互补功率放大电路

应用复合管的双电源 OCL 准互补功率放大电路如图 5.2.6 所示。

图中 V_1 为电压推动级，V_4、V_5 为同型大功率管与 V_2、V_3 复合后构成准互补输出。

二极管 VD_1、VD_2 及电位器 R_{P2} 上的直流压降作为 V_2、V_4 管和 V_3、V_5 管的静态偏置用，使它们在静态时工作在微导通状态。电阻 R_4 和 R_5 阻值不大，既可用来分流 V_2、V_3 中的穿透电流，又可使大功率管 V_4、V_5 的 $U_{(BR)CER}$ 增大，提高耐压能力。

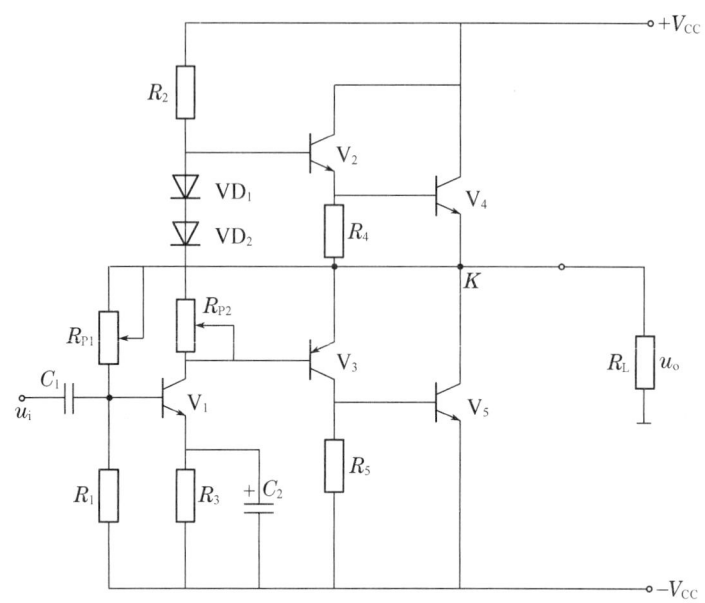

图 5.2.6 OCL 准互补功率放大电路

电位器 R_{P1} 除作为推动管 V_1 的偏置电阻外,还具有整个电路的电压并联负反馈作用。R_{P1} 的上端不是接电源 $+V_{CC}$,而是接向输出端的 K 点,因此引入的是交直流负反馈,不但稳定了静态工作点,而且改善了功率放大电路的交流指标。

5.3 集成功率放大器

集成功率放大器与分立元件三极管低频放大器比较,不仅体积小、重量轻、成本低、外接元件少、调试简单、使用方便,在性能上也十分优越。例如集成功率放大器功耗低、电源利用率高、失真小。在集成功率放大器的电路中设计有许多保护措施,如过流保护、过压保护以及消噪电路等,因此可靠性大大提高。

集成功率放大器品种比较多,有单片集成功率组件,输出功率 1 W 左右,以及由集成功率驱动外接大功率管组成的混合功率放大电路,输出功率可达几十瓦。本节仅介绍音频功率放大器的主要指标及典型应用电路。

5.3.1 LM386 集成功率放大器主要指标

1. LM386 外形、管脚排列及内部电路

LM386 是一种低电压通用型音频集成功率放大器,广泛应用于收音机、对讲机和信号发生器中。它的主要特点是频带宽,典型值可达 300 kHz,低功耗,额定输出功率为 660 mW。电源电压适用范围为 5~18 V。LM386 的外形与管脚排列如图 5.3.1 所示,它采用 8 脚双列直插式塑料封装。

LM386 有两个信号输入端,②脚为反相输入端,③脚为同相输入端,每个输入端的输入阻抗为 50 kΩ,而且输入端对地的直流电位接近于零,即使输入端对地短路,输出端直流电

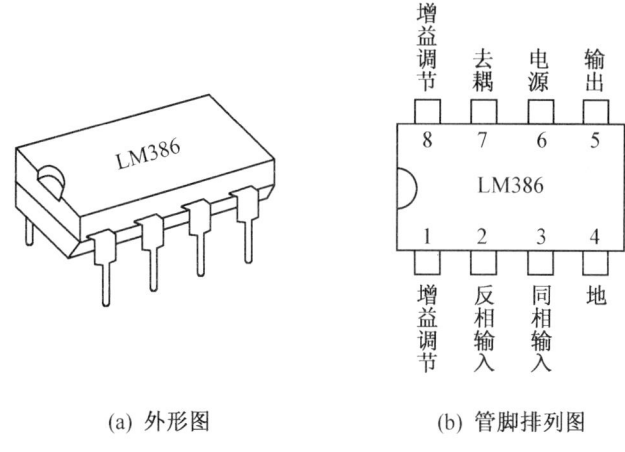

(a) 外形图　　　　(b) 管脚排列图

图 5.3.1　LM386 外形与管脚排列

平也不会产生大的偏差。⑧脚和①脚为增益设定端。当⑧脚和①脚断开时,电路增益为 20 倍;若在⑧脚和①脚之间加旁路电容,则增益为 200 倍;若在⑧脚和①脚之间接入电阻 R 和电容 C 串联电路,其增益可在 20~200 之间任意调整。电路其他引脚功能可参照集成运算放大器的相应脚。

LM386 的内部原理电路如图 5.3.2 所示。

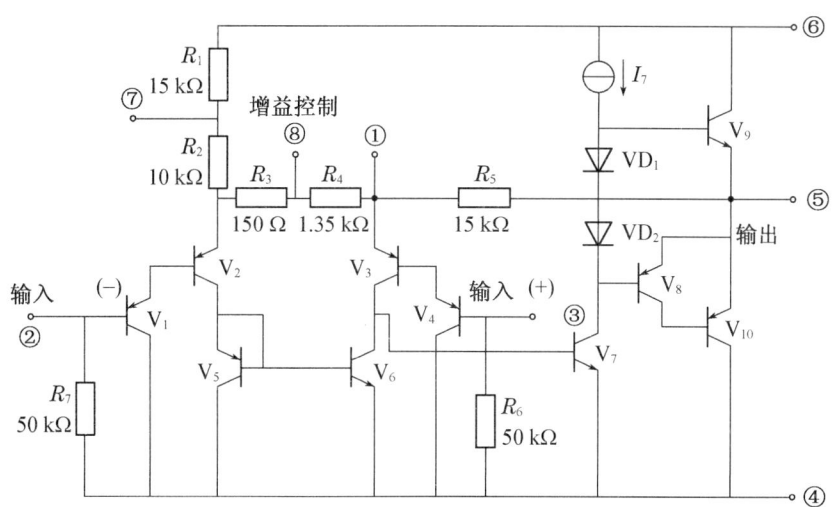

图 5.3.2　LM386 内部电路图

2. LM386 主要性能指标

LM386 的电源电压范围为 5~18 V。当电源电压为 6 V 时,静态工作电流为 4 mA。LM386 在 6 V 电源电压下可驱动 4 Ω 负载;9 V 电源可驱动 8 Ω 负载;16 V 电源可驱动 16 Ω 负载。⑧脚和①脚开路时频带宽为 300 kHz,总谐波失真为 0.2%,输入阻抗为 50 kΩ。若在⑧脚和①脚之间接入电阻 R 和电容 C 串联电路,其增益可在 20~200 之间任意调整。

5.3.2 LM386 应用电路

用 LM386 组成的 OTL 功率放大电路如图 5.3.3 所示,信号从③脚同相输入端输入,从⑤脚经耦合电容输出。

如图 5.3.3 所示电路中,⑦脚所接 20 μF 的电容为去耦滤波电容。⑧脚和①脚所接电容、电阻用于电路的闭环电压增益,电容取值为 10 μF,电阻在 0～20 kΩ 范围内取值。改变电阻值可使集成功率放大器的电压放大倍数在 20～200 之间变化。R 值越小,电压增益越大。当需要高增益时,可取 $R=0$,只将一只 10 μF 电容接在⑧脚和①脚之间即可。输出端⑤脚所接 10 Ω 电阻和 0.1 μF 电容组成阻抗校正网络,抵消负载中的感抗分量,防止电路自激,有时也省去不用。

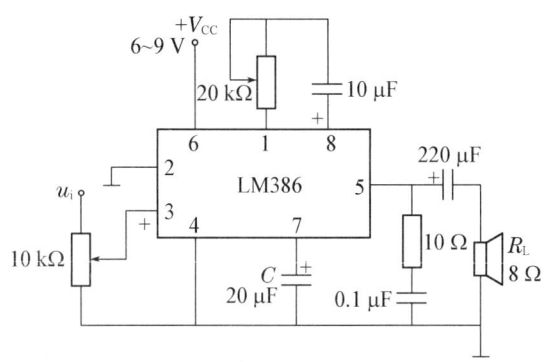

图 5.3.3 LM386 应用电路

5.3.3 TDA2030 专用集成功率放大器

1. TDA2030 性能指标和管脚排列

TDA2030 外形如图 5.3.4 所示,是当前音质较好的一种音频集成块,它的引脚数少,外部元件很少。该集成块的电气性能稳定、可靠,能适应长时间连续工作,集成块内具有过载保护和过热切断保护。该集成块适用于各音响装置如收录机、高保真立体声扩音机等装置中作音频功率放大器。

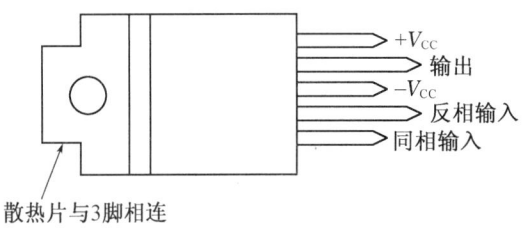

图 5.3.4 TDA2030 的管脚排列

TDA2030 的性能参数如下：

电源电压为 ±6～±18 V

输出峰值电流为 3.5 A

功率频带宽为 10 Hz～140 kHz

静态电流 I_{CO} 不超过 60 mA

当电源电压为 ±14 V,$R_L=4$ Ω 时的输出功率为 14 W

2. TDA2030 组成的 OCL 功率放大电路

如图 5.3.5 所示,电路中 R_1、R_2 为电压串联负反馈电阻,C_4、C_5 为电源高频退耦电容,R_4、C_7 为消振电路,二极管 VD_1、VD_2 为输出电压限幅保护用。

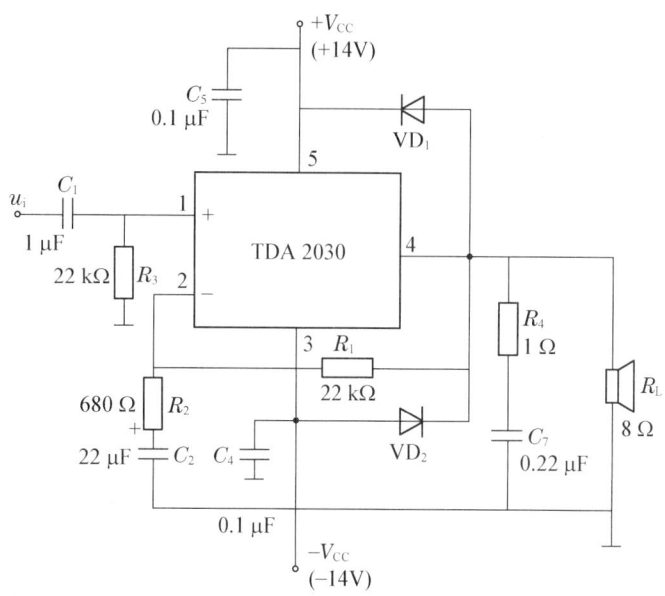

图 5.3.5 TDA2030 组成的 OCL 功率放大电路

本章小结

功率放大电路和电压放大电路各有特点。功率放大电路要求有大的不失真输出功率，而电压放大电路要求有大的电压增益。

功率放大电路根据功率放大管静态工作点的不同可分为甲类、乙类、甲乙类。为提高效率，避免产生交越失真，功率放大电路常采用甲乙类的互补对称双管推挽电路(OCL、OTL)。

功率放大电路在电源确定的情况下，应在非线性失真允许的范围内，高效率的获得尽可能大的输出功率。因而功率放大管常工作于极限应用状态。同时要考虑功率放大管工作的安全性，故必须满足 $P_{Vm} < P_{CM}$、$U_{cem} < U_{(BR)CEO}$、$I_{cm} < I_{CM}$ 等条件。功率放大电路的主要性能指标是最大不失真输出功率 P_{om}、效率 η 和非线性失真程度。

由复合管构成的准互补对称推挽输出级，通常最末两个输出管是同类型的，应用时给管子参数的配对带来很大方便。要进一步提高输出功率，要采用多个功率管并联工作的方式，为了使电路工作稳定、可靠，各功率管射极要串联适当的电流串联负反馈电阻（称为均流电阻）。

功率放大电路可应用集成化器件，其种类较多，均具有体积小、重量轻、工作稳定可靠、性能指标高、外围电路简单、参数调整方便等优点，因而获得了广泛应用。

习 题

5.1 功率放大电路的特点是什么？什么是三极管的甲类、乙类和甲乙类工作状态？

5.2 简述 OTL 和 OCL 电路的工作原理。

5.3 交越失真是怎样产生的？如何消除交越失真？

5.4 填空：

(1) 甲类功率放大电路的放大管在信号的一个周期中导通角等于_____；乙类电路的放大管在信号的一个周期中导通角等于_____；在甲乙类放大电路中，放大管的导通角大于_____、小于_____。

(2) 乙类推挽功率放大电路的理想效率为_____；但这种电路存在_____失真，为了消除这种失真，应当使电路工作于_____类状态。

(3) 由于在功率放大电路中功率管常处于极限工作状态，因此，在选择管子时要注意_____、_____和_____三个参数。

5.5 如图 5.1 所示为一 OCL 功率放大电路，已知 $\pm V_{CC}=\pm 12$ V, $R_L=4$ Ω。

(1) 求理想状态下，负载上得到的最大输出功率 P_{om} 和电源提供的功率 P_E。

(2) 求对三极管的 P_{CM}、I_{CM} 和 $U_{(BR)CEO}$ 的要求。

(3) 在实际工作中，若考虑三极管的饱和压降 $U_{CES}=2$ V，求电路的最大输出功率 P_{om} 和效率 η。

5.6 如图 5.2 所示，各复合管的接法是否正确？如不正确，试加以改正，并标明等效管的类型和电极名称。

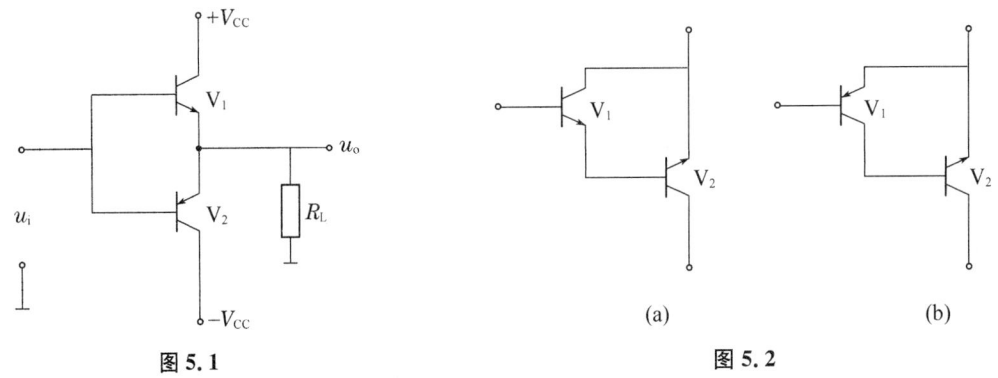

图 5.1　　　　　　　　　　　图 5.2

5.7 若采用图 5.2.2 所示乙类 OCL 功率放大电路，已知 $R_L=8$ Ω，要求不失真最大输出功率达到 20 W，功率放大管的饱和压降可忽略不计，则

(1) 电源电压 V_{CC} 应选为多大？

(2) 每只功率管的极限参数 P_{CM} 至少应为多大？

5.8 某 OCL 功率放大电路如图 5.3 所示，三极管为硅管，负载电流为 $i_o=\sqrt{2}\cos\omega t$ A。

(1) 求输出功率 P_o 和最大输出功率 P_{om}；

(2) 求电源供给的功率 P_E 及效率；

(3) 说明二极管 VD_1、VD_2 的作用。

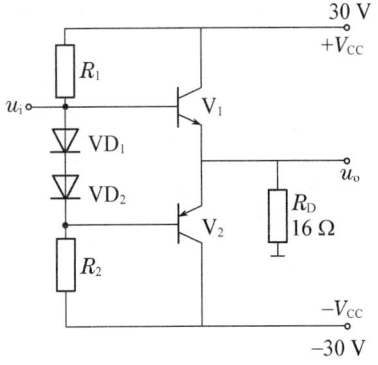

图 5.3

5.9 如图 5.4 所示，其中 $R_L=16$ Ω，C_L 容量很大。

(1) 若 $V_{CC}=12$ V，三极管的饱和压降可忽略不计，试求 P_{om}；

(2) 若 $P_{om}=2$ W,三极管的饱和压降为 1 V,求 V_{CC} 最小值并确定管子参数 P_{CM}、I_{CM} 和 $U_{(BR)CEO}$.

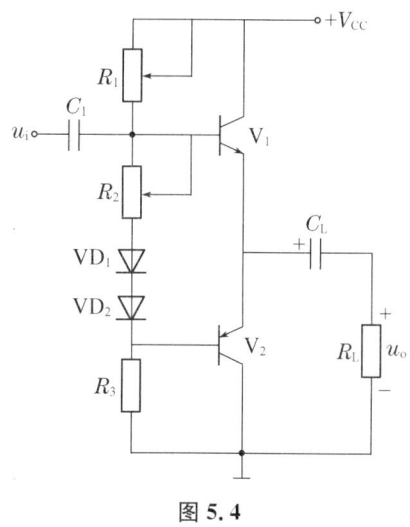

图 5.4

技能训练:集成功率放大器的应用

一、实验目的
1. 了解功率放大集成块功能及应用。
2. 掌握集成功率放大器基本技术指标的测试。

二、实验设备与器件
1. +9 V 直流电源　　　　2. 函数信号发生器
3. 双踪示波器　　　　　4. 交流毫伏表
5. 数字万用表　　　　　6. 电流毫安表
7. 集成功放块 LA4112　　8. 8 Ω 扬声器、电阻器、电容器若干

三、实验内容

LA4112 集成功放块是一种塑料封装十四脚的双列直插器件。它的外形如图 T5.1 所示。与 LA4112 集成功放块技术指标相同的国内外产品还有 FD403、FY4112、D4112 等,可以互相替代使用。

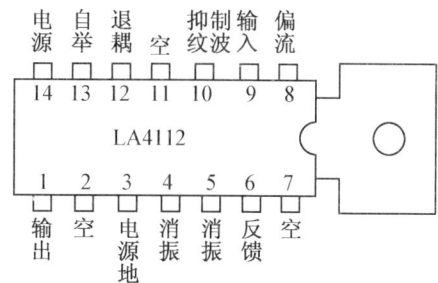

图 T5.1　LA4112 外形及管脚排列图

按图 T5.2 连接实验电路,输入端接函数信号发生器,输出端接扬声器。

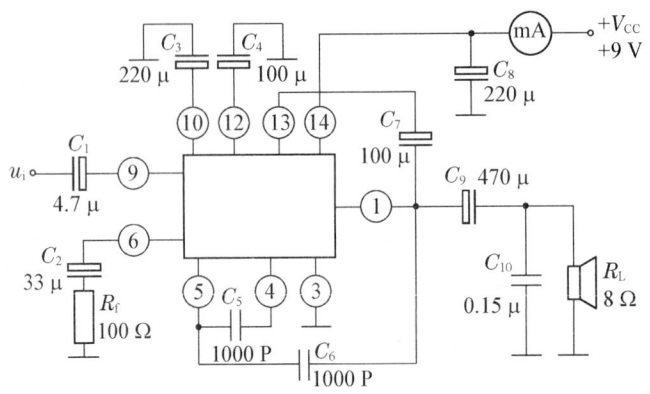

图 T5.2　由 LA4112 构成的集成功放实验电路

1. 静态测试

将输入信号旋钮旋至零,接通 +9 V 直流电源,测量静态总电流及集成块各引脚对地电压,记入自拟表格中。

2. 动态测试

(1) 接入自举电容 C_7

输入端接 1 kHz 正弦信号,输出端用示波器观察输出电压波形,逐渐加入输入信号幅度,使输出电压为最大不失真输出,用交流毫伏表测量此时的输出电压 U_{om},则最大输出功率

$$P_{om} = \frac{U_{om}^2}{R_L}$$

(2) 断开自举电容 C_7

观察输出电压波形变化情况。

(3) 试听

四、实验总结

1. 整理实验数据,并进行分析。
2. 讨论实验中发生的问题及解决办法。

Multisim 仿真

下图为 OCL 功率放大电路及输出波形。

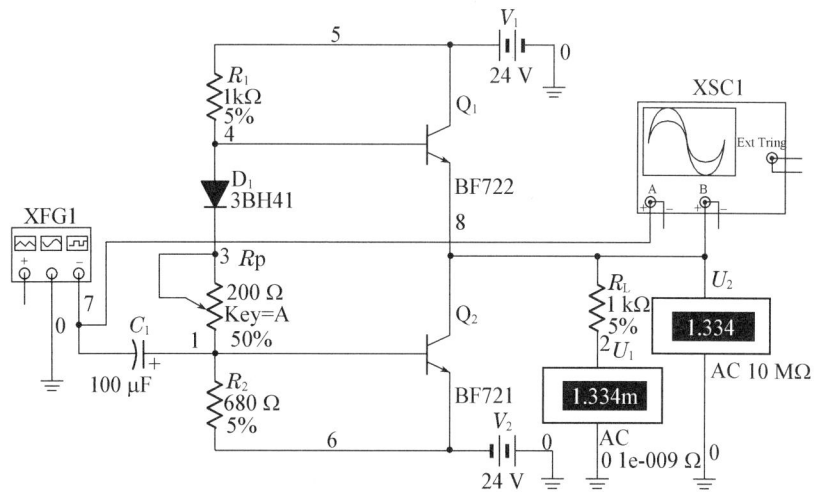

图 M5.1　OCL 功率放大电路

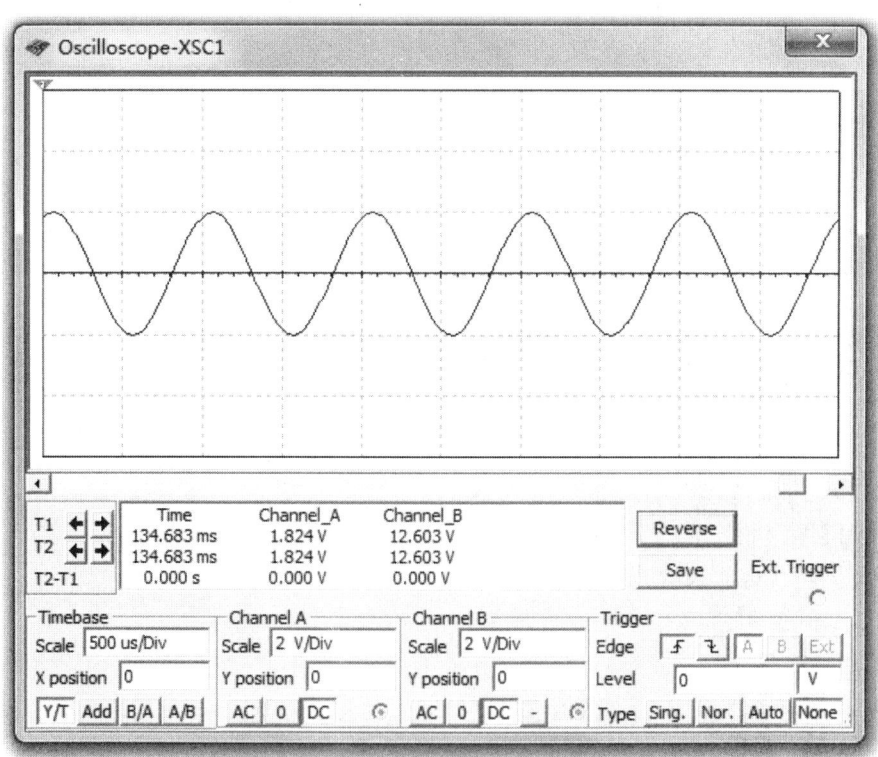

图 M5.2　OCL 功率放大电路输出波形

第 6 章 正弦波振荡电路

本章学习目标
1. 掌握自激振荡的幅值及相位条件。
2. 掌握正弦波振荡的组成。
3. 掌握 RC 选频电路的工作原理分析。
4. 了解 LC 选频及石英晶体振荡电路的分析。

接通直流电源之后能自动输出不同频率、不同波形交流信号，能把电源的直流电能转换成交流电能的电子线路称为自激振荡电路或振荡器。振荡器在通信、广播、自动控制、仪表测量、高频加热及超声探伤等方面具有广泛用途。根据振荡器产生的波形不同，分为正弦波振荡器和非正弦波振荡器。

正弦波振荡电路是不需要输入信号，可以独立地输出一定频率和幅度的正弦周期信号的电子电路。正弦波振荡器根据电路组成分为 RC 振荡器、LC 振荡器和晶体振荡器。

6.1 正弦波振荡电路的基本概念

6.1.1 产生自激振荡的条件

产生自激振荡的条件常用图 6.1.1 所示框图来分析。

$\dot{A}$ 是放大电路，放大系数为 $\dot{A}$，$\dot{F}$ 是反馈电路，反馈系数是 $\dot{F}$。当开关 S 接在位置 2 时，放大电路的输入端与一正弦波信号源 $\dot{U}_i$ 相接，输出电压 $\dot{U}_o = \dot{A}\dot{U}_i$。通过反馈电路得到反馈电压 $\dot{U}_f = \dot{F}\dot{U}_o$。若适当调整放大电路和反馈电路的参数，使 $\dot{U}_f = \dot{U}_i$，即两者大小相等，相位也相同。这时再将开关 S 由位置 2 换接到位置 1 上，反馈电压 $\dot{U}_f$ 即可代替原来的输入信号 $\dot{U}_i$，仍维持输出电压 $\dot{U}_o$ 不变。这样，整个电路就成为一个自激振荡电路，即没有输入信号也有输出电压。

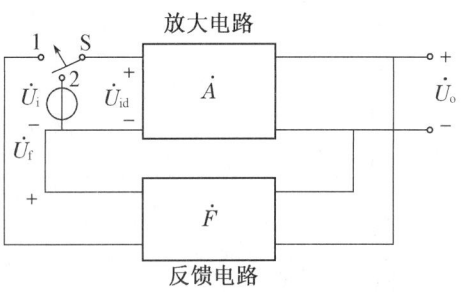

图 6.1.1 产生自激振荡的条件

由图可知，产生振荡的基本条件是反馈信号与输入信号大小相等、相位相同。根据以上分析可得

$$\dot{U}_f = \dot{F}\dot{U}_o$$
$$\dot{U}_o = \dot{A}\dot{U}_{id}$$

因 $\dot{U}_f = \dot{U}_{id}$，则有
$$\dot{U}_f = \dot{F}\dot{U}_o = \dot{A}\dot{F}\dot{U}_{id}，即\ \dot{A}\dot{F} = 1 \tag{6.1.1}$$
式(6.1.1)即振荡电路产生自激振荡的条件。

因 $\dot{A} = A\angle\varphi_A, \dot{F} = F\angle\varphi_f$，代入式(6.1.1)可得
$$\dot{A}\dot{F} = A\angle\varphi_A F\angle\varphi_f = AF\angle\varphi_A + \varphi_f = 1$$
由此式可得自激振荡的两个条件。

1. 振幅平衡条件

振荡电路产生自激振荡时满足振幅平衡条件

$$|\dot{A}\dot{F}| = 1 \tag{6.1.2}$$

振荡条件

即放大倍数与反馈系数乘积的模为1。它表示反馈信号 $\dot{U}_f$ 与原输入信号 $\dot{U}_i$ 的幅度相等。

2. 相位平衡条件

振荡电路产生自激振荡时满足相位平衡条件
$$\varphi_A + \varphi_f = 2n\pi \quad (n = 0, 1, 2, \cdots) \tag{6.1.3}$$
即放大电路的相移与反馈网络的相移之和为 $2n\pi$，引入的反馈为正反馈，反馈端信号与输入端信号同相。

6.1.2 正弦波振荡电路的组成

要使一个没有外来输入的放大电路能产生一定频率和幅度的正弦输出信号，电路中必须包含放大电路、正反馈网络和选频网络。很多正弦波振荡电路中，选频网络与反馈网络结合在一起。一般为了使输出的正弦信号幅度保持稳定，还要加入稳幅环节。

因此正弦波振荡器一般包括以下四个组成部分：

1. 放大电路。没有放大信号就会逐渐衰减，不可能产生持续的正弦波振荡。放大电路不仅必须有供给能量的电源，而且应当结构合理，静态工作点正确，以保证放大电路具有放大作用。

2. 反馈网络。它的主要作用是形成反馈（主要是正反馈）。

3. 选频网络。它的主要作用是只让单一频率满足振荡条件，形成单一频率的正弦波振荡。选频网络所确定的频率一般就是正弦波振荡电路的振荡频率。常用的有 RC 选频网络、LC 选频网络和石英晶体选频网络等。选频网络既可以单独存在，又可以和放大电路或反馈电路结合在一起。

4. 稳幅环节。使振荡幅值稳定，改善波形。稳幅环节的作用是稳定振荡的幅度，抑制振荡中产生的谐波。稳幅电路是振荡电路中不可缺少的环节。常用的有两种稳幅方法，一种是利用振荡管特性的非线性（饱和或截止）实现稳幅，称为内稳幅；另一种是利用外加稳幅电路实现稳幅，称为外稳幅，通常用负反馈。

对于一个振荡电路，其分析方法是要判断它能否产生振荡。

6.1.3 振荡电路的起振与稳幅

式(6.1.2)及(6.1.3)是维持振荡的平衡条件，是对振荡电路已进入振荡的稳定状态而言的。为使振荡电路接通直流电源后能自动起振，必须满足振幅起振条件和相位起振条件，即

振幅起振条件: $\qquad |\dot{A}\dot{F}|>1 \qquad$ (6.1.4)

相位起振条件:反馈电压与输入电压同相,即正反馈。

当振荡电路接通电源时,电路中就会产生微小的、不规则的噪音和电源刚接通时的冲击信号,它们包含从低频到高频的各种频率的谐波成分,其中必有一种频率信号 f_o 能满足相位平衡条件。如果电路的放大倍数足够大,能满足 $|\dot{A}\dot{F}|>1$ 的条件,微小信号经过正反馈,不断地放大,输出信号在很短时间内就由小变大,使振荡电路起振。

起振后,振荡幅度迅速增大,使放大器工作在非线性区,致使放大倍数 $|\dot{A}|$ 下降,直到 $|\dot{A}\dot{F}|=1$,振荡进入稳定状态。

6.2 RC 正弦波振荡电路

根据 RC 选频网络的结构,RC 正弦波振荡器分成 RC 桥式、RC 移相式和双 T 网络式正弦波振荡电路等。其中后两种电路形式的振荡频率不易调节,且只能产生固定的单一频率。本节重点讨论 RC 桥式振荡电路。RC 桥式正弦波振荡电路一般用来产生一赫兹到数百千赫兹的低频信号,常用的低频信号源大多采用这种电路形式。

6.2.1 RC 文氏桥式正弦波振荡电路

文氏桥式正弦波电路中,主要采用了 RC 串并联网络作为选频网络和反馈网络,故又称为串并联网络正弦振荡电路。

1. 电路组成

图 6.2.1 是 RC 文氏桥式正弦波电路的原理图。其中集成运放是放大电路,R_3 和 R_F 构成负反馈支路。上述两个反馈支路正好形成四臂电桥,故称之为文氏桥式正弦波电路。

图中 R_F 和 R_3 构成负反馈电路,可降低并稳定放大器的电压放大倍数,这仅可改善输出波形失真,而且能使振荡电路工作稳定。R_1、C_1、R_2、C_2 组成一个 RC 串并联网络,这个网络即是正反馈网络也是选频网络。

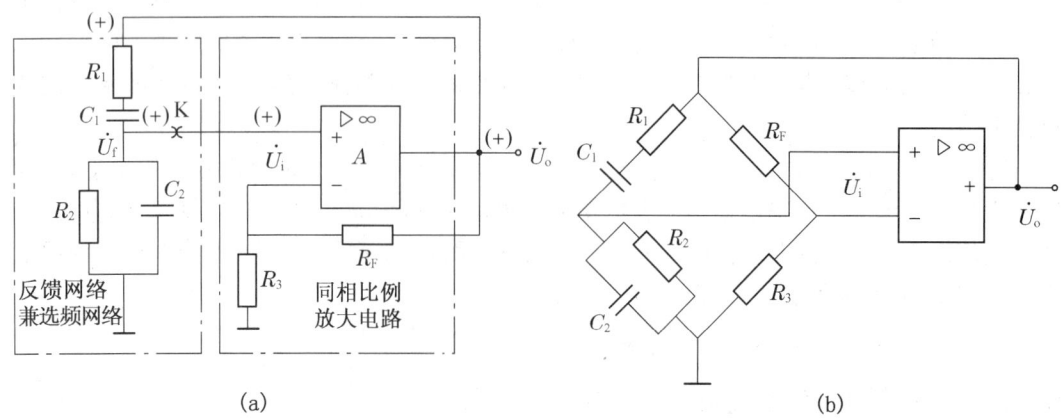

图 6.2.1 RC 文氏桥式正弦波电路

2. RC 串并联网络的选频特性

图 6.2.2 是 R_1C_1 和 R_2C_2 组成的串并联网络的电路图,其中 U_o 为输入电压,U_f 为输出

电压。先来分析该网络的频率特性。

当输入信号的频率较低时,由于满足 $1/\omega C_1 \gg R_1$, $1/\omega C_2 \gg R_2$,信号频率越低,$1/\omega C_1$ 值越大,输出信号 U_f 的幅值越小,且 $\dot{U}_f$ 比 $\dot{U}_o$ 的相位超前。在频率接近零时,$|\dot{U}_f|$ 趋近于零,相移超前接近 $+\pi/2$。如图 6.2.3(b)所示。

当信号频率较高时,由于满足 $1/\omega C_1 \ll R_1$, $1/\omega C_2 \ll R_2$,而且信号频率越高,$1/\omega C_2$ 值越小,输出信号的幅值也越小,且 $\dot{U}_f$ 比 $\dot{U}_o$ 的相位越滞后。在频率趋近于无穷大时,$|\dot{U}_f|$ 趋近于零,相移滞后接近 $-\pi/2$。如图 6.2.3(b)所示。

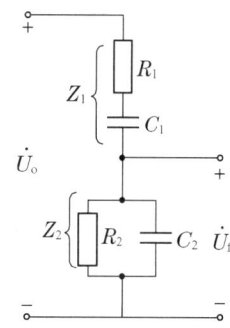

图 6.2.2　RC 串并联网络及等效电路

综上所述,当信号的频率降低或升高时,输出信号的幅度都要减小,而且信号频率由接近零向无穷大变化时,输出电压的相移由 $+\pi/2$ 向 $-\pi/2$ 变化。不难发现,在中间某一频率时,输出电压幅度最大,相移为零。

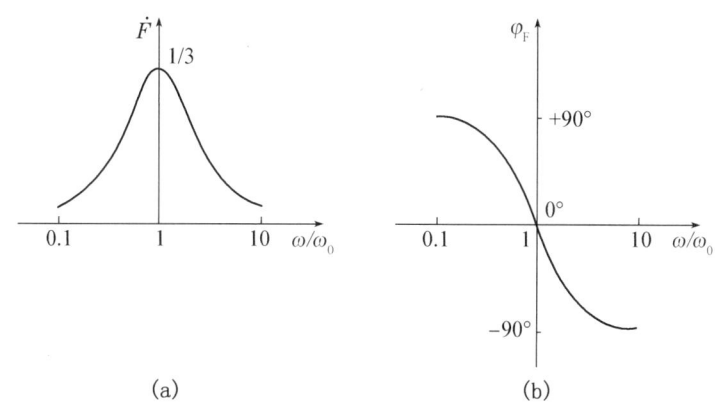

图 6.2.3　RC 串并联选频网络的频率特性

下面定量分析该网络的频率特性。

由图 6.2.2 可以推导出它的频率特性,通常取 $R_1 = R_2 = R$,$C_1 = C_2 = C$,则

$$\dot{F} = \frac{\dot{U}_f}{\dot{U}_o} = \frac{Z_2}{Z_1 + Z_2} = \frac{\dfrac{R}{1+j\omega RC}}{R + \dfrac{1}{j\omega C} + \dfrac{R}{1+j\omega RC}} = \frac{1}{3 + j\left(\omega RC - \dfrac{1}{\omega RC}\right)}$$

令 $\omega_0 = \dfrac{1}{RC}$,由上式变为

$$\dot{F} = \frac{1}{3 + j\left(\dfrac{\omega}{\omega_0} - \dfrac{\omega_0}{\omega}\right)}$$

幅频特性为

$$|\dot{F}| = \frac{1}{\sqrt{3^2 + \left(\dfrac{\omega}{\omega_0} - \dfrac{\omega_0}{\omega}\right)^2}} = \frac{1}{\sqrt{3^2 + \left(\dfrac{f}{f_o} - \dfrac{f_o}{f}\right)^2}} \tag{6.2.1}$$

相频特性为

$$\varphi_f = -\arctan\frac{\dfrac{\omega}{\omega_0} - \dfrac{\omega_0}{\omega}}{3} = -\arctan\frac{\dfrac{f}{f_o} - \dfrac{f_o}{f}}{3} \tag{6.2.2}$$

根据式(6.2.1)和式(6.2.2)画出 $\dot{F}$ 的频率特性,如图 6.2.3 所示。当 $f=f_0=\dfrac{1}{2\pi RC}$ 时,反馈系数 F 的幅值最大,其最大值为

$$|F|=\frac{1}{3}$$

反馈系数 F 的相位角为零,即

$$\varphi_f=0$$

即当 $\omega=\omega_0=\dfrac{1}{RC}$ 时,$|F|=\dfrac{1}{3}$,达到最大;相角 $\varphi_f=0$,即输出电压与输入电压同相。而当 f 偏离 f_0 时,F 急剧下降,φ_f 趋向 $\pm 90°$。

3. 电路的起振条件及振荡频率

由图 6.2.1 所示的 RC 桥式振荡电路可见,放大电路的输出电压 $\dot{U}_o$ 与输入电压 $\dot{U}_f$ 同相,$\varphi_f=0$,放大电路的输入电压为 RC 选频网络的输出电压 $\dot{U}_f$,它是输出电压 $\dot{U}_o$ 的一部分。当 $f=f_0=\dfrac{1}{2\pi RC}$ 时,$\dot{U}_f$ 与 $\dot{U}_o$ 同相,即 $\varphi_f=0$,这样,$\varphi_f+\varphi_A=0$,满足相位平衡条件。而对其他频率成分不满足相位平衡条件。同时,在该频率上,反馈电压 $\dot{U}_f$ 具有最大值,反馈最强。因此,该电路的自激振荡频率只能为 f_0。这就保证了电路的输出为单一频率的正弦波。

为了满足起振的幅度平衡条件,还要求 $|AF|>1$。

因为 $f=f_0=\dfrac{1}{2\pi RC}$ 时,$|F|=\dfrac{1}{3}$,由于 $|AF|=\dfrac{1}{3}|A|>1$,得 $|A|>3$。

因同相比例电路的电压放大倍数为

$$A=1+\frac{R_F}{R_1}$$

由 $A>3$ 可获得电路的起振条件为

$$R_F>2R_1$$

振荡频率为

$$f_0=\frac{1}{2\pi RC}$$

另外,R_F 引入的是电压串联负反馈,它能够提高输入电阻,同时使输出电阻减小,可以提高输出端的带负载能力,还可以提高振荡电路的稳定性和改善输出电压的波形(使其更接近正弦波)。

4. 负反馈支路的作用

由于电源电压的波动电路参数的变化,特别是环境温度的变化,将使输出幅度不稳定。为此,一般在电路中引入负反馈,以便减小非线性失真,改善输出波形。

图 6.2.1 电路中,R_F 和 R_3 构成电压串联负反馈支路。调整 R_F 值可以改变电路的放大倍数,使放大电路工作在线形区,减小波形失真。有时为了克服温度和电源电压等参数变化对振荡幅度的影响,选用具有负温度系数的热敏电阻作 R_F。当输出幅度增大时,流过电阻 R_F 的电流增大,从而使 R_F 的温度升高,电阻 R_F 值减小,负反馈加强,使输出幅度下降,从而保持输出幅度几乎不变。相反,当输出幅度减小时,R_F 的负反馈支路会使放大倍数增大,使输出幅度保持稳定,从而实现了稳幅作用。

【例 6.2.1】 图 6.2.1 所示电路中,若 $R_1=R_2=100\ \Omega$,$C_1=C_2=0.22\ \mu F$,$R_3=10\ k\Omega$,

求振荡频率以及满足振荡条件的 R_F。

解 $f_0 = \dfrac{1}{2\pi RC} = \dfrac{1}{2\times 3.14\times 100\times 0.22\times 10^{-6}}$ Hz ≈ 7.24 kHz

要满足起振条件 $R_F > 2R_3$，即

$$R_F > 2\times 10 \text{ k}\Omega = 20 \text{ k}\Omega$$

R_F 取大于 20 kΩ 的电阻。

6.3 LC 正弦波振荡电路

LC 正弦波振荡电路的选频网络为 LC 并联回路，它主要用于产生高频正弦波信号。

6.3.1 LC 选频放大电路

图 6.3.1 是一个 LC 并联回路的电路图，其中除电感 L 和电容 C 之外，电阻 R 表示回路损耗的等效电阻，其值一般很小。

1. 定性分析

当 LC 并联回路两端所加信号电压 $\dot{U}$ 的频率改变时，电路的阻抗 Z 也将随之变化。

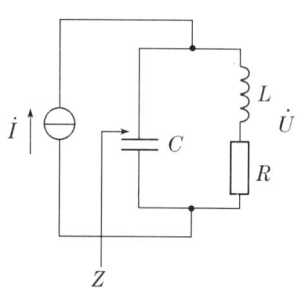

图 6.3.1 LC 并联回路

在信号的频率很低时，电容支路的容抗很大，而电感支路的感抗很小。当加入信号 $\dot{U}$ 后，电流 $\dot{I}$ 主要流过电感支路，故电路的总阻抗性质取决于电感支路，呈感抗性质。

在信号频率很高时，电感支路的感抗很大，而电容支路的容抗很小，所以当加入 $\dot{U}$ 后，电流主要流过电容支路，故电路的总阻抗性质取决于电容支路，呈容性性质。

总之，上述两种情况下无论呈感抗还是呈容抗，总阻抗值都比较小。而且频率越向高、低两端变化，阻抗值愈小。相反，信号频率向中间频率范围变化时，阻抗会逐渐增大。而且当某一频率($f=f_0$)时，两支路电抗相等而相互抵消，并联回路呈纯阻抗性，而且总阻抗达到最大值。

综上所述，LC 并联回路中，信号频率低时，呈感性，频率越低，总阻抗越小；信号频率高时，呈容抗，频率越高，总阻抗也越小。只有中间某一频率 f_0 时，称电路发生了谐振，此频率称为谐振频率。

2. 求谐振频率

图 6.3.1 电路的等效阻抗为

$$Z = \dfrac{\dfrac{1}{j\omega C}(R+j\omega L)}{\dfrac{1}{j\omega C}+R+j\omega L} \approx \dfrac{\dfrac{L}{C}}{R+j\left(\omega L-\dfrac{1}{\omega C}\right)} \quad (\text{一般 } R \ll \omega L) \tag{6.3.1}$$

对于某个特定频率 ω_0，可满足 $\omega_0 L = \dfrac{1}{\omega_0 C}$，即 $\omega_0 = \dfrac{1}{\sqrt{LC}}$

或

$$f_0 = \dfrac{1}{2\pi\sqrt{LC}}$$

此时电路产生并联谐振，f_0 叫谐振频率。谐振时，Z 呈纯电阻性质，且达到最大值，用 Z_0 表示，即

$$Z_0 \approx \frac{L}{RC} = Q\omega_0 L = Q/\omega_0 C$$

式中

$$Q = \omega_0 L/R = \frac{1}{R\omega_0 C} = \frac{1}{R}\sqrt{\frac{L}{C}}$$

Q 为谐振回路的品质因素，是 LC 电路的一项重要指标，一般谐振电路的 Q 值为几十到几百。

3. 频率特性

在频率谐振附近，即当 $\omega = \omega_0$ 时，(6.3.1)式中可近似表示为

$$Z \approx \frac{Z_0}{1 + jQ\left(1 - \frac{\omega_0^2}{\omega^2}\right)}$$

因此可以画出不同的 Q 时，并联电路的幅频特性和相频特性，如图 6.3.2 所示。

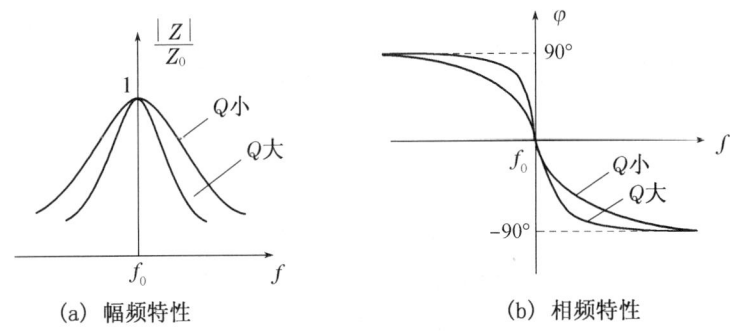

(a) 幅频特性　　　　　(b) 相频特性

图 6.3.2　LC 并联电路的幅频特性和相频特性

由上分析可得出以下结论：

(1) LC 并联回路具有选频特性。当 $f = f_0$ 时，回路总阻抗为纯阻性，阻值最大；当 $f < f_0$ 时，总阻抗呈感性，阻值随 f 降低而减小，相角为正值；当 $f > f_0$ 时，总阻抗呈容抗，阻抗值随 f 提高而减小，相角为负值。

(2) LC 回路的谐振频率 f_0 与回路参数有关，当品质因素 Q 较高时，$\omega_0 \approx \frac{1}{\sqrt{LC}}$，即 $f_0 = \frac{1}{2\pi\sqrt{LC}}$。

(3) LC 回路的品质因素 $Q = \frac{\omega_0 L}{R}$ 值越大，则阻抗频率特性越尖锐，相频特性越陡，回路的选频特性越好，同时回路谐振时电阻值 Z_0 也越大。

6.3.2　变压器反馈式 LC 振荡电路

1. 电路组成和工作原理

图 6.3.3 是一种变压器反馈电路式振荡电路。图中三极管 T 接成共射极电路，变压器

的原线圈 L 和电容 C 组成并联谐振电路,作晶体管的集电极负载,具有选频特性,变压器的绕组 N_2 构成正反馈支路,绕组 N_3 是输出网络,能将振荡信号送至负载 R_L。

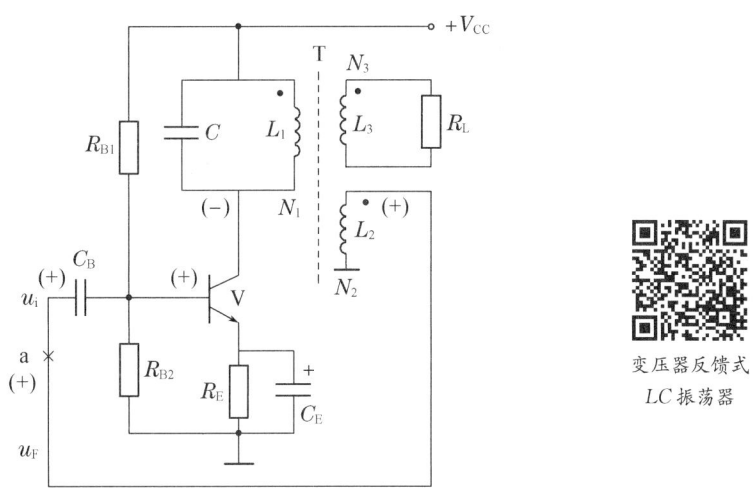

图 6.3.3 变压器反馈式 LC 选频正弦波振荡电路

这个电路能否产生自激振荡,需判断其是否满足自激振荡的条件。首先用瞬时极性法判断它是否具有正反馈,将图 6.3.3 中的反馈电路从 a 点断开,并向电路输入端加信号 $\dot{U}_i$,假设 $\dot{U}_i$ 的相位为零,用 ⊕ 表示。由于 LC 并联回路谐振时为纯阻性,故集电极 c 点与基极 b 点相位差为 $180°$,即 $\varphi_A=180°$,所以集电极 c 点相位用(−)表示。根据变压器绕组间同名端极性相同的规定,N_2 引的反馈电压 $\dot{U}_f$ 与集电极 c 点电压的相位又差 $180°$,$\varphi_f=180°$,故用 ⊕ 表示。可见,$\dot{U}_f$ 与 $\dot{U}_i$ 相位相同,即 $U_f+U_A=360°$。所以放大反馈环路能满足相位平衡条件,电路能产生振荡。

再从振幅平衡条件看,适当调整 N_2 的圈数,使电路有足够的反馈量即可使频率为 f_0 的信号满足平衡条件。

2. 振荡频率与起振条件

变压器反馈式 LC 振荡电路具有良好的选频特性,它只能在某一频率下产生自激振荡,因而输出正弦波信号。在 LC 并联回路中,信号频率低时呈感抗,频率越低总阻抗值越小;信号频率高时呈容抗,频率越高总阻抗值越小。只有在中间某一频率 f_0 时,呈纯阻性且总等效阻抗值越大,放大电路的电压放大倍数越大。因此,LC 并联回路在信号频率为 f_0 时发生并联谐振,谐振频率为

$$f_0=\frac{1}{2\pi\sqrt{LC}}$$

当将振荡电路与电源接通时,在集电极电路中可激励一个微小的电流变化。它一般不是正弦量,但它包含一系列频率不同的正弦分量,其中总会有与谐波频率相等的分量。谐振回路对频率为 f_0 的分量发生并联谐振,即对 f_0 这个频率来说,正反馈电压 $\dot{U}_f$ 的值最大,该值被放到基极被放大,输出更大的电压,然后再反馈、放大,最终产生恒定幅度的正弦波。对于其他的频率分量,不能发生并联谐振,这样就达到了选频的目的,在输出端得到的只是频率为 f_0 的正弦波信号。当改变 LC 电路的参数 L 或 C 时,即可调节输出信号的频率。

3. 变压器反馈式正弦波振荡电路的特点

（1）易起振,振荡输出电压较大。由于采用变压器耦合,因此易满足阻抗匹配的要求。

（2）调节频率方便。一般在 LC 回路中采用接入可变电容器的方法来实现振荡频率的调节,这种电路的调频范围较宽,工作频率通常在几兆赫左右。

（3）输出波形失真较大。由于反馈信号取自电感两端,它对高次谐波的阻抗大,反馈也大,因此输出波形中含有较多高次谐波成分。

6.3.3 电感反馈式、电容反馈式 LC 振荡电路

除变压器反馈式振荡电路之外,还有电感三点式和电容三点式 LC 振荡电路。下面分别进行讨论。

1. 电感三点式 LC 振荡电路

1）电路组成与原理

电感三点式 LC 振荡电路如图 6.3.4 所示。由共射极放大电路组成。LC 并联回路中电感分为 L_1 和 L_2 两部分。将 C_b、C_e 隔直和旁路电容看作短路。电源 V_{CC} 对地短路处理,电感的三个端分别与三极管的基极、射极、集电极相连。反馈线圈是电感线圈的一段,通过它把反馈电压 $\dot{U}_f$ 送到输入端,这样可以实现反馈。反馈电压的大小可以通过改变抽头的位置来调整。因此,电感三点式 LC 振荡电路 V_{CC},又称为电感反馈式振荡电路。下面分析一下电路的相位平衡条件：

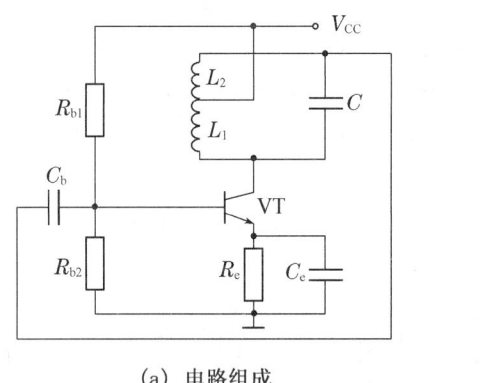
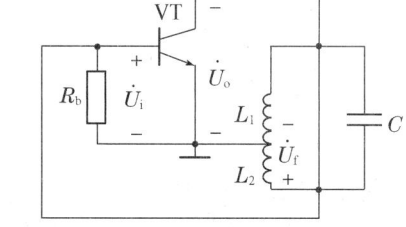

(a) 电路组成　　　　　　　　(b) 交流通路

图 6.3.4　电感反馈式振荡电路

假设在图 6.3.4 中向放大电路输入端加入信号 $\dot{U}_i$,极性用 ⊕ 表示,由于谐振时 LC 并联回路的阻抗是纯阻性,因此集电极和基极相位相反,故集电极极性用（-）表示,即 $\varphi_A = 180°$,而 L_2 上的反馈电压 $\dot{U}_f$ 的极性相反,即 $\varphi_F = 180°$,则 $\dot{U}_f$ 与 $\dot{U}_i$ 同相,电路满足相位平衡条件,能够产生正弦波振荡。

电感三点式振荡电路的振荡频率基本上等于 LC 并联回路的谐振频率,即

$$f_0 \approx \frac{1}{2\pi\sqrt{LC}} = \frac{1}{2\pi\sqrt{(L_1+L_2+2M)C}} \tag{6.3.2}$$

式(6.3.2)中 M 是电感 L_1 和电感 L_2 之间的互感。

2）电路特点

电感三点式振荡电路简单,易于起振。但由于反馈信号取自电感 L_2,电感对高次谐波

的感抗大,因而输出振荡电压的谐波分量增大,波形较差,常用于波形要求不高的设备中,其振荡频率通常在几十兆赫兹以下。

2. 电容三点式 LC 振荡电路

1)电路组成与工作原理

电容三点式 LC 振荡电路又称电容反馈式振荡电路,如图 6.3.5 所示。三极管的三个电极分别与回路电容 C_1 和 C_2 的三个端点相连,反馈电压从 C_2 上取出,这种连接可以保证实现正反馈。

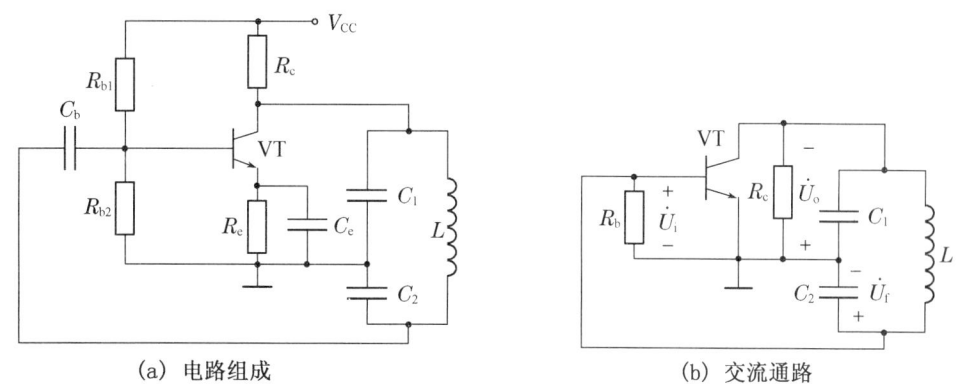

(a) 电路组成 (b) 交流通路

图 6.3.5 电容三点式 LC 振荡电路

电容三点式 LC 振荡电路的振荡频率为

$$f_0 \approx \frac{1}{2\pi\sqrt{LC}} = \frac{1}{2\pi\sqrt{L\dfrac{C_1 C_2}{C_1+C_2}}} \tag{6.3.3}$$

2)电容三点式 LC 振荡电路的特点

(1) 由于电容反馈支路对高次谐波阻抗小,因而反馈信号中谐波分量较少,所以输出波形较好。

(2) 回路电容 C_1 和 C_2 的容量可以选得很小,因此该电路振荡频率较高,一般可达 100 MHz 以上。

(3) 一般 C_1 和 C_2 都选用固定的电容,靠调节 L 或并联在其上的电容器来改变振荡频率,所以这种电路频率调节不方便,而且调节范围较窄。为了克服调节范围小的缺点,常在电感 L 支路中串联一个容量较小的可调电容,用它来调节振荡频率。

3. 电容三点式改进电路

为了提高电路的振荡频率,在电容三点式电路中尽量减少 C_1 和 C_2 的电容量,甚至与三极管极间电容值相近。这样,由温度等外界因素的影响,或更换三极管时,电路的振荡频率也随之改变,所以频率稳定度较差。

要克服这个缺点,可以通过线圈 L 再串联一个较小的可变电容 C 来调节振荡频率,图 6.3.6 为电容三点式改进电路,振荡频率为

$$f_0 = \frac{1}{2\pi\sqrt{LC}} = \frac{1}{2\pi\sqrt{\dfrac{L}{\dfrac{1}{C_1}+\dfrac{1}{C_2}+\dfrac{1}{C}}}} \tag{6.3.4}$$

其中在选择电容参数时,一般取 C_1 和 C_2 的容量较大以掩盖极间电容变化的影响,而使串联在 L 支路中的 C 值较小,即 $C \ll C_1, C \ll C_2$,则式(6.3.4)可近似为

$$f_0 \approx \frac{1}{2\pi \sqrt{LC}}$$

由于振荡电路频率 f_0 只取决于 L 和 C 的值,而与 C_1 和 C_2 的关系很小,所以当极间电容改变时对 f_0 影响也就很小。这种电路稳定度可达到 10^{-4} 到 10^{-5} 左右。

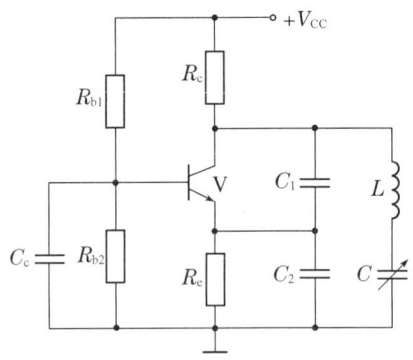

图 6.3.6　电容三点式改进电路

4. LC 振荡电路的特点

(1) LC 正弦波振荡电路主要依靠 LC 并联回路做选频网络,当频率 $f = f_0$ 时产生谐振。

(2) LC 正弦波振荡电路的工作频率一般高于几十千赫兹,用于产生较高频率的正弦波信号。

(3) 电感三点式振荡电路频率调节方式方便,但该电路输出中有较大的高次谐波,输出波形较差。而电容三点式 LC 振荡电路高次谐波分量较小,输出波形较好。

6.4　石英晶体正弦波振荡电路

石英晶体正弦波振荡电路,简称"晶振",是一种利用石英晶体作为谐振选频的振荡电路。石英晶体振荡电路具有极高的频率稳定度,其频率稳定度 $\frac{\Delta f}{f_0}$ 值可达 $10^{-9} \sim 10^{-11}$,而一般的 LC 振荡器只有 $10^{-4} \sim 10^{-5}$。"晶振"除用于钟表外,还广泛用于标准频率发生器、脉冲计数器及电子计算机的时钟信号发生器等精密设备中。

6.4.1　石英晶体的基本特性

1. 石英晶体谐振器的结构和符号

石英晶体谐振器是从石英晶体上按一定方位角切下的薄片,也称晶片。这种晶片可以是正方形、矩形或圆形等。然后在晶片的两个对应表面上涂敷银层,并装上一对金属板,接出引线,封装于金属壳内。其结构、外形和符号如图 6.4.1 所示。

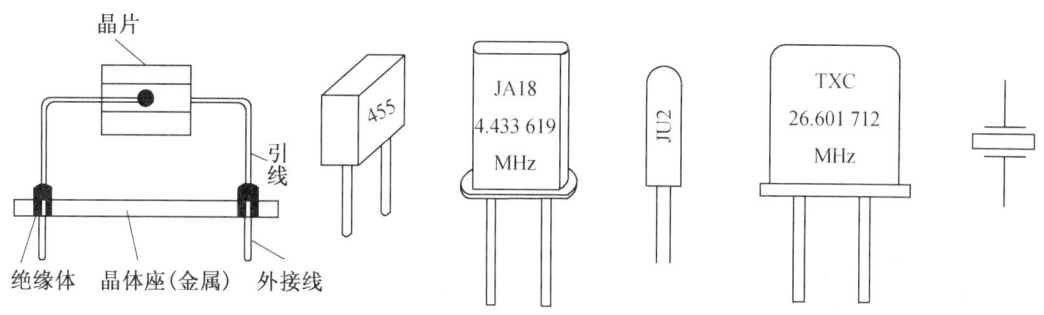

(a) 晶振结构　(b) 遥控器用晶振 (c) 录像机用晶振(d) 手表用晶振　(e) 游戏机用晶振　(f) 晶振符号

图 6.4.1　晶振结构、外形和符号

2. 石英晶体的压电效应

石英晶体的主要特性是它具有压电效应。即在晶体的两个电极上加交流电压时,晶体就会产生机械振动,而这种机械振动反过来又会产生交变电场,在电极上出现交变电压,这种现象称为压电效应。在一般情况下,这种机械振动和交变电场的幅度是极其微小的,只有在外加交变电压的频率与晶片本身的固有振动频率相等时,机械振动的振幅和它产生的交变电压的幅值才会急剧增大,这种现象称为压电谐振,称该晶体为石英晶体振荡器,或简称晶振。

3. 等效电路

石英晶体的压电谐振与 LC 回路的谐振现象十分相似,其等效电路如图 6.4.2 所示。图中,C_0 是晶片极板间的电容,约为几个到几十 PF,L 和 C 分别模拟晶片振动时的惯性和弹性,R 模拟振动时的摩擦损耗。一般等效的 L 较大,C 和 R 较小。所以,回路的品质因数 $Q=\dfrac{1}{R}\sqrt{\dfrac{L}{C}}$ 极高,使得振荡频率非常稳定。

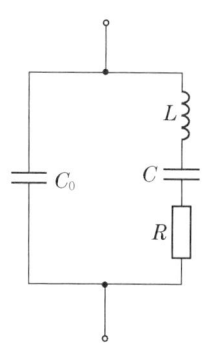

图 6.4.2　晶振的等效电路

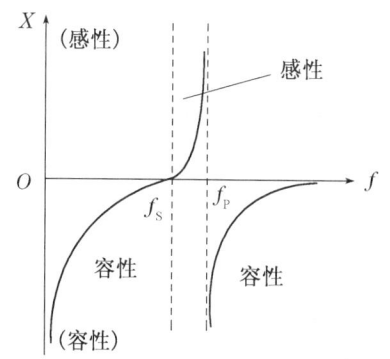

图 6.4.3　晶振的电抗频率特性

4. 谐振频率和谐振曲线

图 6.4.3 所示是晶振的电抗频率特性曲线。它具有两个谐振频率,一个是 f_S,称为串联谐振频率;另一个是 f_P,称为并联谐振频率。由该曲线可得以下几点结论:

(1) 当 $f<f_S$ 时,小电容 C 起主要作用,电路呈容性;

(2) 当 $f=f_S$ 时,RLC 串联支路发生串联谐振,电路呈纯阻性,它相当于一个小电阻;

(3) 当 $f_S < f < f_P$ 时,电感 L 起主要作用,电路呈感性;

(4) 当 $f = f_P$ 时,等效电路发生并联谐振,电路呈纯阻性,它相当于一个大电阻;

(5) 当 $f > f_P$ 时,C_0 起主要作用,电路呈容性。

6.4.2 石英晶体振荡电路

石英晶体振荡电路的基本形式有串联和并联型两类。

1. 并联型石英晶体振荡电路

图 6.4.4 是一种并联型石英晶体振荡电路。从电路结构上看,属于电容三点式 LC 振荡电路,其振荡频率由 C_1、C_2、C_L 及晶体的等效电感 L 决定。但因选择参数时,C_1、C_2 的电容量比 C_L 大得多,故振荡频率主要决定于负载电容 C_L 和晶体的谐振频率。

2. 串联型石英晶体振荡电路

图 6.4.5 为串联型石英晶体振荡电路,电感 L 和电容 C_1、C_2、C_3、C_4 组成 LC 振荡电路,再由 C_1、C_2 分压并经晶体选频后送入集成运放的同相输入端,形成正反馈。由于 C_1、C_2 的值远大于 C_3、C_4,故 f_0 主要由 L、C_3、C_4 决定:

$$f_0 = \frac{1}{2\pi\sqrt{L(C_3 + C_4)}} \tag{6.4.1}$$

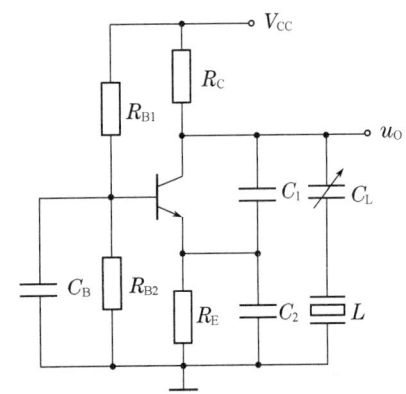

图 6.4.4 并联型石英晶体振荡电路

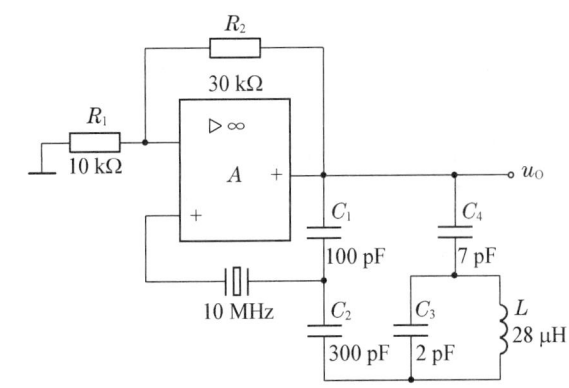

图 6.4.5 串联型石英晶体振荡电路

本章小结

正弦波振荡电路是指自己能够产生一定幅度和一定频率正弦波的电子电路。

正弦波振荡的条件:

(1) 振荡平衡条件:$AF = 1$

幅度平衡条件:$|AF| = 1$;相位平衡条件:$\varphi_A + \varphi_F = 2n\pi(n = 0, 1, 2, \cdots)$。

(2) 起振条件:$AF > 1$

幅度起振条件:$|AF| > 1$;相位平衡条件:$\varphi_A + \varphi_F = 2n\pi(n = 0, 1, 2, \cdots)$。

正弦波产生电路:

其组成包括放大、反馈、选频、稳幅等基本部分,以保证产生单一频率和幅值稳定的正弦波。根据选频网络的不同,要求掌握 RC 桥式正弦波振荡电路的电路结构、工作原理和振荡频率计算,三点式振荡电路的电路结构和振荡频率计算。

石英晶体振荡电路具有极高的频率稳定度。石英晶体振荡电路可分为两类,一类是并联型石英晶体振荡电路,另一类是串联型石英晶体振荡电路。

习　题

6.1　判断题:

(1) 在反馈电路中,只要安排有 LC 谐振回路,就一定能产生正弦波振荡。　　(　)

(2) 在放大电路中,只要具有正反馈,就会产生自激振荡。　　(　)

(3) 从结构上来看,正弦波振荡电路是一个没有输入信号的带选频网络的正反馈放大器。　　(　)

(4) 对于 LC 正弦波振荡电路,若已满足相位平衡条件,则反馈系数越大,越容易起振。　　(　)

6.2　填空题:

(1) 产生自激振荡的条件有＿＿＿＿＿＿＿＿＿,＿＿＿＿＿＿＿＿＿＿。

(2) 产生正弦波振荡电路的四个组成部分是＿＿＿＿、＿＿＿＿＿、＿＿＿＿、＿＿＿＿＿＿。

(3) 电感反馈式振荡电路,起振＿＿＿＿＿＿,但输出波形＿＿＿＿＿＿。

(4) 在串联型晶体振荡电路中,晶体可等效为＿＿＿＿＿＿;在并联型晶体振荡电路中,晶体可等效为＿＿＿＿＿＿。

6.3　选择题:

(1) 若要产生频率稳定性很高的正弦波,可用(　　)振荡电路。

　　A. LC　　　　　　B. RC　　　　　　C. 石英晶体

(2) 振荡电路选频特性的优劣主要与电路的(　　)有关。

　　A. 反馈系数 F　　B. 放大倍数 A　　C. 品质因数 Q

(3) LC 型正弦波振荡电路没有专门的稳幅电路,它是利用其中三极管的非线性来自动稳幅的,但输出波形一般失真并不大,这是因为(　　)。

　　A. 谐振频率高　　B. 反馈信号弱　　C. 谐振回路的选频特性好

(4) 产生正弦波振荡的充要条件是(　　)。

　　A. $|\dot{A}\dot{F}|=1$　　B. $|\dot{A}\dot{F}|\geqslant 1$　　C. $|\dot{A}\dot{F}|\leqslant 1$

6.4　如图 6.1 所示,要组成一个正弦波振荡电路,选择填空:

(1) 要使电路正常工作①接至＿＿＿＿端;②接至＿＿＿＿端;③接至＿＿＿＿端;④接至＿＿＿＿端。

(2) 若要提高振荡频率,可(　　)。

　　A. 增大 R　　B. 减小电容 C　　C. 增大 R_1　　D. 减小 R_1

(3) 若要振荡器输出波形产生失真,应(　　)。

　　A. 增大 R　　B. 增大 R_1　　C. 增大 R_2

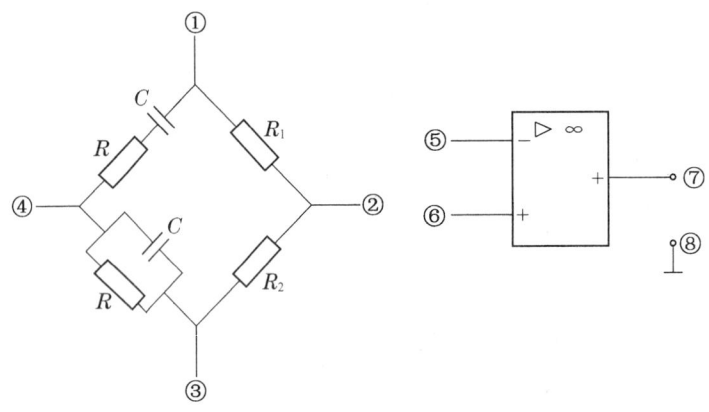

图 6.1 习题 6.4

6.5 如图 6.2 所示,根据正弦波振荡的相位条件,判别电路能否产生振荡。若不能振荡,请对电路加以改进。

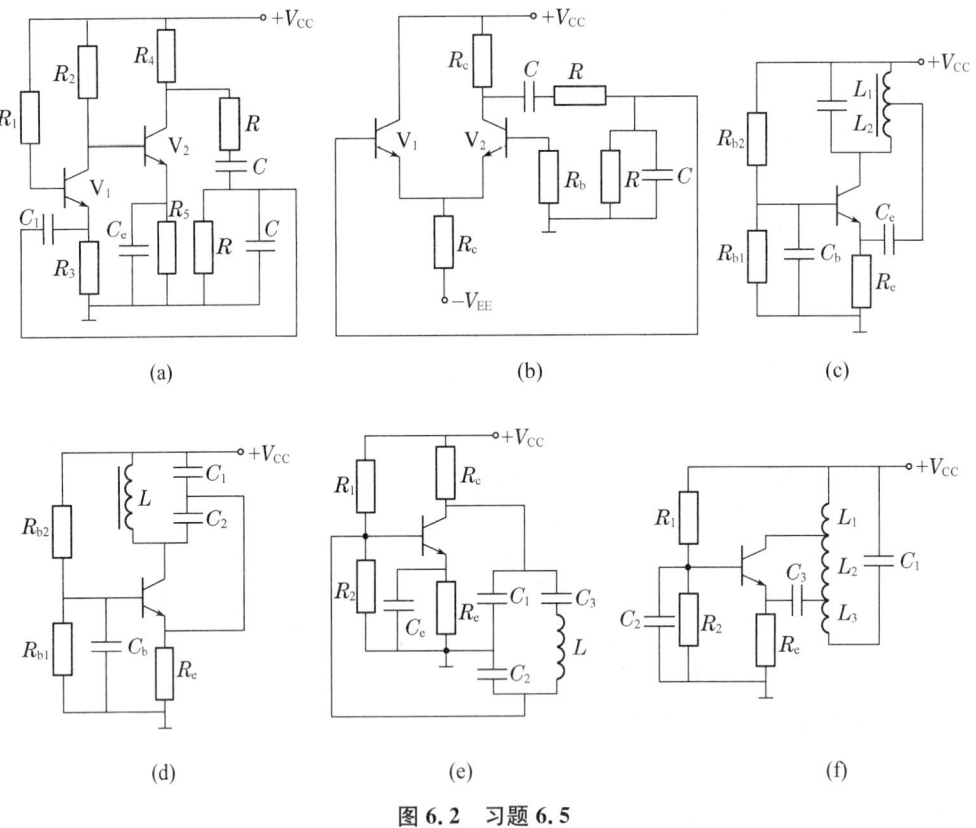

图 6.2 习题 6.5

6.6 收音机的本机振荡电路如图 6.3 所示,C_1、C_2 对振荡信号视为短路。
(1) 该振荡电路的放大、正反馈和选频三部分各由哪些元件组成?
(2) 在振荡变压器的初级、次级标出正确的同名端,使反馈成为正反馈。

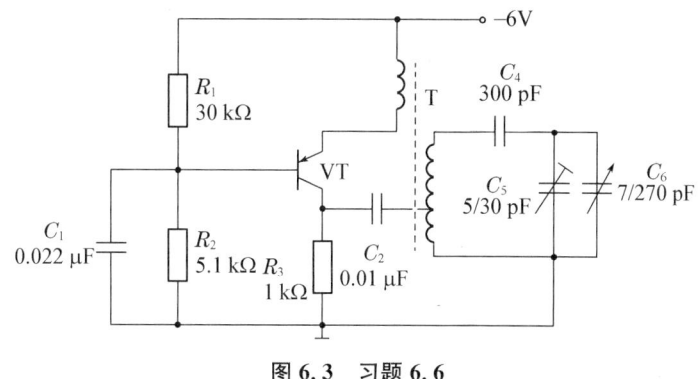

图 6.3 习题 6.6

6.7 根据正弦波振荡的条件,判别图 6.4 所示的电路能否产生振荡。

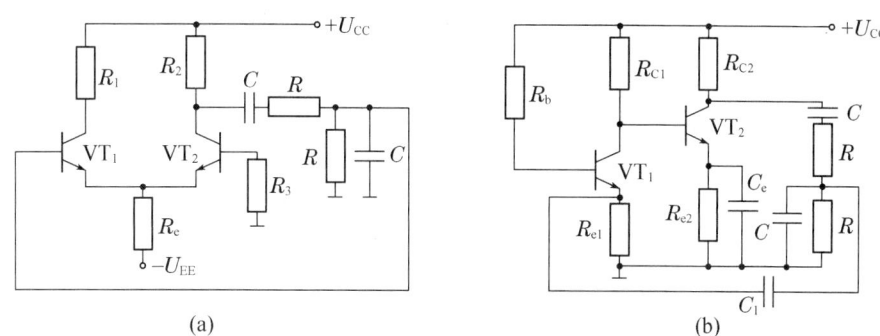

图 6.4 习题 6.7

6.8 如图 6.5 所示,$R_1=R_2=2$ K,$C_1=C_2=0.01$ μF,试求振动频率。

6.9 文氏电桥正弦波振荡电路如图 6.6 所示,已知 $R=5$ K,$R_1=5$ K,$R_f=100$ K,$C=100$ nF,试:

(1) 标出运放 A 的输入端符号;
(2) 估算振荡频率;
(3) 分析二极管 VD_1、VD_2 的作用.

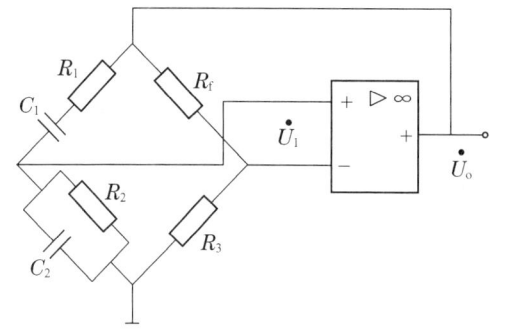

图 6.5 习题 6.8 图

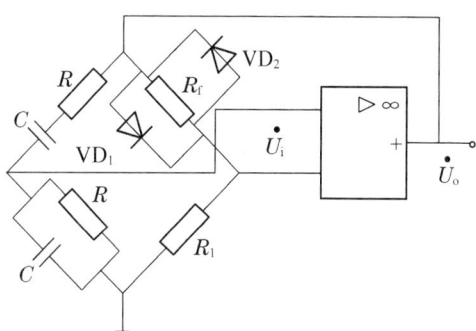

图 6.6 习题 6.9 图

技能训练:RC 正弦波振荡器

一、实验目的
1. 进一步学习 RC 正弦波振荡器的组成及其振荡条件。
2. 学会测量、调试振荡器。

二、实验设备与器件
1. +12 V 直流电源 　　2. 函数信号发生器
3. 双踪示波器 　　　　4. 数字万用表
5. 3DG12×2 或 9013×2 电阻、电容、电位器等

注:本实验采用两级共射极分立元件放大器组成 RC 正弦波振荡器。

三、实验内容
1. 按图 T6.1 组接线路。

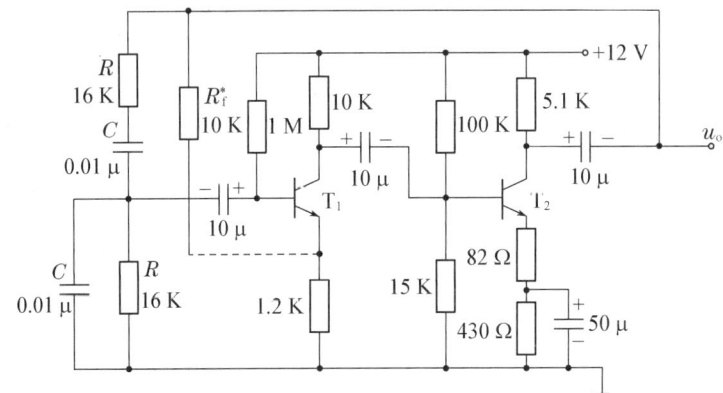

图 T6.1　RC 串并联选频网络振荡器

2. 断开 RC 串并联网络,测量放大器静态工作点及电压放大倍数。

3. 接通 RC 串并联网络,并使电路起振,用示波器观测输出电压 u_o 波形,调节 R_f 使获得满意的正弦信号,记录波形及其参数。

4. 测量振荡频率,并与计算值进行比较。

5. 改变 R 或 C 值,观察振荡频率变化情况。

6. RC 串并联网络幅频特性的观察。将 RC 串并联网络与放大器断开,用函数信号发生器的正弦信号注入 RC 串并联网络,保持输入信号的幅度不变(约 3 V),频率由低到高变化,RC 串并联网络输出幅值将随之变化,当信号源达到某一频率时,RC 串并联网络的输出将达到最大值(约 1 V),且输入、输出同相位,此时信号源频率为

$$f=f_o=\frac{1}{2\pi RC}$$

四、实验总结
1. 由给定电路参数计算振荡频率,并与实测值比较,分析误差产生的原因。
2. 总结三类 RC 振荡器的特点。

Multisim 仿真

下图是文氏桥振荡电路,可以产生特定频率的正弦波。

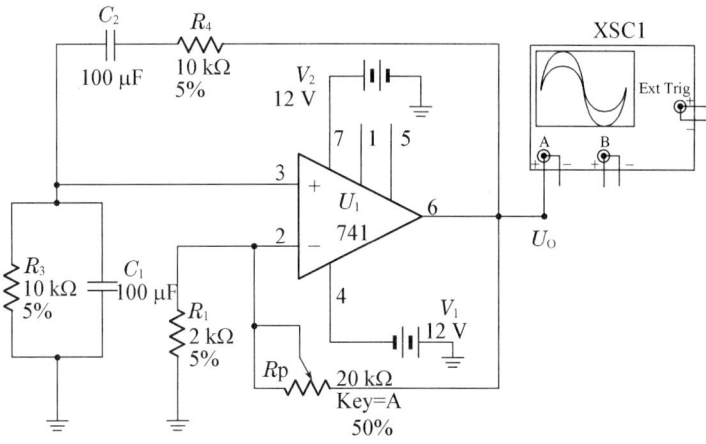

图 M6.1 文氏桥振荡电路

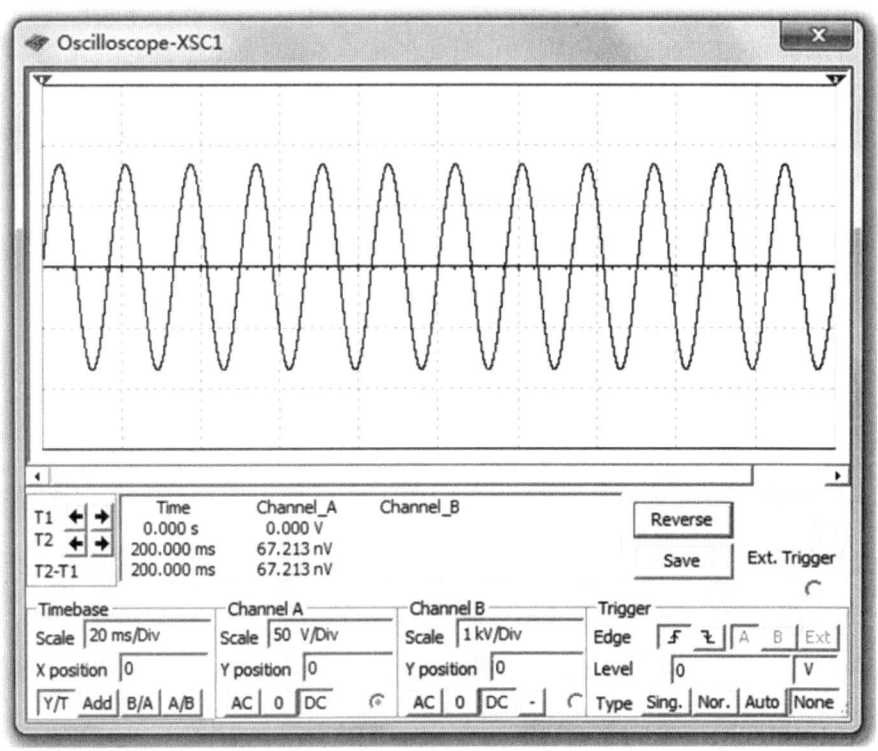

图 M6.2 文氏桥振荡电路输出波形

第 7 章 直流稳压电源

本章学习目标
1. 了解直流稳压电路的组成及功能。
2. 掌握单相交流整流半波及桥式电路分析及参数计算。
3. 掌握滤波电路的功能、电容滤波电路分析。
4. 掌握稳压电路功能,串联型稳压电路组成、三端稳压器件的功能。
5. 了解开关型稳压电路组成及分析。

7.1 直流稳压电源的组成

电网供电是交流电,但是在某些生产和科学实验中,例如,直流电动机、电解、电镀、蓄电池的充电等场合,都需要用直流电源供电,尤其在电子技术和自动控制装置中还需要用电压非常稳定的直流电源。直流稳压电源的功能是将 220 V、50 Hz 的交流电压变换为幅值稳定的直流电压。单相小功率直流电源一般由电源变压器、整流、滤波和稳压电路四部分组成,如图 7.1.1 所示。各环节作用如下:

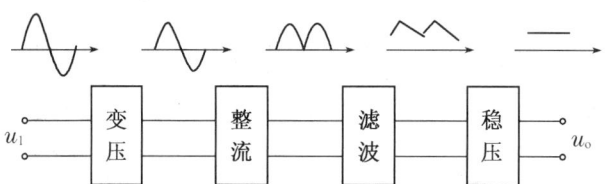

图 7.1.1 小功率直流稳压电源组成框图

变压 电网提供的交流电 u_1 有效值一般为 220 V(或 380 V),而负载所需要的直流电压值却各不相同,故采用变压器把电网电压 u_1 变为符合整流需要的电压 u_2。

整流 利用具有单向导电性能的整流元件,将正弦交流电压 u_2 变为单向脉动电压 u_3。u_3 为非正弦周期电压,含有直流成分和各种谐波交流成分。

滤波 利用电感、电容等元件的频率特性,将脉动电压中的谐波成分滤掉,使输出电压 u_4 成为比较平滑的直流电压。

稳压 当电网电压波动或负载变动时,滤波后的直流电压受其影响而不稳定,稳压电路的作用是输出电压 u_o 基本不受上述因素的影响,成为平滑稳定的直流电。

本章将讨论整流、滤波及稳压这三个环节的具体电路。

7.1.1 单向整流电路

整流电路的作用是将交流电变为直流电,它是利用二极管的单向导电性来实现的。因此,二极管是构成整流电路的核心元件。在小功率(200 W 以下)整流电路中,常见的几种整流电路有单向半波、全波和桥式整流电路。

1. 单相半波整流电路

图 7.1.2(a)所示为单相半波整流电路,由电源变压器、整流二极管 V、负载 R_L 组成。已知变压器副边电压为 $u_2 = \sqrt{2}U_2 \sin\omega t$,其工作波形如图 7.1.2(b)所示。

在 u_2 的正半周,即 A 点为正,B 点为负时,二极管 V 正偏导通。若忽略二极管的导通压降,则 $u_o \approx u_2$。在 u_2 的负半周,即 A 点为负,B 点为正时,二极管 V 反偏截止,则 $u_o \approx 0$。因此经整流后,负载上得到半个正弦波,故名半波整流。经半波整流电路的输出电压是单向的、大小是变化的,常称为半波整流波。单相半波整流电压的平均值为

$$U_o = \frac{1}{2\pi}\int_0^\pi \sqrt{2}U_2 \sin\omega t \, d(\omega t) = \frac{\sqrt{2}}{\pi}U_2 = 0.45U_2$$

(7.1.1)

流过负载和二极管的平均电流分别为

$$I_o = \frac{U_o}{R_L} = 0.45\frac{U_2}{R_L} \quad (7.1.2)$$

$$I_V = I_o = 0.45\frac{U_2}{R_L} \quad (7.1.3)$$

由图 7.1.2(a)可见,当二极管反向截止时所承受的最高反向电压就是 u_2 的峰值电压,为

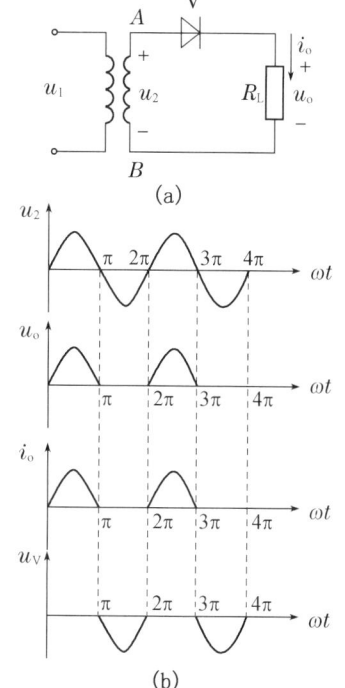

图 7.1.2 单相半波整流电路及波

$$U_{VRM} = \sqrt{2}U_2 \quad (7.1.4)$$

实际工作中,应根据 I_V 和 U_{VRM} 的大小选择二极管。为保证二极管可靠地工作,在选择元件参数时应留有适当的余地。

单相半波整流电路虽然结构简单,但效率低,输出电压脉动大,仅适应对直流输出电压平滑程度不高和功率较小的场合,因此很少单独用作直流电源。

2. 单相全波整流电路

图 7.1.3(a)为电阻性负载单相全波整流电路。7.1.3(b)为电路中电压、电流波形。电路中 T 为带中心抽头的电源变压器,V_1、V_2 为整流二极管,R_L 为负载电阻。

设输入电压为 $u_{21} = u_{22} = \sqrt{2}U_2 \sin\omega t$,当变压器的次级绕组 u_{21} 和 u_{22} 均为上正下负时,V_1 导通、V_2 截止;而上负下正时,V_2 导通、V_1 截止。可见对应于输入正弦波的正负半周,在负载电阻 R_L 上都有同样大小、同方向的电压输出。

按单相半波整流电路的分析方法,可得输出电压平均值、输出电流平均值为单相半波整流的 2 倍,二极管中的平均电流值为

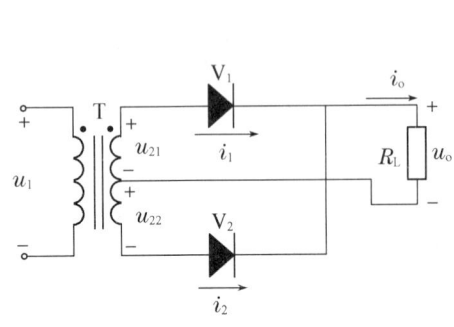
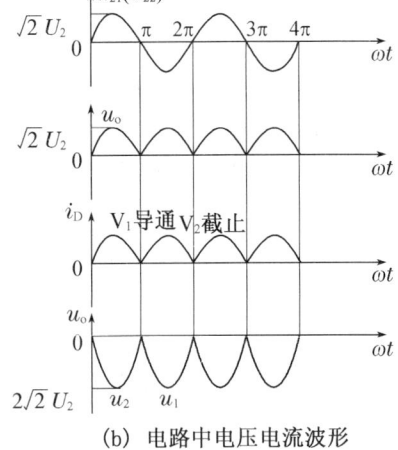

(a) 整流电路图　　　　　　　　(b) 电路中电压电流波形

图 7.1.3　单相全波整流电路

$$I_V = \frac{1}{2}I_O = \frac{U_O}{2R_L} \qquad (U_O = 0.9U_2) \tag{7.1.5}$$

二极管反向截止时所承受的最高反向电压为

$$U_{RM} = 2\sqrt{2}U_2 \tag{7.1.6}$$

单相全波整流电路虽然性能较单相半波整流电路有较大的改善,但输出电压的脉动仍然较大,因此也很少单独用作直流稳压电源。

3. 单相桥式整流电路

单相桥式整流电路如图 7.1.4(a)所示。由四只二极管连接成"桥"式结构,故名桥式整流电路。图 7.1.4(b)和(c)分别为电路的简图和工作波形。

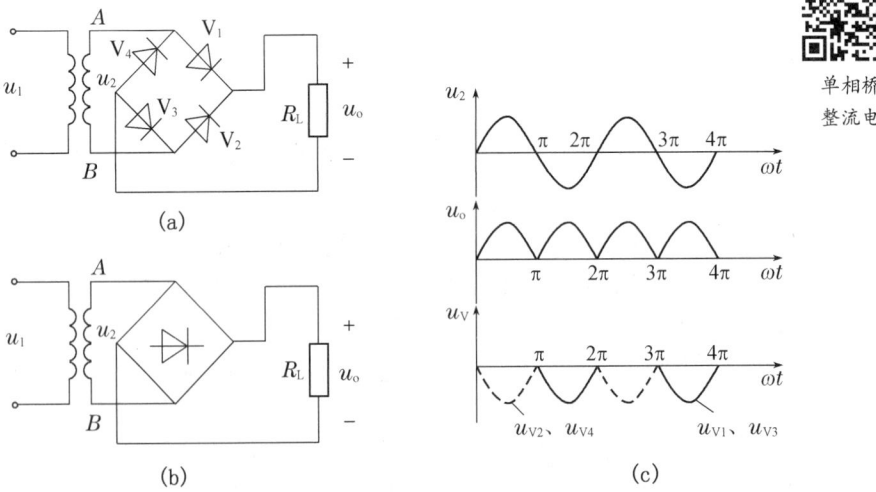

图 7.1.4　桥式整流电路及波形

桥式整流电路的工作原理如下:u_2 为正半周时,即 A 点为正,B 点为负,二极管 V_1、V_3 承受正向电压而导通;二极管 V_2、V_4 承受反向电压而截止。电流回路为:$A \to V_1 \to R_L \to V_3 \to B$,在 R_L 上得到上正下负的半波整流电压。u_2 为负半周时,即 B 点为正,A 点为负,此

时 V_2、V_4 承受正向电压而导通；V_1、V_3 承受反向电压而截止。电流回路为：$B \to V_2 \to R_L \to V_4 \to A$，$R_L$ 上仍为上正下负的半波整流电压。

单相桥式整流电压的平均值为

$$U_o = \frac{1}{\pi}\int_0^\pi \sqrt{2}U_2 \sin\omega t\, d(\omega t) = 2\frac{\sqrt{2}}{\pi}U_2 = 0.9U_2 \qquad (7.1.7)$$

流过负载的平均电流为

$$I_o = \frac{U_o}{R_L} = 0.9\frac{U_2}{R_L} \qquad (7.1.8)$$

因二极管轮流导通，流经每个二极管的平均电流为负载电流的一半，即

$$I_V = \frac{1}{2}I_o = 0.45\frac{U_2}{R_L} \qquad (7.1.9)$$

每个二极管在截止时承受的最高反向电压为 u_2 的最大值，即

$$U_{VRM} = \sqrt{2}U_2 \qquad (7.1.10)$$

单相桥式整流电路输出全波整流，因此克服了半波整流的缺点，提高了变压器的利用率，得到了广泛的应用。近年来，桥整流的组合件（又名硅桥堆）被普遍应用。它利用半导体工艺，将四个二极管集中制作在一块硅片上，共有四个引出端，其中两个引出端接交流电源，另外两端接负载。图 7.1.5 为其外形结构。

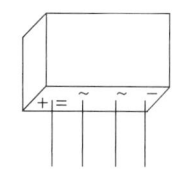

图 7.1.5 硅桥堆整流器外形

【例 7.1.1】 有一 100 Ω 的负载，需用 20 V 的直流电源供电，试在下列两种情况下选择二极管。(1) 采用单相半波整流电路；(2) 采用单相桥式整流电路。

解 (1) 采用单相半波整流电路

$$U_2 = \frac{U_o}{0.45} = \frac{20}{0.45}\text{ V} = 44.4\text{ V}$$

$$I_V = I_o = \frac{U_o}{R_L} = \frac{20}{100}\text{ V} = 0.2\text{ A}$$

$$U_{VRM} = \sqrt{2}U_2 = 62.8\text{ V}$$

根据 I_V、U_{VRM} 值查手册，应选用 2CZ53C 型整流二极管，其最大整流电流为 0.3 A，最高反向工作电压为 100 V。

(2) 采用单相桥式整流电路

$$U_2 = \frac{U_o}{0.9} = \frac{20}{0.9}\text{ V} = 22.2\text{ V}$$

$$I_V = \frac{1}{2}I_o = \frac{1}{2}\frac{U_o}{R_L} = 0.1\text{ A}$$

$$U_{VRM} = \sqrt{2}U_2 = 31.4\text{ V}$$

根据 I_V、U_{VRM} 值查手册，应选用 2CZ53B 型整流二极管，其最大整流电流为 0.3 A，最高反向工作电压为 50 V。

7.1.2 滤波电路

虽然前述整流电路的输出电压方向不变，但仍然是大小变化的脉动电压，含有较大的交

流成分。在某些设备,例如蓄电池充电、电镀中,可以直接应用,但对许多要求较高的直流用电装置,则不能满足要求。为获得平滑的输出电压,需滤去其中的交流成分,保留直流成分,此即为滤波。常用的滤波元件有电容和电感,滤波电路有电容滤波、电感滤波及π型滤波等电路,其中以电容滤波最为常见。

图7.1.6(a)所示为半波整流电容滤波电路,滤波电容C与负载并联。图7.1.6(b)为其工作波形。

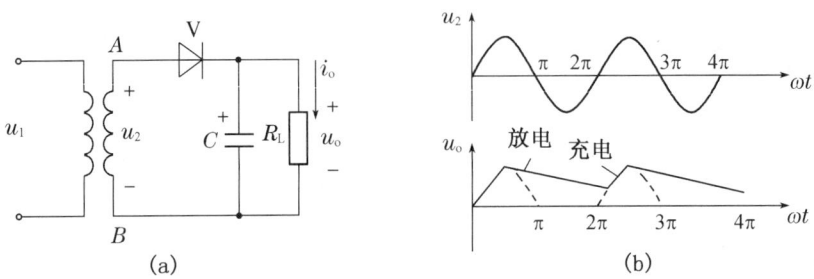

图 7.1.6 半波整流电容滤波电路及波形

设电容的初始电压为零,接通电源时,u_2由零开始上升,二极管导通,电容被充电,若忽略二极管导通压降,则$u_C=u_o\approx u_2$,u_o随电源电压u_2同步上升。由于充电时间常数很小,所以充电很快。当$\omega t=\pi/2$时,$u_o=u_C=\sqrt{2}U_2$。之后u_2开始下降,其值小于电容电压。此时,二极管V截止,电容C经负载R_L放电,u_C开始下降,由于放电时间常数很大,放电速度很慢,可持续到第二个周期的正半周来到时。当$u_2>u_C$时,二极管又因正偏而导通,电容器C再次被充电,重复第一周期的过程。

桥式整流电容滤波电路与半波整流电容滤波电路的工作原理一样,不同之处在于,在u_2的一个周期里,电路中总有二极管导通,电容C经历两次充放电过程,因此输出电压更加平滑。其原理电路和工作波形分别如图7.1.7(a)、(b)所示。

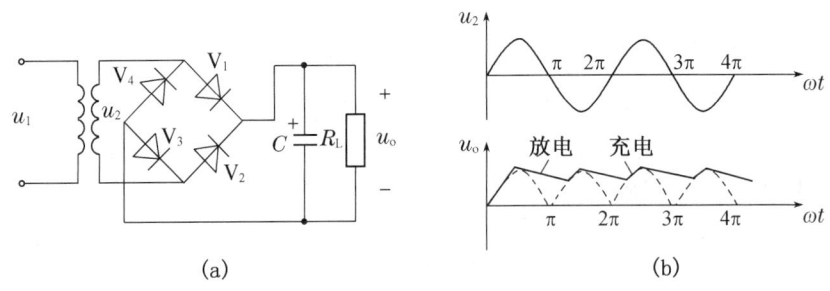

图 7.1.7 桥式整流电容滤波电路及波形

电容C放电的快慢取决于时间常数($\tau=R_LC$)的大小,时间常数越大,电容C放电越慢,输出电压的波形就越平坦。为了获得较平滑的输出电压,选择电容时一般要求

$$R_LC \geqslant (3\sim 5)\frac{T}{2} \quad (桥式) \tag{7.1.11}$$

$$R_LC \geqslant (3\sim 5)T \quad (半波) \tag{7.1.12}$$

式中T为交流电压的周期。

此外,当负载开路时,电容承受 u_2 峰值电压,因此电容的耐压值取 $(1.5\sim2)U_2$。

电容滤波后输出电压的平均值一般按以下经验公式估算:

$$U_o = U_2 \text{(半波)} \tag{7.1.13}$$

$$U_o = 1.2U_2 \text{(桥式)} \tag{7.1.14}$$

滤波电容 C 一般选择容量较大的电解电容器,使用时应注意它的极性,如果接反会造成损坏。加入滤波电容以后,二极管导通时间缩短,且在短时间内承受较大的冲击电流。为了保证二极管的安全,选择二极管时应放宽裕量。

总之,电容滤波电路简单,输出电压较高,输出脉动较小,缺点是整流管承受的冲击电流大,当负载 R_L 较小且变动较大时,输出性能差。因此,这种电路用于要求输出电压较高、小负载且变动不大的场合。

【例 7.1.2】 设计一单相桥式整流、电容滤波电路,要求输出电压 $U_o = 48$ V。已知负载电阻 $R_L = 100\ \Omega$,电源频率为 50 Hz,试选择整流二极管和滤波电容器。

解 (1) 整流二极管的选择

流过整流二极管的平均电流

$$I_V = \frac{1}{2}I_o = \frac{1}{2} \cdot \frac{U_o}{R_L} = \frac{1}{2} \times \frac{48}{100}\ \text{A} = 0.24\ \text{A} = 240\ \text{mA}$$

变压器副边电压有效值

$$U_2 = \frac{U_o}{1.2} = \frac{48}{1.2}\ \text{V} = 40\ \text{V}$$

整流二极管承受的最高反向电压

$$U_{VRM} = \sqrt{2}U_2 = 1.41 \times 40\ \text{V} = 56.4\ \text{V}$$

因此可选择 2CZ11B 型整流二极管,其最大整流电流为 1 A,最高反向工作电压为 200 V。

(2) 滤波电容的选择

取 $\tau = R_L C = 5 \times \frac{T}{2} = 5 \times \frac{0.02}{2}\ \text{s} = 0.05\ \text{s}$,则

$$C = \frac{\tau}{R_L} = \frac{0.05}{100}\ \text{F} = 500 \times 10^{-6}\ \text{F} = 500\ \mu\text{F}$$

电容的耐压值为

$$(1.5\sim2)U_2 = (1.5\sim2) \times 40\ \text{V} = 60\sim80\ \text{V}$$

应选用 500 μF/100 V 的电解电容。

7.1.3 稳压电路及稳压电源的性能指标

经整流滤波电路获得的直流电压往往是不稳定的,当电网电压波动或负载电流变化时,都会引起直流电压的波动。因此,需增加稳压环节。

1. 电路组成

由硅稳压管组成的稳压电路如图 7.1.8 所示。硅稳压管 VS 与负载 R_L 并联,因此也称为并联型稳压电路,图中 R 为限流电阻,VS 工作在反向击穿区,U_I 为整流滤波后的输出电压。

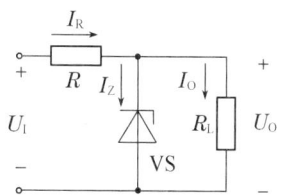

图 7.1.8 硅稳压管稳压电路

2. 稳压原理

若电网电压升高,整流滤波电路的输出电压 U_I、负载电压 U_O 以及稳压管电压也随之升高。因此,流过稳压管的电流 I_Z 就急剧增加,并引起 I_R 的增大,导致限流电阻 R 上的电压降增大。由式 $U_O = U_Z = U_I - I_R R$ 可知, $I_R R$ 的增大可以抵消 U_I 的升高,从而保持负载电压 U_O 基本不变。其稳压过程如下:

$$U_I \uparrow \rightarrow U_O \uparrow \rightarrow I_Z \uparrow \rightarrow I_R \uparrow \rightarrow U_R \uparrow \rightarrow U_O \downarrow$$

另一方面,若 U_I 不变而负载电流减小,输出电压 U_O 将减小,稳压管中的电流 I_Z 就急剧减小,使得 I_R 也减小,则限流电阻 R 上的压降减小,从而使输出电压 U_O 上升。其稳压过程如下:

$$I_O \downarrow \rightarrow U_O \downarrow \rightarrow I_Z \downarrow \rightarrow I_R \downarrow \rightarrow U_R \downarrow \rightarrow U_O \uparrow$$

反之,若电网电压降低或负载电流增大,其稳压过程与上述相反,但输出电压 U_O 仍保持不变,读者可自行分析。

综上所述,稳压管在稳压电路中起着电流自动调节作用,而限流电阻则起着电压调整作用。稳压管的动态电阻越小,限流电阻越大,输出电压的稳定性越好。

7.2 串联反馈式稳压电路

硅稳压管稳压电路在负载电流较小时稳压效果较好,但存在两个问题:一是输出电压由稳压管的稳定电压决定,不能随意调节;二是因受稳压管最大稳定电流的限制,负载电流变化范围不大。为此可采用串联反馈型稳压电路。

7.2.1 串联反馈式稳压电路的组成及工作原理

1. 电路组成

图 7.2.1 所示为串联反馈式稳压电路,它由四个部分组成。(1) 取样电路,由 R_1、R_P 和 R_2 组成。取样电路的作用是,当输出电压发生变化时,取出其中的一部分送到比较放大管 V_2 的基极。(2) 基准电压电路,由稳压管 VS 与限流电阻 R_3 组成。它的作用是,为电路提供基准电压。(3) 比较放大电路,由 V_2 和 R_4 组成。其作用是,放大取样电压与基准电压之差,并通过 V_2 集电极电位(也为 V_1 基极电位)控制调整管工作。(4) 调整管,由功率管 V_1 组成。其作用是,根据比较电路输出,调节集、射间电压,从而达到自动稳定输出电压的目的。电路中因调整管与负载串联, $U_O = U_I - U_{CE1}$,故名串联型稳压电路,图 7.2.2 为其组成框图。

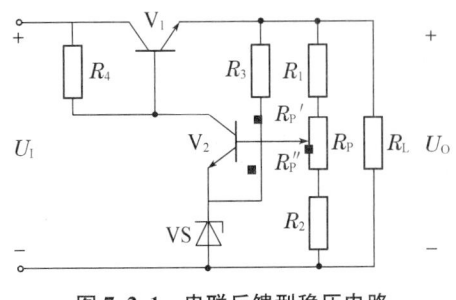

图 7.2.1 串联反馈型稳压电路

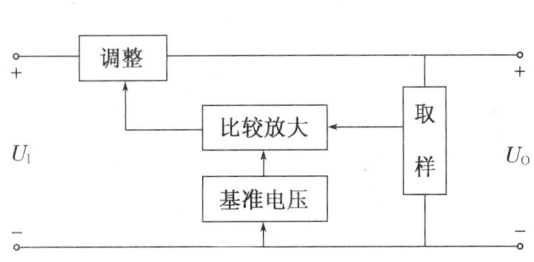

图 7.2.2 串联型稳压电路组成框图

2. 稳压原理

当电网电压波动或负载电流变化导致输出电压 U_O 增加时,通过取样电阻的分压作用,V_2 的基极电位 U_{B2} 随之升高,而发射极电位 U_{E2} 不变,因此 U_{BE2} 增大,集电极电位 U_{C2} 降低。此时,调整管 V_1 因基极电压降低,管压降 U_{CE1} 增大,使输出电压 U_O 下降,从而保证了 U_O 基本不变。其稳压过程如下:

$$U_I \uparrow \to U_O \uparrow \to U_{B2} \uparrow \xrightarrow{U_{E2}不变} U_{BE2} \uparrow \to U_{C2} \downarrow (U_{B1} \downarrow) \to U_{CE1} \uparrow \to U_O \downarrow$$

反之,当输入电压降低或负载电流变化而引起输出电压降低时,其稳压原理与以上相似,这里不再叙述。

由此可见,串联型稳压电路实质上是通过电压负反馈使输出电压维持稳定的。

3. 输出电压

由图 7.2.1 可知

$$U_{B2}=U_Z+U_{BE2}=U_O\frac{R_2+R''_P}{R_1+R_P+R_2}$$

$$U_O=\frac{R_1+R_P+R_2}{R_2+R''_P}(U_Z+U_{BE2}) \qquad (7.2.1)$$

当 R_P 调到最上端时,输出电压为最小值,

$$U_{Omin}=\frac{R_1+R_P+R_2}{R_2+R_P}(U_Z+U_{BE2})$$

当 R_P 调到最下端时,输出电压为最大值,

$$U_{Omax}=\frac{R_1+R_P+R_2}{R_2}(U_Z+U_{BE2})$$

以上电路中,若将比较放大管 V_2 改为集成运放 A,则构成了由集成运放组成的串联型稳压电路,图 7.2.3 所示为其原理电路,读者可自行分析其工作原理。

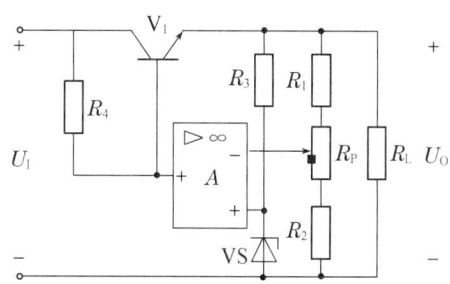

图 7.2.3 集成运放构成的串联型稳压电路

7.2.2 三端集成稳压器

集成稳压器是将调整电路、取样电路、基准电路、比较放大及保护电路等,利用半导体工艺制成的单片集成器件,其特点是体积小、稳定性好,已逐步代替了分立元件组成的稳压电路。三端式集成稳压器只有三个引出端,分别是输入端,输出端和公共端。根据输出电压是否可调,三端式集成稳压器又可分为三端固定式和三端可调式两大类。

1. 三端固定式集成稳压器

三端固定式集成稳压器的输出电压固定不变,可以输出正电压、负电压两种。其中 CW78×× 系列输出正电压,CW79×× 系列输出负电压,电压等级分别为 5 V、6 V、9 V、12 V、15 V、24 V 等多种。它们型号中的后两位数字即表示输出电压值,例如 CW7805 型,则表示输出电压为 +5 V。图 7.2.4 所示为 CW78×× 系列三端固定式集成稳压器的外形图,它的三个引出端分别为输入端 1、

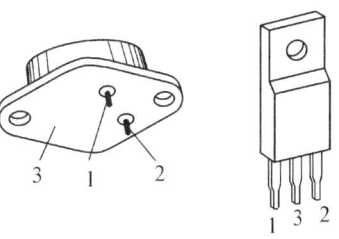

图 7.2.4 三端集成稳压器的外形

输出端 2 和公共端 3。

图 7.2.5(a)所示为输出正电压的基本电路,正常工作时,输入、输出电压差应大于 2～3 V。电路中电容 C_1 用来旁路高频干扰信号,C_2 是用来改善负载瞬态响应。图 7.2.5(b)所示为由两组稳压器组成的正、负电压输出电路。

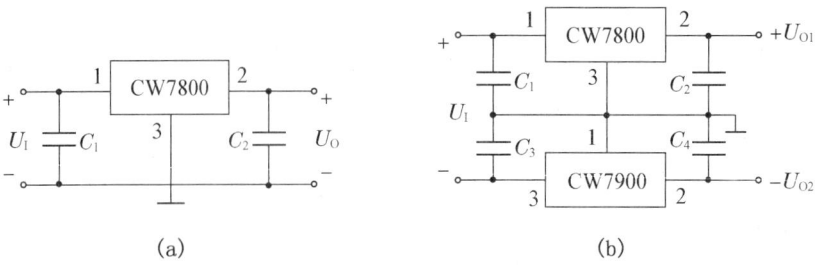

图 7.2.5 三端固定式集成稳压器构成的基本电路

2. 三端可调式集成稳压器

三端可调式集成稳压器的外形与三端固定式稳压器相似,也有正、负电源两种输出类型,型号分别为 CW317 和 CW337,其三个引出端分别为输入端 2、输出端 3 和调整端 1。图 7.2.6 所示为三端可调式正电压输出的稳压电路,输入电压范围为 2～40 V,输出电压可在 1.25～37 V 之间调整。图中 U_I 为整流滤波后的电压,R_1、R_P 是用来调整输出电压。若忽略调整端的电流(调整端电流很小,约为 50 μA),则 R_1 与 R_P 近似为串联,输出电压可用下式表示

$$U_O \approx \left(1 + \frac{R_P}{R_1}\right) \times 1.25 \text{ V} \tag{7.2.2}$$

式中 1.25 V 是集成稳压器调整端与输出端之间电压,为恒定值。这样,只要调节 R_P 值,就可以改变输出电压的大小。

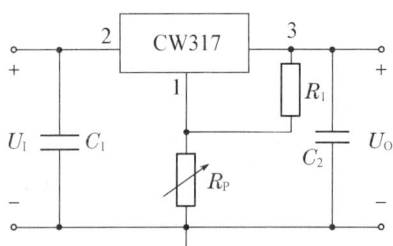

图 7.2.6 三端可调式集成稳压电路

7.3 开关式直流稳压电源

串联型稳压电源的调整管工作在线性区,管压降大流过的电流也大(大于负载电流),所以管耗大效率低(40%～60%),且需要较大的散热装置。为了克服上述缺点和提高输出电压范围,可采用开关稳压电源。

7.3.1 开关稳压电源的特点

(1) 管耗小,效率高。这就是开关稳压电源的突出优点。调整管工作在开关状态,即调整管工作在饱和和截止状态两种状态。饱和时 U_{ce} 趋近于 0 V,截止时 I_c 趋近于 0 A,故管耗很小,电源效率可提高到(80%~90%)。

(2) 稳压范围宽。交流额定电压为 220 V 的稳压电源,当输入电压从 130~260 V 变化时,都有良好的输出,输出电压变化一般可小于 2%。

(3) 滤波电容容量小。开关式稳压电源中,开关管的开关频率一般为 20 Hz 左右,滤波电容的容量可相对减小。

此外还可以省去电源变压器,因而整个电源的体积小、重量轻、成本低、可靠性和稳定性高,易加各种保护性电路。所以目前广泛应用在计算机、通讯及音像设备中。

7.3.2 开关电路的工作原理

1. 工作原理

开关稳压电路就是把串联型稳压电路的调整管由线性工作状态改为开关工作状态,其工作原理如图 7.3.1 所示。

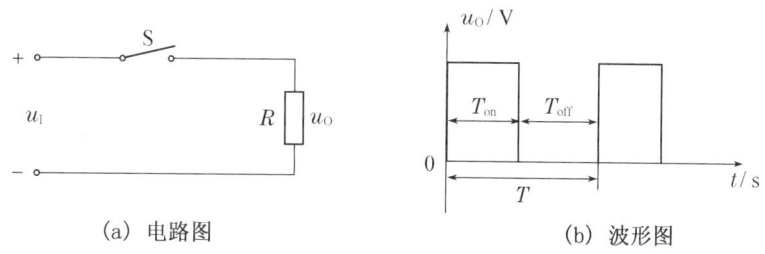

(a) 电路图   (b) 波形图

图 7.3.1 开关稳压电路工作原理图

图中 S 是一个周期性导通和截止的开关,则在输出端可得到一个矩形脉冲的电压,如图 7.3.1(b)所示,设闭合时间为 T_{on},断开时间为 T_{off},则工作周期为 $T=T_{on}+T_{off}$,负载上得到的平均电压为

$$U_O = \frac{U_I \times T_{on} + 0 \times T_{off}}{T_{on} + T_{off}} = \frac{T_{on}}{T} \times U_I \tag{7.3.1}$$

式中,T_{on}/T 称为占空比,用 δ 表示,即在一个通断的周期 T 内,脉冲持续导通时间 T_{on} 与周期 T 之比值。改变占空比的大小就可改变输出电压 U_O 的大小。

2. 串联型与并联型开关稳压电路

串联型开关的电路如图 7.3.2(a)所示。串联型开关电路由开关管 T,储能器(包括电感 L 电容 C 和续流二极管 D)即控制器组成。控制器可使 T 处于开/关状态并可稳定电压。当 T 饱和导通时,由于电感 L 的存在,流过 T 的电流线性增加,线性增加的电流给负载 R_L 供电的同时也能让 L 储能(L 上产生左"正"右"负"的感应电动势),D 截止。

当 T 截止时,由于电感 L 中的电流不能突变(L 中产生左"负"右"正"的感应电动势),D 导通,于是储存在电感上的能量逐渐释放并提供给负载,使负载继续有电流通过,因而 D 为续流二极管。电容 C 起滤波作用,当电感 L 中电流逐渐增大或减小时,电容储存过剩电荷或补充负载中缺少的电荷,从而减少输出电压 U_O 的波纹。

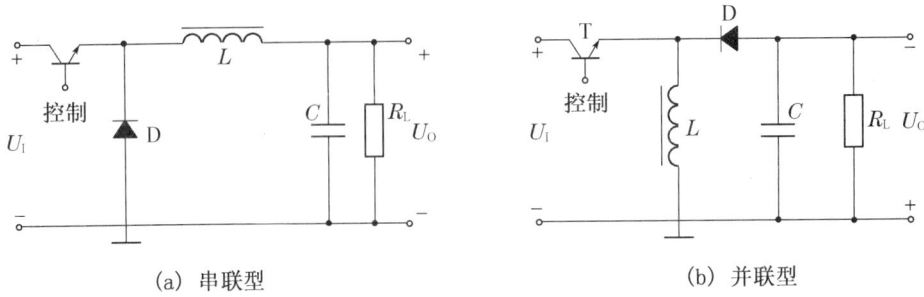

(a) 串联型　　　　　　　　　(b) 并联型

图 7.3.2　开关稳压电源

通过上面分析可以归纳出开关稳压电源的工作原理。调整管导通期间,储能电感储能并由储能电容向负载供电;调整管截止期间,储能电感释放能量对储能电容充电,同时向负载供电。这两个元件还同时具有滤波作用,使输出波形平滑。

如果将储能电感 L 和续流二极管 D 的位置互换,使储能电感 L 与输入电压 U_I 和负载 R_L 并联,就构成了并联型开关稳压电源,如图 7.3.2(b) 所示。它的工作原理与串联型开关稳压电路基本一致。

控制器是开关电源的一个重要组成部分,在图 7.3.3 串联型开关稳压电路中, R_1 和 R_2 组成取样电路,A 为误差放大器,B 为电压比较器,它们与基准电压源、三角波发生器组成开关调整管的控制电路。误差放大器对来自输出端的取样电压 u_F 与基准电压 U_{REF} 的差值进行放大,其输出电压 u_A 送到电压比较器 B 的同相输入端。三角波发生器产生一频率固定的三角波电压 u_T,它决定了电源的开关频率。u_T 送至电压比较器 B 的反相输入端与 u_A 进行比较,当 $u_A > u_T$ 时,电压比较器 B 输出电压 u_B 为高电平,当 $u_A < u_T$ 时,电压比较器 B 输出电压 u_B 为低电平,u_B 控制开关调整管 T 的导通和截止。u_A、u_T、u_B、u_F 的波形如图 7.3.4 所示。

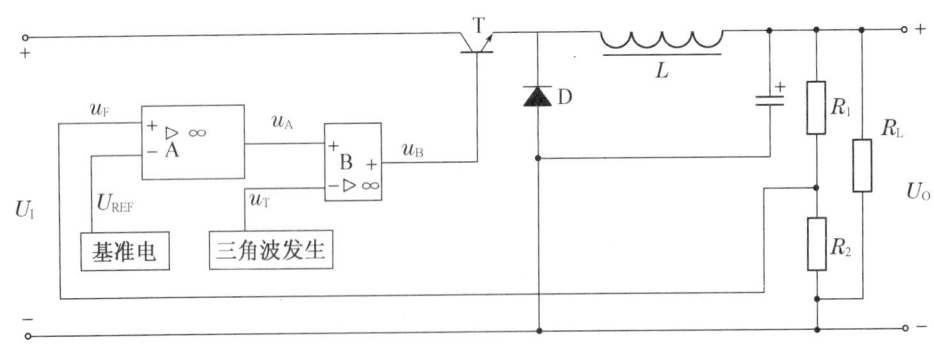

图 7.3.3　典型的串联型开关稳压电路

电压比较器 B 输出电压 u_B 为高电平时,调整管 T 饱和导通,若忽略饱和压降,则 T 导通期间 $u_E \approx U_I$。

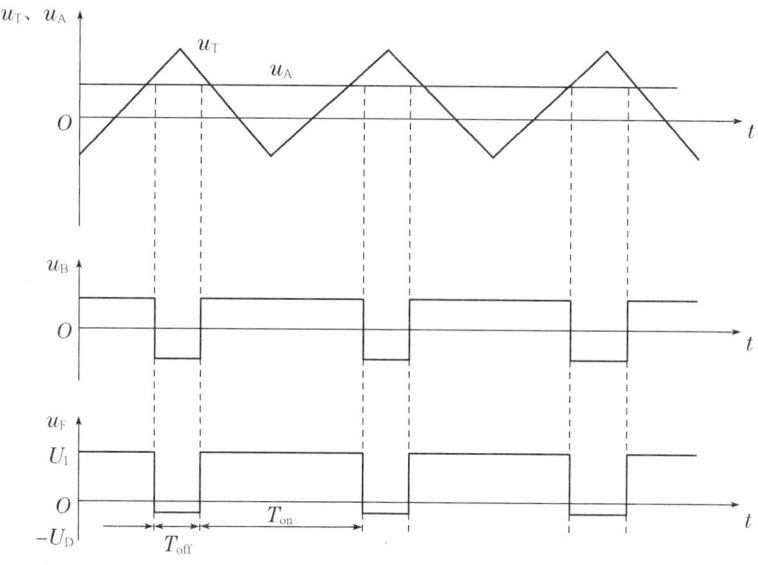

图 7.3.4　开关稳压电源的电压波形

3. 调宽与调频式开关稳压电路

开关式稳压电路是通过自动调节控制器的脉冲宽度,改变占空比,即改变单位时间内开关管(调整管)的导通时间来实现稳压的。调整脉冲宽度的方法有两种,一种是调宽的方法,一种是调频的方法。

(1) 调宽式是在开关周期一定的情况下,改变断开时间 T_{off} 来改变占空比,以获得所需的输出电压。

(2) 调频式是在断开时间 T_{off} 一定的情况下,改变开关周期来改变占空比。

(3) 自激式与他激式开关稳压电路:开关电源按启动方式不同,可分为自激式与他激式两种。自激式开关稳压电路是利用开关管、储能元件等构成一个自激振荡器,来完成电源的启动,使开关稳压电源有直流电压输出。他激式开关稳压电路必须附加一个振荡器,利用振荡器的开关脉冲去触发开关管,完成电源启动。

本章小结

直流稳压电路的作用是将交流电转换为平滑稳定的直流电,一般由电源变压器、整流电路、滤波电路和稳压电路四部分组成。电源变压器是将电源电压变换成整流电路输入所要求的电压值。整流电路是利用二极管的单向导电性将交流电转变为脉动的直流电。单相桥式整流电路是小功率(一般小于 1 kW)整流电路中应用较多的一种,变压器利用率高,输出脉动小。对于要求整流功率较大的或要求输出电压脉动更小的场合,则可采用三相整流电路。滤波电路是利用电抗元件电容、电感的储能作用来减小整流电压的脉动程度,可组成电容滤波、电感滤波及电容电感 π 型滤波。各种滤波电路具有不同特点,适用于不同场合。电容滤波适用于负载电流较小的场合,电感滤波适用于负载变动频繁且电流比较大的场合,而π 型滤波则适用于对滤波要求较高的场合。稳压电路的作用是保持输出直流电压的稳定,使它基本上不受电网电压、负载和环境温度变化的影响。稳压二极管可组成简单的稳压电路,在输出电流不大、输出电压固定、稳定性要求不高的场合应用较多。串联型稳压电路输出电压稳定性较高,且输出电压可调。

集成稳压器具有体积小、重量轻、安装调试方便、可靠性高等优点,是稳压电路的发展方向,当前国内外生产的系列产品已广泛采用。

习 题

7.1 判断下列说法是否正确,用"√"或"×"表示结果并填入空格内。
(1) 整流电路可将正弦电压变为脉动的直流电压。   (   )
(2) 在电容滤波电路中,电容应串联在负载电路中。   (   )
(3) 在单相桥式整流电容滤波电路中,若有一只整流管断开,输出电压平均值将变为原来的一半。   (   )
(4) 线性直流稳压电源中的调整管工作在饱和状态。   (   )
(5) 因为串联型稳压电路中引入了深度负反馈,因此输出电压更加稳定。   (   )
(6) 在稳压管稳压电路中,稳压管的最大稳定电流必须大于最大负载电流。   (   )

7.2 选择合适答案填入空格内。
(1) 整流的目的是(   )。
    A. 将交流变为直流   B. 将高频变为低频   C. 将正弦波变为方波
(2) 在单相桥式整流电路中,若有一只整流管接反,则(   )。
    A. 输出电压约为 $2U_V$
    B. 变为半波整流
    C. 整流管将因电流过大而烧坏
(3) 直流稳压电源中滤波电路的目的是(   )。
    A. 将交流变为直流
    B. 将高频变为低频
    C. 将整流输出电压中的交流成分滤掉
(4) 串联型稳压电源电路中的放大环节所放大的对象是(   )。
    A. 基准电压
    B. 采样电压
    C. 基准电压与采样电压之差

7.3 电路如图 7.1 所示,变压器副边电压有效值为 $2U_2$。
(1) 画出 u_2、u_{V1} 和 u_O 的波形;
(2) 写出输出电压平均值和输出电流平均值的表达式;
(3) 写出二极管的平均电流和所能承受的最大反向电压的表达式。

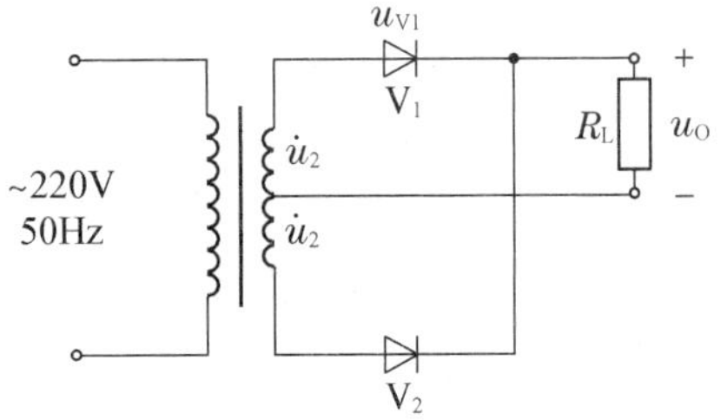

7.4 在图 7.1.3(a)所示的单相桥式整流电路

图 7.1

中,已知 $R_L=125\ \Omega$,直流输出电压为 110 V,试估算电源变压器副边电压的有效值,并选择整流二极管的型号。

7.5 今要求直流输出电压为 24 V,电流为 400 mA,采用单相桥式整流电容滤波电路,已知电源频率为 50 Hz,试选用二极管的型号及合适的滤波电容。

7.6 整流滤波电路如图 7.1.7(a)所示,已知 $U_2=20$ V,$R_L=47\ \Omega$,$C=1\ 000\ \mu$F,现用直流电压表测量输出电压,问下列几种情况时,其 U_o 各为多大?

(1) 正常工作时,$U_o=$ _____;

(2) R_L 断开时,$U_o=$ _____;

(3) C 断开时,$U_o=$ _____;

(4) 有一个二极管因虚焊而断开时,$U_o=$ _____。

7.7 元件排列如图 7.2 所示。试合理连线,构成完整直流稳压电源电路。试简述该电路的工作原理。

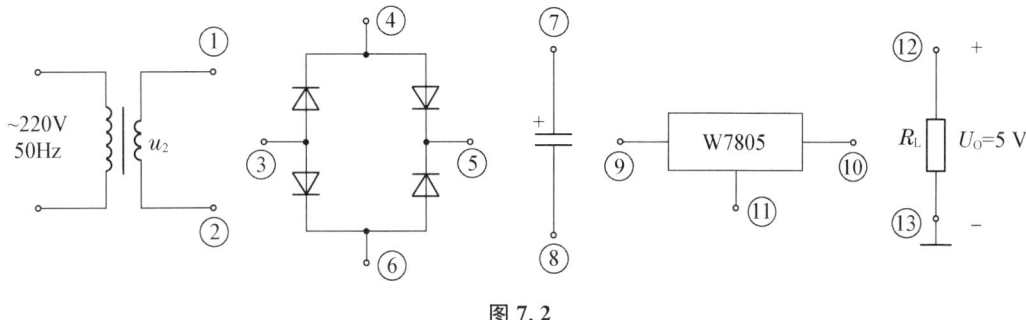

图 7.2

7.8 利用三端集成稳压器 W7805 可以接成图 7.3 所示扩展输出电压的可调电路,$R_1=R_2=R_3$,试求该电路输出电压的调节范围。

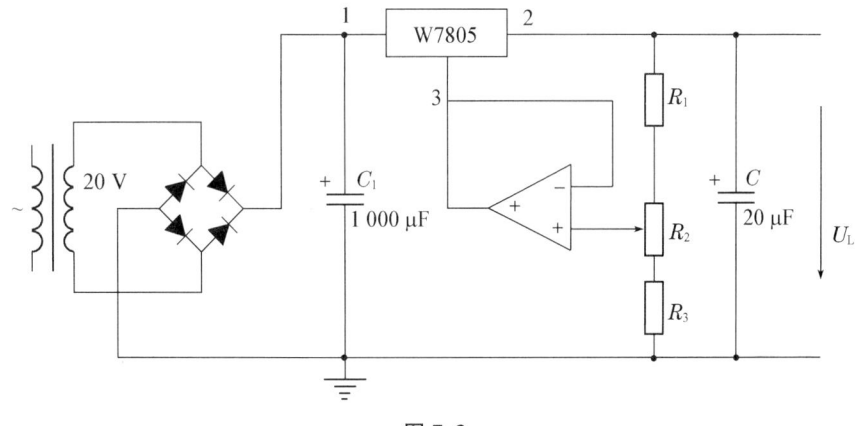

图 7.3

7.9 由集成稳压器 W7812 组成的稳压电源如图 7.4 所示,试求输出端 A、B 对地的电压 U_A 和 U_B,并标出电容 C_1、C_2 的极性。

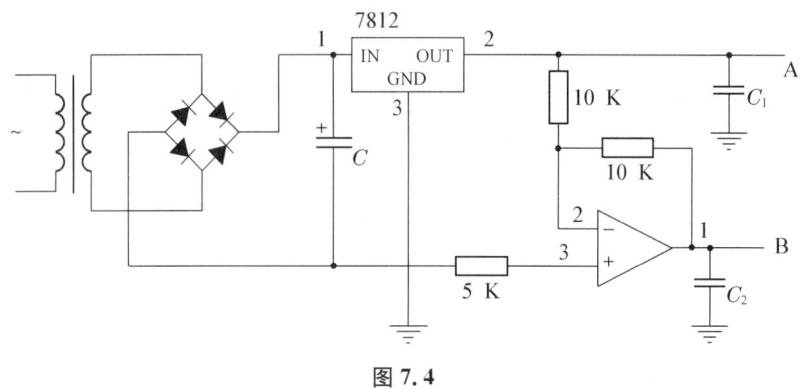

图 7.4

7.10 图 7.5 为三端集成稳压器的应用电路,图(a)为提高输入电压的用法,图(b)为提高输出电压的用法,使说明其工作原理。

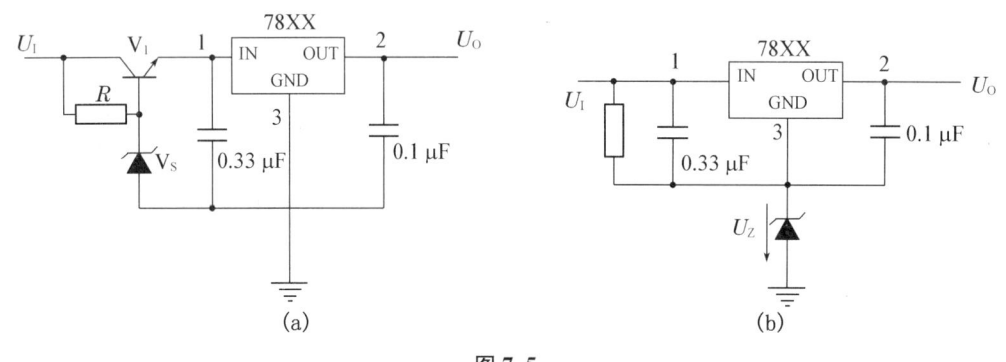

图 7.5

技能训练:直流稳压电源电路测试

一、实验目的
1. 研究单相桥式整流、电容滤波电路的特性。
2. 掌握串联型集成稳压器应用方法。

二、实验设备与器件
1. 可调交流电源　　　　2. 双踪示波器
3. 交流毫伏表　　　　　4. 数字万用表
5. 直流毫安表　　　　　6. 三端稳压器 W7812
7. 桥堆 2W06(或 KBP306)　8. 电阻器、电容器若干

三、实验内容
1. 整流滤波电路测试

按图 T7.1 连接实验电路。取可调工频电源电压为 16 V,作为整流电路输入电压 u_2。

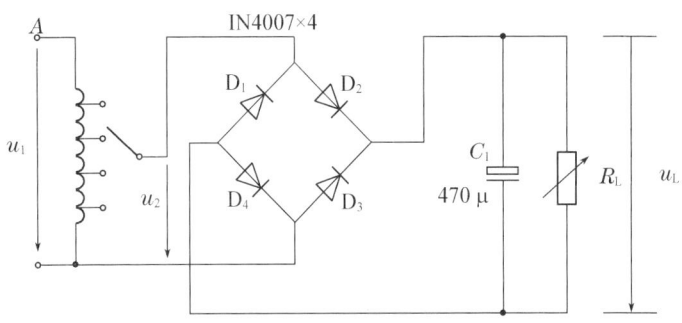

图 T7.1 整流滤波电路

(1) 取 $R_L=240\,\Omega$,不加滤波电容,测量直流输出电压 U_L 及纹波电压 $\widetilde{U}_L$,并用示波器观察 u_2 和 u_L 波形,记入表 T7.1。

(2) 取 $R_L=240\,\Omega$,$C=470\,\mu\text{F}$,重复内容(1)的要求,记入表 T7.1。

表 T7.1　$U_2=16\,\text{V}$

电路形式		$U_L(\text{V})$	$\widetilde{U}_L(\text{V})$	u_L 波形
$R_L=240\,\Omega$				
$R_L=240\,\Omega$ $C=470\,\mu\text{F}$				

2. 串联型集成稳压电源性能测试

本实验所用集成稳压器为三端固定正稳压器 W7812,它的主要参数有:输出直流电压 $U_O=+12\,\text{V}$,输出电流 $L:0.1\,\text{A}$,$M:0.5\,\text{A}$,电压调整率 $10\,\text{mV/V}$,输出电阻 $R_O=0.15\,\Omega$,输入电压 U_I 的范围 15~17 V。因为一般 U_I 要比 U_O 大 3~5 V,才能保证集成稳压器工作在线性区。

图 T7.2 是用三端式稳压器 W7812 构成的单电源电压输出串联型稳压电源的实验电路图。其中整流部分采用了由四个二极管组成的桥式整流器成品(又称桥堆),型号为 2W06(或 KBP306),内部接线和外部管脚引线如图 T7.3 所示。滤波电容 C_1、C_2 一般选取几百至几千微法。当稳压器距离整流滤波电路比较远时,在输入端必须接入电容器 C_3(数值为 $0.33\,\mu\text{F}$),以抵消线路的电感效应,防止产生自激振荡。输出端电容 C_4($0.1\,\mu\text{F}$)用以滤除输出端的高频信号,改善电路的暂态响应。

(1) 测试输出直流电压值;
(2) 测量输出纹波电压。

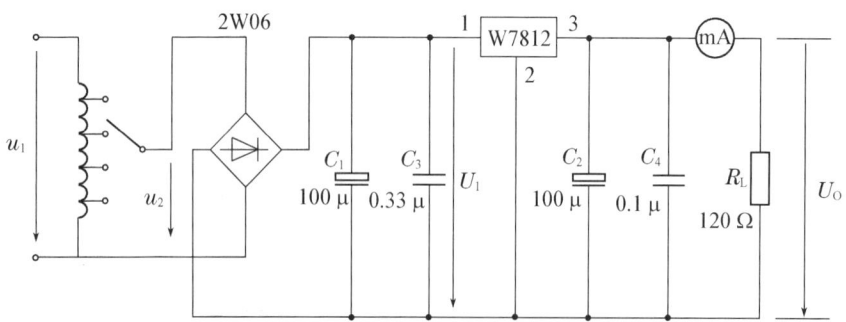

图 T7.2 由 W7812 构成的串联型稳压电源

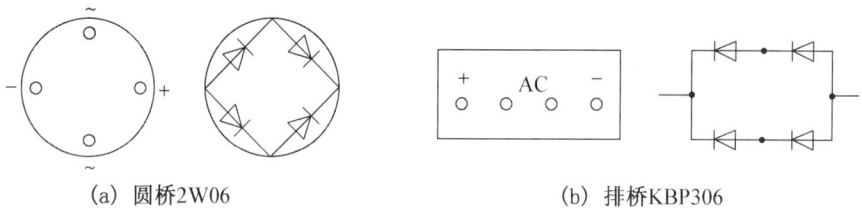

(a) 圆桥2W06　　　　　　　　(b) 排桥KBP306

图 T7.3 桥堆管脚图

四、实验总结

1. 整理实验数据,并进行分析。
2. 讨论实验中发生的问题及解决办法。

Multisim 仿真

下图是输出电压可调的直流稳压电源电路,由变压、整流、滤波、稳压等四部分组成。

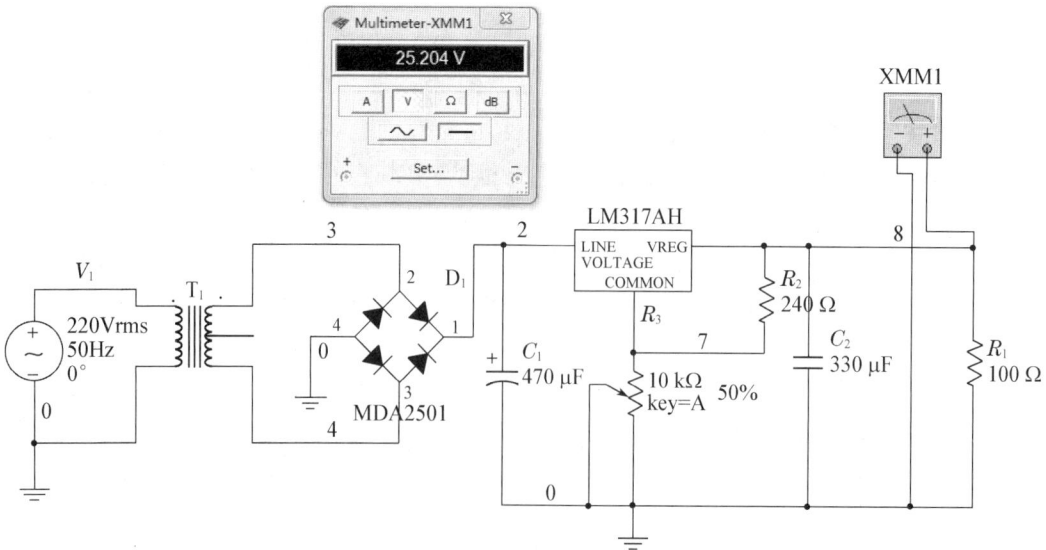

图 M7.1 直流稳压电源电路

第8章 模拟电子电路的读图

在电子产品的设计、维修、改进工作中,常常是先研究它的电路原理图。只有对它的电路图有了正确理解之后,才能提出相应方案,开展一系列的技术工作。因此,电子读图不仅是电子技术中一项基本的要求,而且是每个从事电子技术工作人员必要的基本技能。

读图的过程是综合运用知识的过程,也是分析问题、解决问题的过程。要熟练地阅读电子电路,首先要正确理解各种基本电路的组成及工作原理;其次要掌握电路的结构规律和分析方法。初学者见到实际电路图往往会感到错综复杂、无从下手。这主要是缺乏综合运用知识的能力和缺乏读图练习。因此,经过反复的练习和实践经验的积累,读图能力一定会得到逐步的提高。

8.1 电子技术电路读图的一般方法

电子电路图是以图形符号表示实际器件、以连线表示导线所形成的一个具有特性、功能和用途的电子线路原理图。电子电路图主要包括两部分内容,一是该电路是由哪些元件所组成的,它们的型号和参数是什么;二是该电路具有哪些功能及其性能指标。

电子电路读图的一般步骤:

1. 了解电路的用途和功能

读图时,首先应当了解该电路(或电气设备)的用途、电路的功能、工作原理、指标估算等。这样才能明白电路的设计思想和总体结构,才能把电路与已经学过的基本电路联系起来,才能运用已经掌握了的理论知识和方法去分析和理解要阅读的电路。

2. 由浅入深,由表及里地逐步分析

任何复杂电路,都是由简单的基本电路阻成的。在模拟电子电路中,电路的结构有其规律性。一般都可以分为:输入电路、中间电路、输出电路、电源电路、附属电路等几大部分。每一部分又可以分解为几个基本的单元电路。可以用方框图的方法对整机电路进行分解,把电路分解为几个组成方块,画出它们之间的联系。有些细节一时不能理解,可留待后面仔细研究。

沿着信号的主要通路,将总电路划分为若干个单一功能电路,然后对每一个单元电路进行分析,了解各个元件和部件的作用、性能、特点以及该单元电路的功能。

1) 沿着通路,画出框图

沿着信号的流向,将各功能块用相应的框图表示,作出电路的总框图;同时简要表达各基本单元电路或功能块之间的相互联系以及总电路的结构和功能。

2) 定量估算,了解指标

如若需要,可对电路各部分的性能指标进行定量计算,以便掌握整个电路的技术要求,为调试和维护电路打下基础。

3. 整体分析

将各单元电路的功能进行综合,找出它们之间的分工和联系,从整体电路的输入端到输出端,分析信号在各级电路中的传递和变化,从而在整体上掌握电路的功能和工作原理。

在实际的电路中,各个部分之间的联系往往比较复杂,尤其是存在着复杂的连接和各种功能转换,使人眼花缭乱。这也是读图的难点和关键。可以采用简化的方法,即先找出主要的联系和主要的转换方式,或者先找出一种工作状态下的电路之间的联系,进行分析,依此类推,问题就迎刃而解。同时,要查阅有关资料文献,应用对比分析的方法去弄懂各部分的原理,要不断地扩充和更新自己的理论知识,积累经验,不断地提高电路的阅读能力。

8.2 电子电路读图示例

8.2.1 实用的 OCL 互补对称功率放大电路

一个实用的功率放大电路如图 8.2.1 所示。

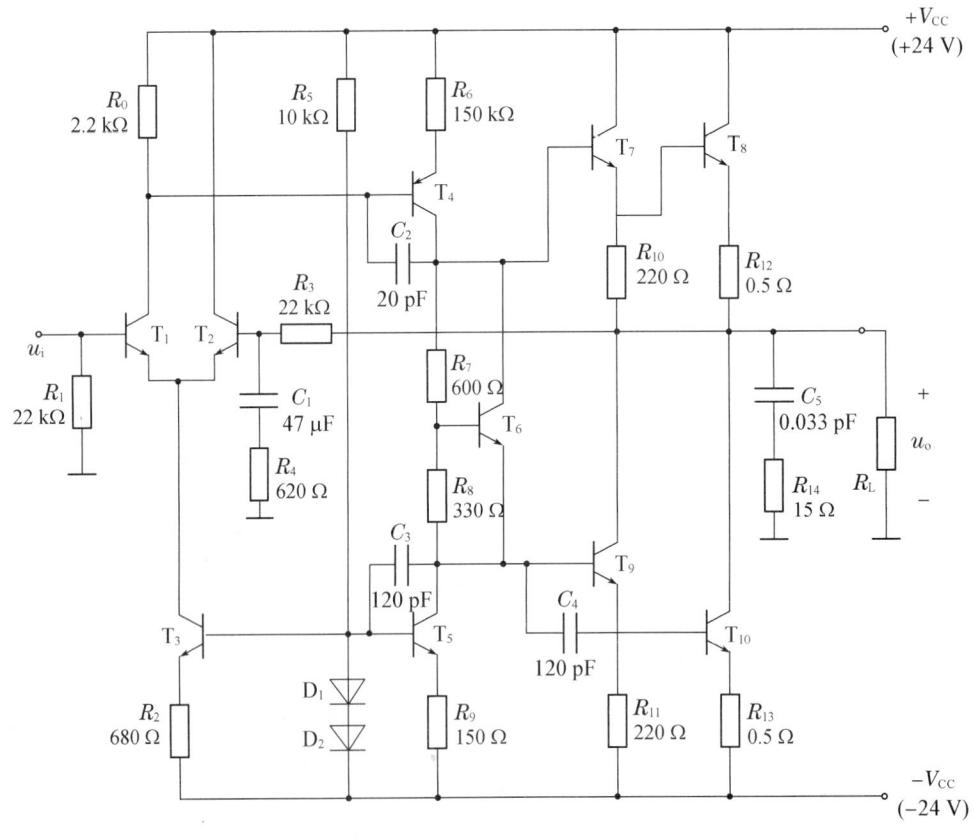

图 8.2.1　OCL 互补对称功率放大电路

1. 电路组成

1) 输入级

输入级由带恒流源的差分放大电路($T_1 \sim T_3$)组成,采取单端输入单端输出的工作方式。本级不仅有一定的电压放大作用,而且具有抑制零点漂移的能力。

2) 中间级

中间级由 T_4 共射电路组成。它具有足够的输出电压幅度,同时还要具有一定的输出电流。

3) 输出级

输出级由 $T_7 \sim T_{10}$ 组成的 OCL 复合互补对称功率放大电路组成。

4) 偏置电路

R_5 和 D_1、D_2 组成基准电压,并分别与 T_3、T_5 组成恒流源。T_3 为输入级提供静态电流,T_5 是共射级放大电路(T_4)的集电极有源负载。T_6、R_7、R_8 组成 U_{BE} 扩大电路,为输出($T_7 \sim T_{10}$)提供偏置。

此外,为了保证电路稳定工作,电路接有补偿电容 C_2、C_3 和 C_4,以消除高频振荡。为了稳定静态工作点,由 R_3 引入直流负反馈。为了改善放大电路的动态性能,由 R_3、C_1 和 R_4 引入交流电压串联负反馈。

为了进一步提高工作的稳定性,T_8 和 T_{10} 的发射极都接有 0.5 Ω 的发射极电阻,以获得电流负反馈。因为输出级电流比较大,R_{12}、R_{13} 不能太大,否则将形成过大压降而使输出电压幅度减小。

由于 R_L 常是感性负载,输出端接有 C_5、R_{14} 网络,可使负载接近于纯电阻。

2. 主要技术指标的估算

1) 最大输出功率

设 T_8、T_{10} 的饱和压降为 1 V,R_{12}、R_{13} 的压降也为 1 V。负载 $R_L=8$ Ω,则正、负向最大输出幅度约为 24 V−1 V−1 V=22 V,因此

$$P_{om} = \frac{1}{2} \times \frac{(22\ \text{V})^2}{8\ \Omega} \approx 30\ \text{W}$$

这时最大输出电压有效值为

$$U_o = \frac{22\ \text{V}}{\sqrt{2}} \approx 15.6\ \text{V}$$

2) 电压放大倍数

在深度负反馈条件下,有

$$A_{uf} = \frac{R_3 + R_4}{R_4} = \frac{22 + 0.62}{0.62} \approx 36.5$$

8.2.2 振荡电路的应用

一、接近开关电路

接近开关常常用来控制移动距离,转移角度,测量转动速度和计数等。当一块大约 20 mm 宽,30 mm 长的金属板(铝板,铁板,钢板均可)靠近这个开关时,电路会发出一个脉冲信号。因为金属板只需接近开关,两者无须接触开关,所以这种电路成为无触点接近开关。其核心电路就是正弦波振荡电路。其原理图如图 8.2.2 所示。

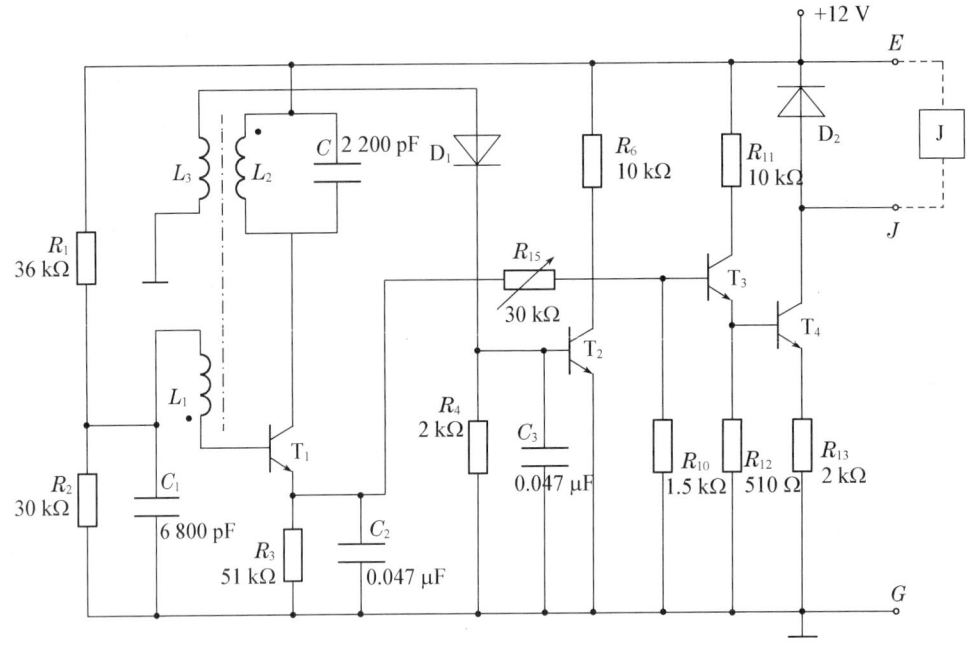

图 8.2.2　接近开关电路原理图

1. 电路组成

T_1 和 LC 回路组成变压器反馈式高频振荡电路。R_1，R_2 给 T_1 提供直流偏压。L_1 是反馈绕组，L_3 是输出绕组，C_1、C_2 是旁路电容。

D_1 和 R_4 组成整流电路，它的作用是将振荡器输出的交流信号变成直流信号。

T_2 和 T_3 组成直流放大电路。T_4 为功率放大电路。D_2 是继电器 J 的保护二极管。

2. 工作原理

在金属片未靠近这个开关（即未接近电路的振荡变压器）时，振荡器维持振荡，耦合到 L_3 的信号经二极管整流，加到 T_2 的基极，由 T_2 和 T_3 进行直流放大，T_4 进行功率放大，从 J 端输出。此时，J 端高电位，继电器 J 中无电流。而当金属片靠近振荡线圈时，金属片吸收振荡能量，感生涡流，削弱了 L_1 和 L_2 之间的耦合，使振荡器停止振荡，L_3 没有感应电压，T_2 截止，T_2 的集电极电位接近于电源电压，使 T_3，T_4 饱和导通，继电器 J 得电，其触电动作，推动执行机构。

二、感应开关电路

上面介绍的接近开关，其传感部分是构成振荡器的变压器线圈。振荡器平时处于振荡状态。而金属片接近变压器时，振荡器停振，产生输出信号。下面介绍的感应开关电路，其传感器部分是构成振荡器电容一部分的感应板。平时振荡器处于振荡工作状态。当手接近或触及感应板（或传感导线，感应触电）时，这种操作影响了电容量，使振荡器停振，从而产生输出信号。其电路原理图如图 8.2.3 所示。

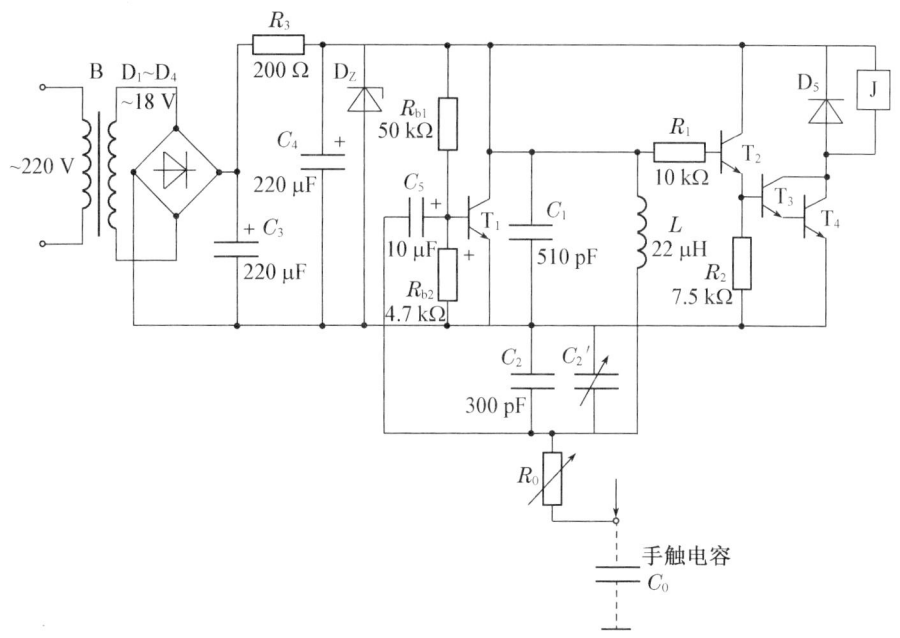

图 8.2.3 感应开关电路原理图

1. 电路组成

变压器 B 和 $D_1 \sim D_4$ 组成整流电路，R_3 和 C_3、C_4 组成 π 型滤波电路，同时 R_3 和 D_Z 组成简单稳压电路。

T_1 和 L、C_1、C_2 组成电容三点式振荡器。

T_2 是射极输出器，作为隔离级。T_3、T_4 用于功率放大。

2. 工作原理

适当选择 C_1 和 C_2 的比值，使电路满足振荡条件而产生自激振荡。在人手未触及或未接近感应板时，电路维持振荡工作状态，而当人手靠近及接触感应板时，形成电容 C_0，使 C_1 和 C_2 的比值发生变化，导致振荡减弱，甚至停振。这时 T_1 集电极电位升高，经射极输出器 T_2 使复合管 T_3，T_4 导通，继电器 J 吸动，其接点去操纵执行机构。例如人手靠近洗手池时，水龙头自动出水；人手进入冲床危险区时，冲床自动停车；人手进入电锯、电刨危险区时，电锯、电刨自动停止工作，保护人身安全；人走近门前时，自动开门，人离去时，自动关门；老鼠靠近感应板时，老鼠被捕杀等。只要用继电器触点去控制某些精巧的伺服执行机构，就可以做成具有各种特殊功能的自动装置。

8.2.3 远距离无线话筒电路

现在，在舞台上、在会场上的表演者经常手拿无线话筒。这种无线话筒配合收音机，可在 1 km 范围以内得到良好的接收效果。下面介绍的远距离无线话筒电路就是其中一种。其中的原理图如图 8.2.4 所示。

MIC 是一个高灵敏度的驻极体话筒，其外形和内部结构如图 8.2.5 所示。它是利用驻极体材料制成的新型电容式传声器，作为本电路的第一级。R_1 和 R_2 给驻极体话筒提供偏压。

话筒将话音变成电信号以后,该信号经 C_1 耦合到 T_1 进行放大。T_2 组成射极输出器,作为缓冲级,以减轻 T_1 放大级的负载;T_3 组成共射极电路,有较高的电压增益;T_4 和 L_1、L_2、C_8、C_9 和 C_{10} 构成高频振荡电路,话音信号经 T_1、T_2、T_3 放大后,经 C_5 耦合到高频振荡电路的 T_4 的基极,随着话音信号强弱的不同而改变 T_4 集电极电流的大小,从而改变电路的振荡频率。这在无线电工程中称为调频电路。调频信号经天线发送。

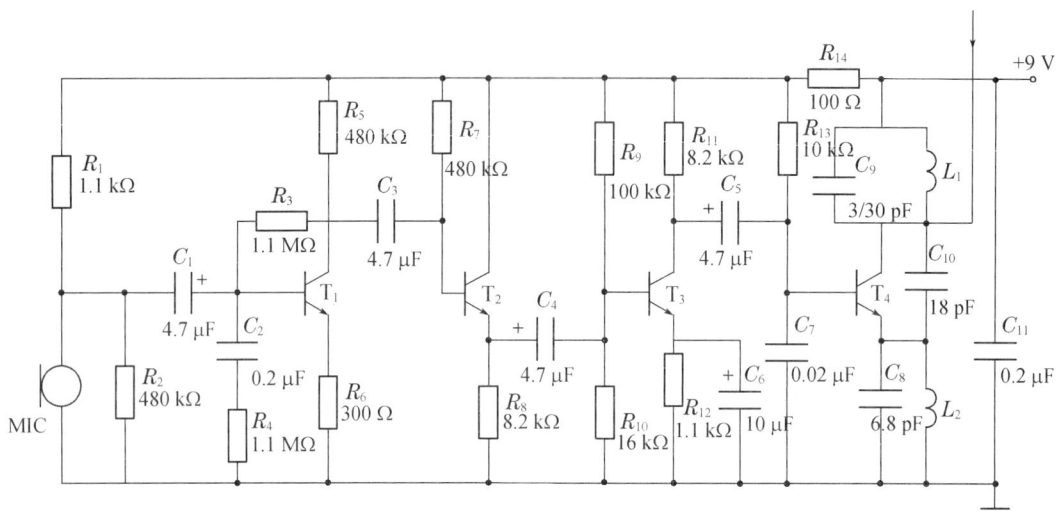

图 8.2.4 远距离无线话筒电路

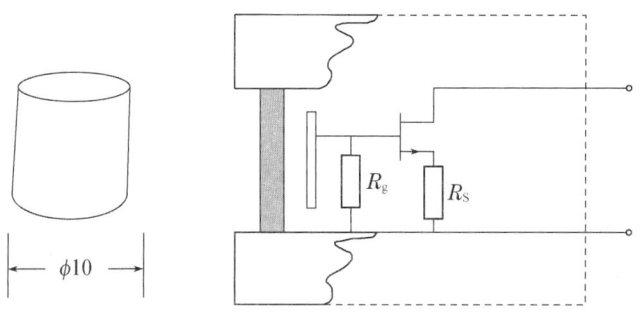

图 8.2.5 驻极体话筒外形和内部结构

8.2.4 自动路灯控制电路

自动路灯控制电路如图 8.2.6 所示。

由 Tr 变压器、$D_1 \sim D_4$ 整流器和 C_1 滤波器组成滤波电路,经 7812 集成稳压器稳压后,给控制电路一个稳定的直流电压。C_2 是为了进一步滤掉直流电源的纹波,提高直流电源的稳定性,保证控制器的精度。

白天,R_g 光敏电阻在光照下阻值很小,因此,T_1 饱和导通,T_2 截止,T_3 导通,T_4 截止,路灯不亮;黄昏时,R_g 光敏电阻阻值变大,使 T_1 截止,T_2 导通,T_3 截止,T_4 导通,继电器 J 吸合,EL 点亮。

总之,电路可在黄昏时自动接通路灯,黎明时自动关闭路灯,实现路灯开、关的自动控制。

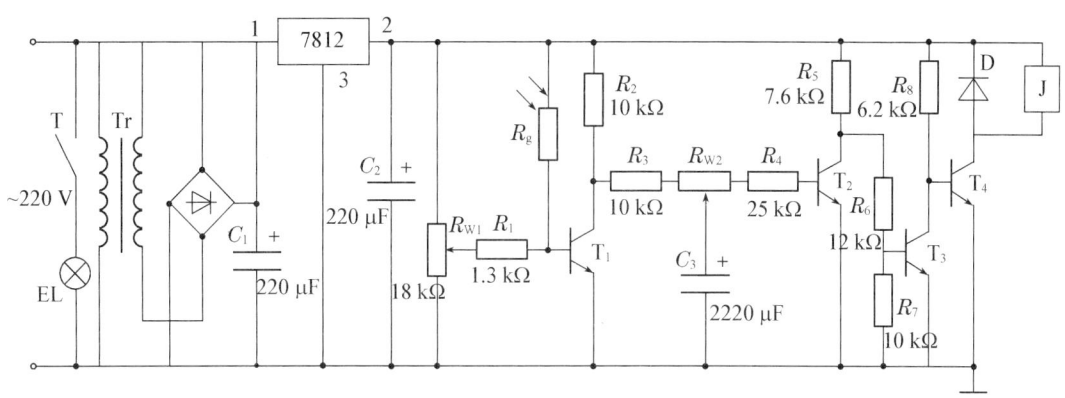

图 8.2.6　自动路灯控制电路

习　题

8.1　图 8.1 所示为实现模拟计算的电路,试简述其电路原理。

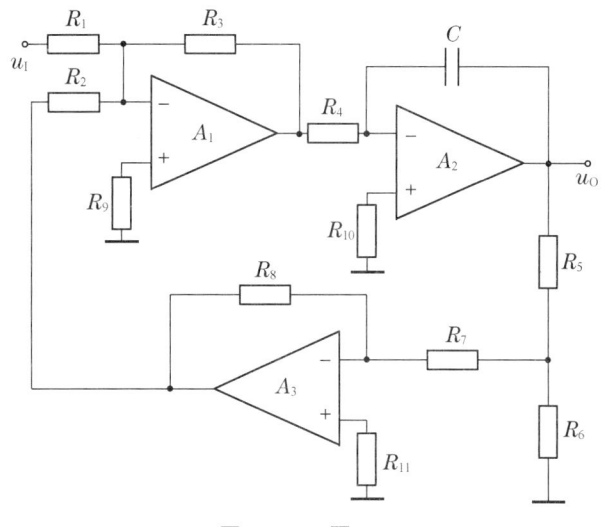

图 8.1　习题 8.1

8.2　图 8.2 所示为反馈式稳幅电路,其功能是:当输入电压变化时,输出电压基本不变。主要技术指标为:输入电压波动 20% 时,输出电压波动小于 0.1%;输入信号频率从 50～2 000 Hz 变化时,输出电压波动小于 0.1%;负载电阻从 10 kΩ 变为 5 kΩ 时,输出电压波动小于 0.1%。要求:

(1) 以每个集成运放为核心器件,说明各部分电路的功能;
(2) 用方框图表明各部分电路之间的相互关系;
(3) 简述电路的工作原理。

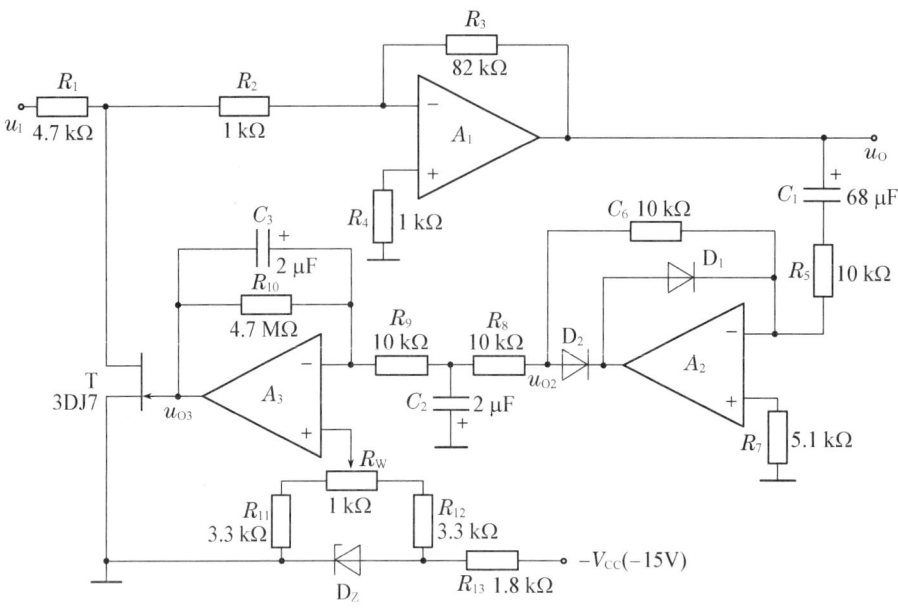

图 8.2　习题 8.2

8.3　直流稳压电源如图 8.3 所示。

(1) 用方框图描述电路各部分的功能及相互之间的关系；

(2) 已知 W117 的输出端和调整端之间的电压为 1.25 V，3 端电流可忽略不计，求解输出电压 U_{O1} 和 U_{O2} 的调节范围，并说明为什么称该电源为"跟踪电源"？

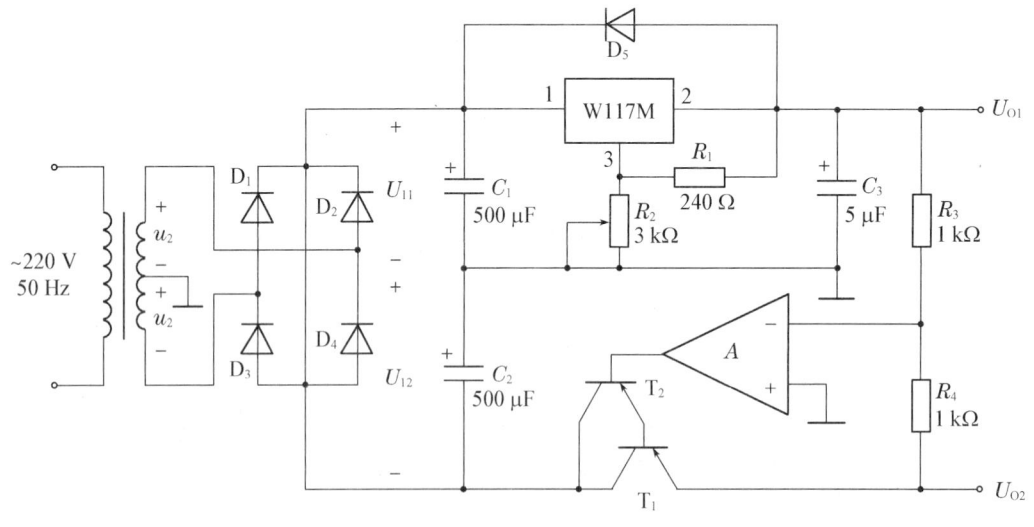

图 8.3　习题 8.3

测试 1

一、填空题(3分×13)

1. PN结由_____运动而形成,具有_____特性。
2. 双极型三极管是_____控制器件,当其工作在饱和区时,发射结需要加_____偏置,集电结需要加_____偏置。
3. 多级放大器的极间耦合形式有三种,分别是_____耦合、_____耦合和_____耦合。
4. 直接耦合多级放大电路存在的主要问题是_____,常采用_____来消除。
5. 理想集成运放的条件是_____,其处于线性工作区时的结论是_____。
6. 射极输出器具有_____恒小于1,接近于1,并具有_____高和_____低的特点。
7. 串联型稳压电路由_____四个环节组成。
8. 测得三极管的电流大小、方向如图1所示,试在图中标出各引脚,并确定管子的类型。

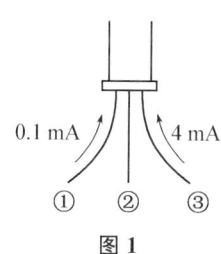

图1

9. 乙类OCL功率放大电路会产生_____失真,可用_____电路消除。
10. 一个放大电路若要稳定输出电流增大输入电阻,应引入_____负反馈。
11. 产生稳定的正弦波信号电路组成有_____。
12. 场效应管是_____控制器件,可分为_____两种类型。
13. 负反馈的作用有_____。

二、1. 如图2所示,已知$E=5$ V,$u_i=10\sin\omega t$ V,试画出输出电压u_o的波形并指出二极管导通、截止的条件,二极管的正向导通电压降可忽略不计。(6分)

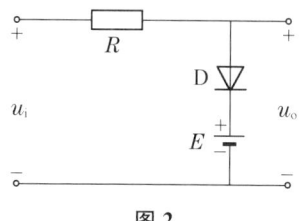

图2

2. 放大电路中为何设立静态工作点？静态工作点的高、低对电路有何影响？（5分）

三、判断图 3 所示电路的反馈极性及反馈类型，并在图中标出。（6分）

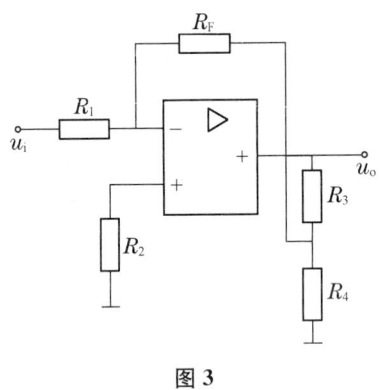

图 3

四、如图 4 所示的分压式偏置放大电路中，$\beta=60$，$U_{BEQ}=0.7\text{ V}$。（12分）
（1）估算放大器的静态工作点；
（2）画出微变等效电路；
（3）估算电压放大倍数、输入电阻和输出电阻。
（4）如 C_E 断开，对电压放大倍数、输入电阻和输出电阻影响（写增大、减小或不变）。

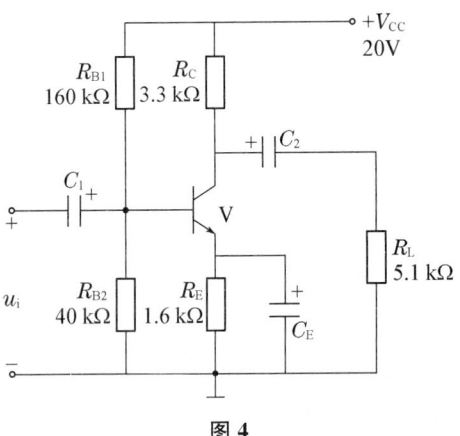

图 4

五、 整流滤波电路如图 5 所示，已知 $U_2=20$ V，$R_L=50$ Ω，$C=1\,000$ μF，现用直流电压表测量输出电压，问下列几种情况时，其 U_o 各为多大？（12 分）

（1）正常工作时，$U_o=$ _____ ；

（2）R_L 断开时，$U_o=$ _____ ；

（3）C 断开时，$U_o=$ _____ ；

（4）有一个二极管因虚焊而断开时，$U_o=$ _____ 。

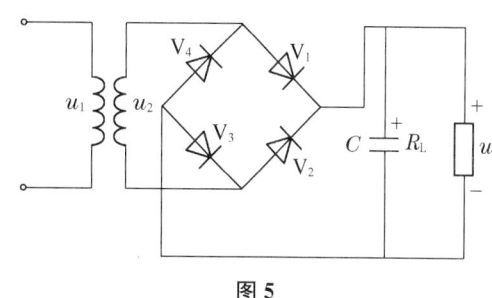

图 5

六、 如图 6 所示电路中，已知电阻 $R_f=4R_1$，输入电压 $U_i=10$ mV，求输出电压 U_o，并指出第一级放大电路的类型。（10 分）

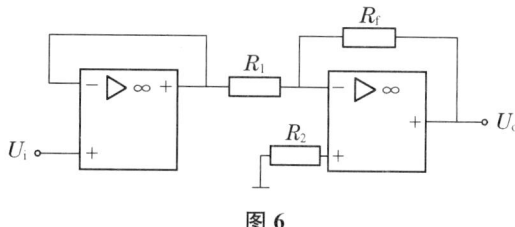

图 6

七、 电路如图 7 所示，$U_{i1}=1$ V，$U_{i2}=2$ V，求 U_o 的值。（10 分）

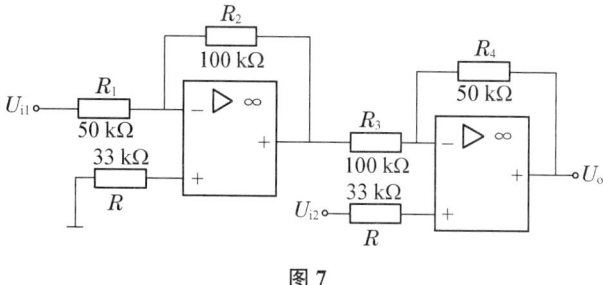

图 7

测 试 2

一、填空题(1分×20)

1. 稳压管是一种特殊的二极管,它工作在_____状态。

2. 甲类、乙类和甲乙类放大电路中,_____电路导通角最大;_____电路效率较高;_____电路交越失真最大,为了消除交越失真而又有较高的效率,一般电路_____。

3. 双极型三极管是_____控制器件,当其工作在放大区时发射结需要加_____偏置,集电结需要加_____偏置。场效应管是_____控制器件。

4. 在双端输入、单端输出的差动放大电路中,发射极 R_e 公共电阻对_____信号的放大作用无影响,对_____信号具有抑制作用。差动放大器的共模抑制比 K_{CMR} =_____。

5. 直接耦合放大电路存在_____现象。

6. 如图1所示电路,要求达到以下效果,应该引入什么反馈?

(1) 希望提高从 b_1 端看进去的输入电阻,接 R_f 从_____到_____;

(2) 希望输出端接上负载 R_L 后,U_o(在给定 U_i 情况下的交流电压有效值)基本不变,接 R_f 从_____到_____;(用 A~F 的字符表示连接点)。

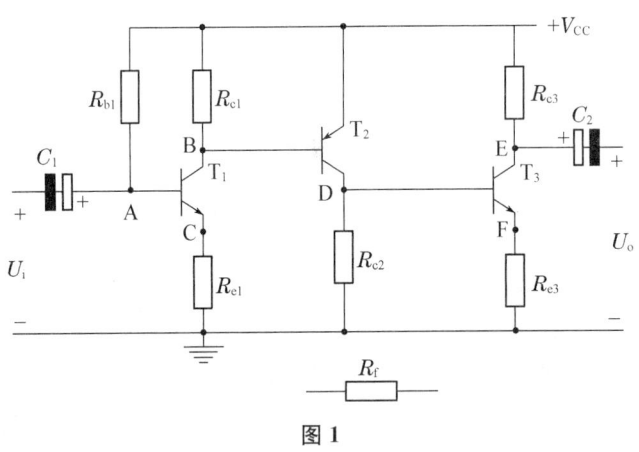

图 1

7. 如图2所示的功率放大电路处于_____类工作状态;其静态损耗为_____;电路的最大输出功率为_____;每个晶体管的管耗为最大输出功率的_____倍。

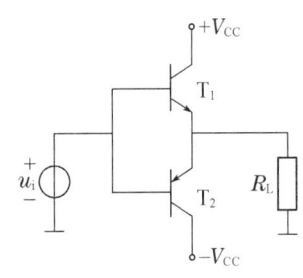

图 2

二、判断下列说法是否正确,用"×"或"√"表示判断结果。(1分×10)

(1) 在运算电路中,同相输入端和反相输入端均为"虚地"。　　　　　(　　)
(2) 电压负反馈稳定输出电压,电流负反馈稳定输出电流。　　　　　(　　)
(3) 使输入量减小的反馈是负反馈,否则为正反馈。　　　　　　　　(　　)
(4) 产生零点漂移的原因主要是晶体管参数受温度的影响。　　　　　(　　)
(5) 利用两只NPN型管构成的复合管只能等效为NPN型管。　　　　(　　)
(6) 本征半导体温度升高后两种载流子浓度仍然相等。　　　　　　　(　　)
(7) 未加外部电压时,PN结中电流从P区流向N区。　　　　　　　　(　　)
(8) 集成运放在开环情况下一定工作在非线性区。　　　　　　　　　(　　)
(9) 只要引入正反馈,电路就会产生正弦波振荡。　　　　　　　　　(　　)
(10) 直流稳压电源中的滤波电路是低通滤波电路。　　　　　　　　　(　　)

三、选择填空(每空1分×10)

(1) 为了减小输出电阻,应在放大电路中引入_____;为了稳定静态工作点,应在放大电路中引入_____。

　　A. 电流负反馈　　　　　　　　B. 电压负反馈
　　C. 直流负反馈　　　　　　　　D. 交流负反馈

(2) RC串并联网络在 $f=f_0=\dfrac{1}{2\pi RC}$ 时呈_____。

　　A. 感性　　　　　　　　　　　B. 阻性
　　C. 容性　　　　　　　　　　　D. 不定

(3) 通用型集成运放的输入级多采用_____。

　　A. 共基接法　　　　　　　　　B. 共集接法
　　C. 共射接法　　　　　　　　　D. 差分接法

(4) 两个 β 相同的晶体管组成复合管后,其电流放大系数约为_____。

　　A. β　　　　　　　　　　　　B. β^2
　　C. 2β　　　　　　　　　　　D. $1+\beta$

(5) 以下三种电路中输出电阻最小的电路是_____;既能放大电流,又能放大电压的电路是_____。

　　A. 共基放大电路　　　　　　　B. 共集放大电路
　　C. 共射放大电路

(6) 当NPN型晶体管工作在放大区时,各极电位关系为 u_C _____ u_B _____ u_E。

　　A. $>$　　　　　　　　　　　　B. $<$
　　C. $=$　　　　　　　　　　　　D. $\leqslant$

(7) 硅二极管的正向导通压降比锗二极管的_____。

　　A. 大　　　　　　　　　　　　B. 小
　　C. 相等

四、综合题（共 60 分）

1. 如图 3 所示电路中二极管为理想二极管（正向导通电压 0.7 V），请判断它是否导通，并求出 u_O。（每图 5 分，共 10 分）

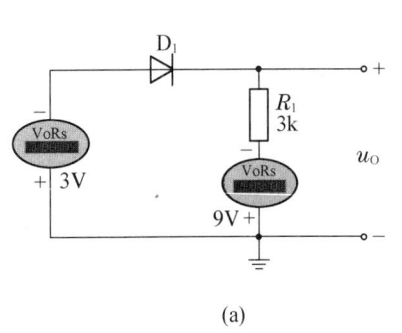
(a)

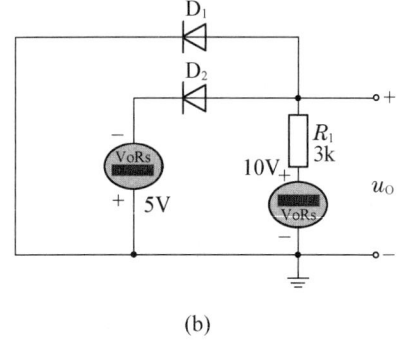
(b)

图 3

2. 如图 4 所示电路中 D 为理想元件，已知 $u_i = 5\sin\omega t$ V，试对应 u_i 画出 u_o 的波形图。（10 分）

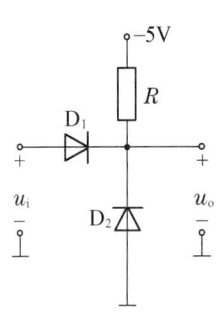

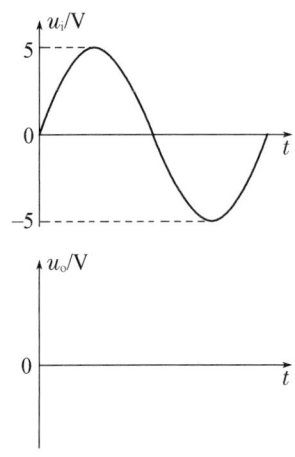

图 4

3. 图 5 中 $\beta = 30$，$r_{be} = 1\ k\Omega$，$R_b = 300\ k\Omega$，$R_c = R_L = 5\ k\Omega$，$R_e = 2\ k\Omega$，$U_{BE} = 0.7$ V，$V_{CC} = 24$ V。（15 分）

(1) 计算电路的静态工作点；
(2) 画出该电路的微变等效电路；
(3) 计算 A_u、R_i、R_o。

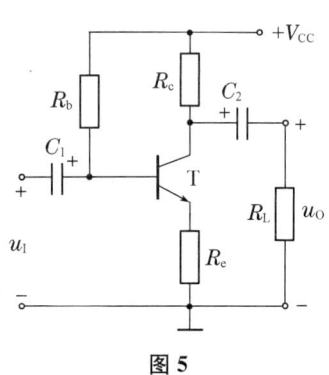

图 5

4. 读图并按要求完成：

(1) 判断图 6 电路中整体反馈的反馈组态，求 $\dot{U}_o$ 的表达式。请写出步骤，并化简。（7 分）

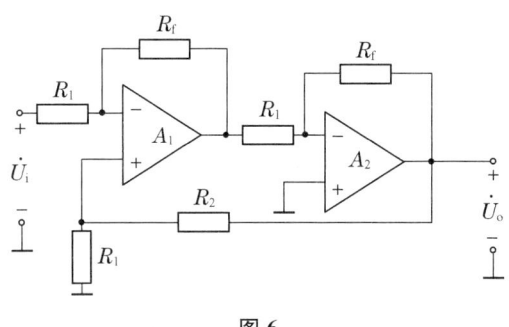

图 6

(2) 运算电路如图 7 所示，设各集成运放均具有理想特性，试求各电路输出电压 u_o 的大小或表达式。请写出步骤，否则结果出错不能得分。（10 分）

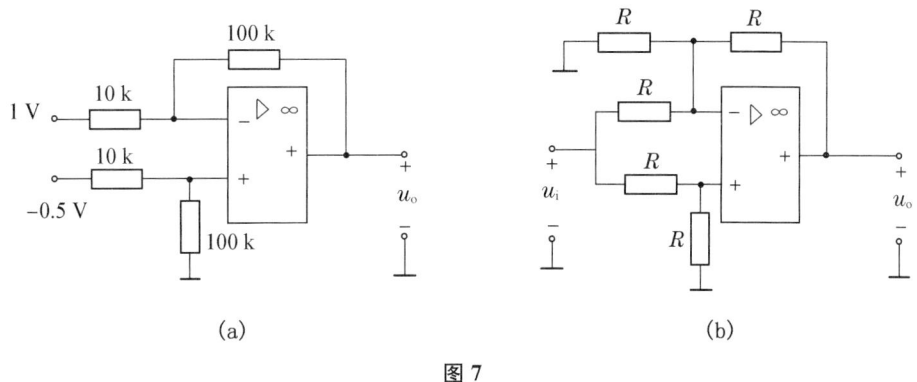

(a)　　　　　　　　　　　　(b)

图 7

5. 试从市电电源出发，设计一套 5 V 直流稳压电源，画出主要结构图，并标明个环节功能及电压波形图。（8 分）

测 试 3

一、填空题(1 分×35)

1. 本征半导体掺入微量的五价元素,则形成_____型半导体,其多子为_____,少子为_____。
2. 整流电路是利用二极管的_____性,将交流电变为单向脉动的直流电。稳压二极管是利用二极管的_____特性实现稳压的。
3. 三极管的输出特性曲线通常分为三个区域,分别是_____、_____、_____。
4. 三极管电流放大系数 β 反映了放大电路中_____极电流对_____极电流的控制能力。
5. 根据三极管导通时间的不同对放大电路进行分类,在输入信号的整个周期内,三极管都导通的称为_____类放大电路;只有半个周期导通的称为_____类放大电路;有半个多周期导通的称为_____类放大电路。
6. 正弦波振荡电路的振幅平衡条件是_____,相位平衡条件是_____。
7. 差动放大电路具有电路结构_____的特点,因此具有很强的_____零点漂移的能力。它能放大_____模信号,而抑制_____模信号。
8. 集成运放的两输入端分别称为_____端和_____端,前者的极性与输出端_____,后者的极性与输出端_____。
9. 理想集成运放工作在线性状态时,两输入端电压近似_____,称为_____;输入电流近似为_____,称为_____。
10. 放大电路中为了提高输入电阻应引入_____反馈,为了降低输入电阻应引入_____反馈。
11. 在运算放大器电路中,比例运算电路、加法运算电路、减法运算电路等工作在集成运放的_____区,电压比较器工作在集成运放的_____区。
12. 直流稳压电源应有 4 个组成部分:_____、_____、_____、_____。

二、判断题(1 分×10)

1. 双极型三极管由两个 PN 结构成,因此可以用两个二极管背靠背相连构成一个三极管。( )
2. 放大电路只要静态工作点合理,就可以放大电压信号。( )
3. 场效应管三个电极 g、d、s 分别和双极型三极管 c、e、b 相对应。( )
4. 只有直接耦合的放大电路中三极管的参数才随温度而变化,电容耦合的放大电路中三极管的参数不随温度而变化,因此只有直接耦合放大电路存在零点漂移。( )
5. 差分放大电路中,两管公共发射极电阻 R_E 对共模信号有很强的负反馈作用。( )
6. 直流负反馈只存在于直接耦合电路中,交流负反馈只存在于阻容耦合电路中。( )

7. 信号产生电路是用来产生正弦波信号的。 ( )
8. RC 桥式振荡电路中,RC 串并联网络既是选频网络又是正反馈网络。 ( )
9. 反馈放大电路基本关系式 $A_f = \dfrac{A}{1+AF}$ 中的 A、A_f 指电压放大倍数。 ( )
10. 直流稳压电源是一种能量转换电路,它将交流能量转变为直流能量。 ( )

三、分析应用题(共 55 分)

1. 二极管双向限幅电路如图 1 所示,设 $u_i = 10\sin\omega t$ V,二极管为理想器件,试画出输出 u_i 和 u_o 的波形。(5 分)

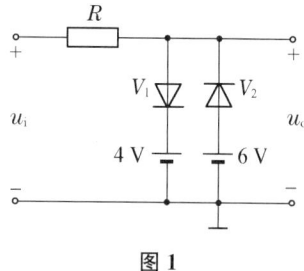

图 1

2. 试判断如图 2 所示各电路能否放大交流电压信号。(6 分)

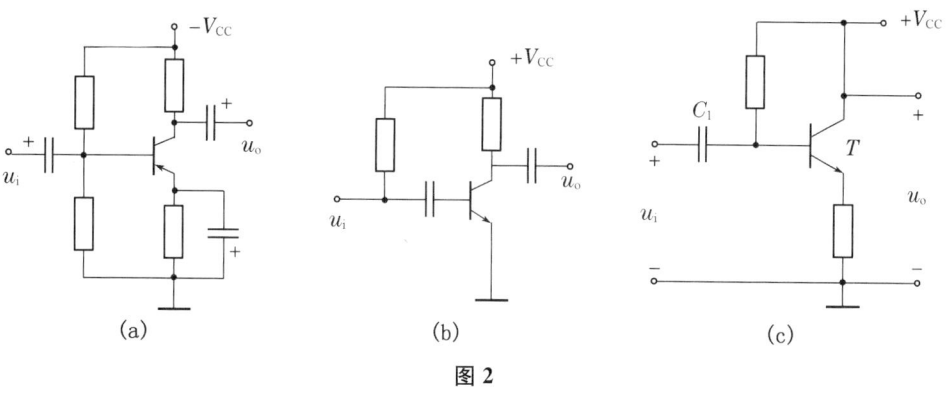

图 2

3. 三极管放大电路如图 3 所示,已知电容量足够大,$V_{CC}=12\text{ V}$,三极管的 $U_{BEQ}=0.6\text{ V}$,$\beta=50$,$r'_{bb}=200\text{ }\Omega$,试分析:

(1) 为使静态参数 $I_{CQ}=2\text{ mA}$,$U_{CEQ}=6\text{ V}$,R_C、R_B 阻值应取多少?(4 分)

(2) 若 R_C 值不变,欲获得 40 dB 的电压增益,则 R_B 阻值应改为多少?(4 分)

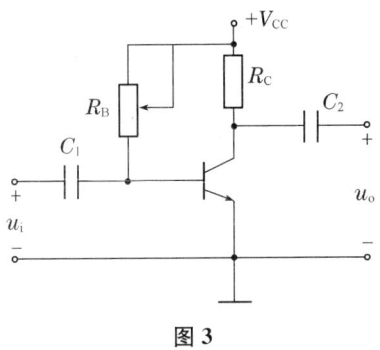

图 3

4. 图 4 所示电路的电压放大倍数可由开关 S 控制,设运放为理想器件,试求开关 S 闭合和断开时的电压放大倍数 A_{uf}。(8 分)

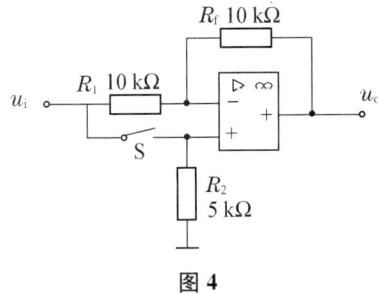

图 4

5. 理想运放电路如图 5 所示,电源电压为 $\pm 15\text{ V}$,运放最大输出电压幅值为 $\pm 12\text{ V}$,稳压管稳定电压为 6 V,求 U_{o1}、U_{o2}、U_{o3}。(6 分)

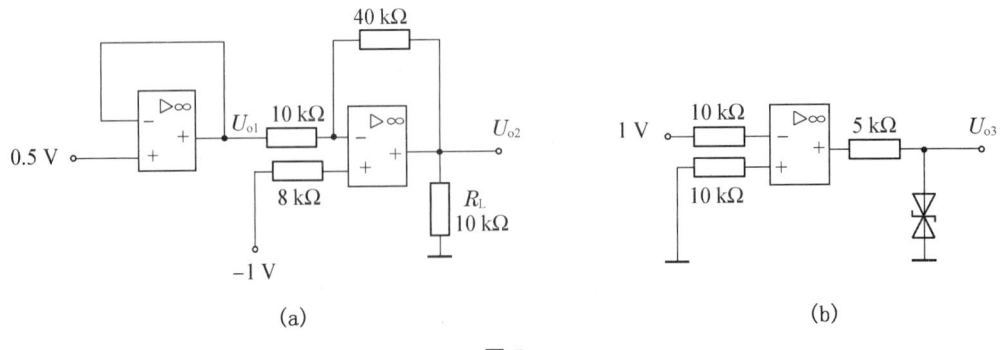

图 5

6. 分别分析图6中各放大电路的反馈：
(1) 在图中找出反馈元件；(2分)
(2) 判断是正反馈还是负反馈；(2分)
(3) 对交流负反馈，判断其反馈组态。(2分)

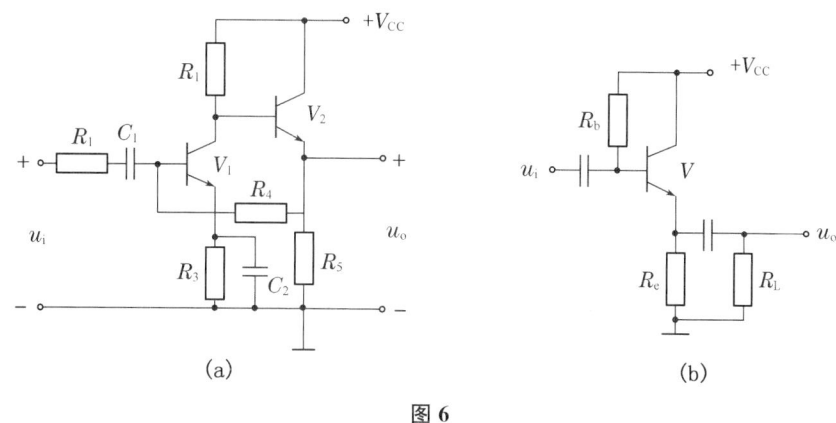

图6

7. 电路如图7所示，试：
(1) 合理连线，接入信号源和反馈，使电路的输入电阻增大，输出电阻减小；
(2) 欲将放大倍数设置为20，则 R_F 应取多少千欧？(8分)

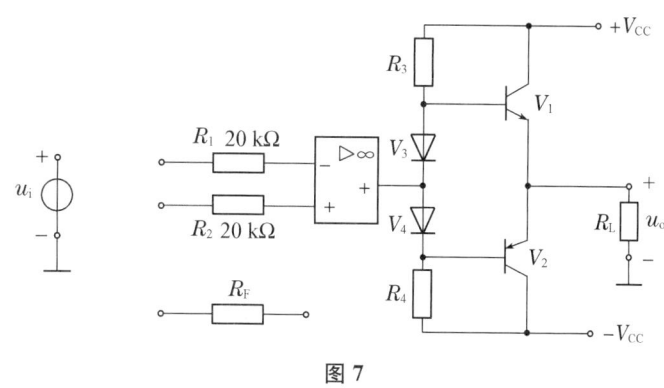

图7

8. 如图8所示电路，已知 $R_L=200\ \Omega$，$C=2\ 200\ F$，用交流电压表量得 $U_2=20\ V$。如果用直流电压表测得输出电压 U_o 有下列几种情况：
(1) 28 V；(2分)
(2) 24 V；(2分)
(3) 18 V；(2分)
(4) 9 V。(2分)
试分析电路工作是否正常并说明出现故障的原因。

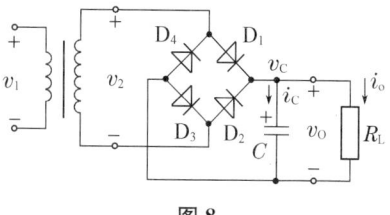

图8

附录 A Multisim 10.0 介绍

1.1 Multisim 10.0 系统简介

Multisim 10.0 是美国国家仪器公司(National Instruments)最新推出的 Multisim 最新版本。目前美国 NI 公司的 EWB 包含电路仿真设计模块 Multisim、PCB 设计软件 Ultiboard、布线引擎 Ultiroute 及通信电路分析与设计模块 Commsim 等四个部分,能完成从电路的仿真设计到电路版图生成的全过程。Multisim、Ultiboard、Ultiroute 及 Commsim 四个部分相互独立,可以分别使用。Multisim、Ultiboard、Ultiroute 及 Commsim 四个部分有增强专业版(Power Professional)、专业版(Professional)、个人版(Personal)、教育版(Education)、学生版(Student)和演示版(Demo)等多个版本,各版本的功能和价格有着明显的差异。

特点如下:

第一,Multisim 10.0 的元器件库有着丰富的元器件。

第二,Multisim 10.0 虚拟仪器仪表种类齐全。

第三,Multisim 10.0 具有强大的电路分析能力,有时域和频域分析、离散傅里叶分析、电路零极点分析、交直流灵敏度分析等电路分析方法。

第四,Multisim 10.0 提供丰富的 Help 功能。

1.2 Multisim 10.0 的基本界面

一、Multisim 的主窗口

1. 启动操作,启动 Multisim 10.0 以后,出现以下界面,如附图 1 所示。

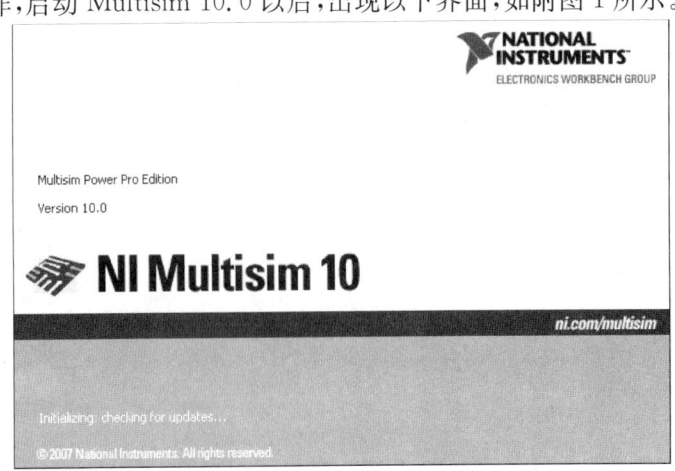

附图 1 Multisim 10.0 启动界面

2. Multisim 10.0 打开后的界面如附图 2 所示：

主要有菜单栏，工具栏，缩放栏，设计栏，仿真栏，工程栏，元件栏，仪器栏，电路图编辑窗口等部分组成。

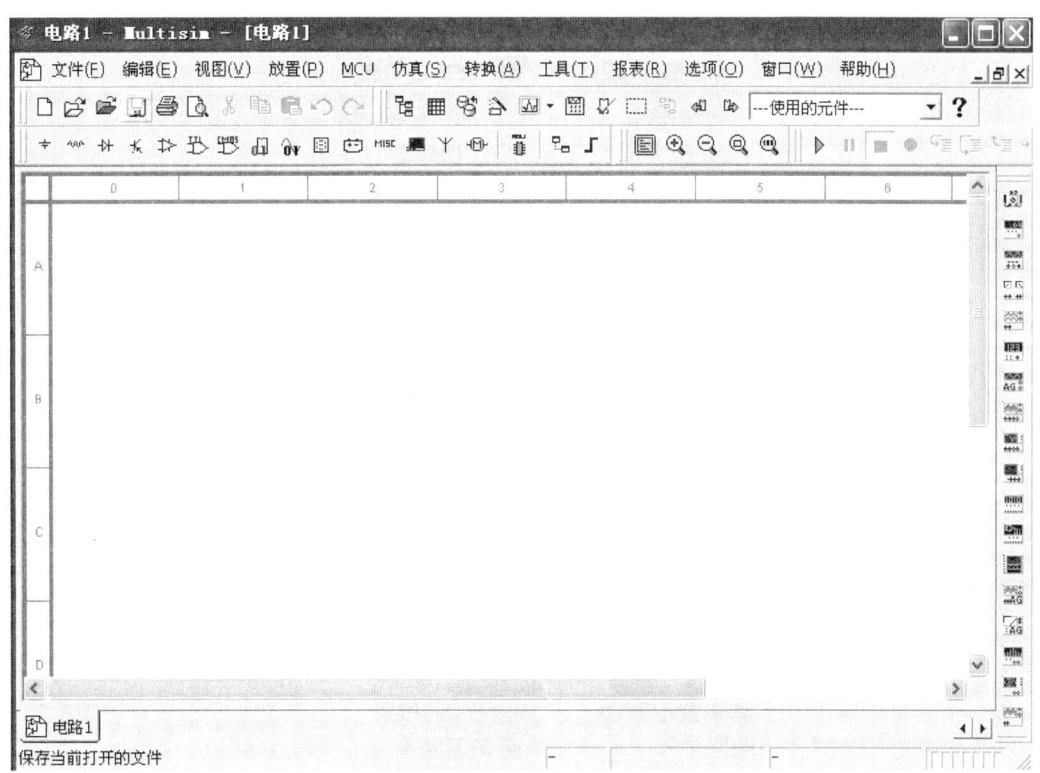

附图 2 Multisim 10.0 的主窗口

二、Multisim 10.0 常用元件库分类

Multisim 10.0 提供了丰富的元器件库，元器件库栏图标和名称如附图 3 所示。用鼠标左键单击元器件库栏的某一个图标即可打开该元件库。元器件库中的各个图标所表示的元器件含义如下面所示。关于这些元器件的功能和使用方法还可使用在线帮助功能查阅有关的内容。

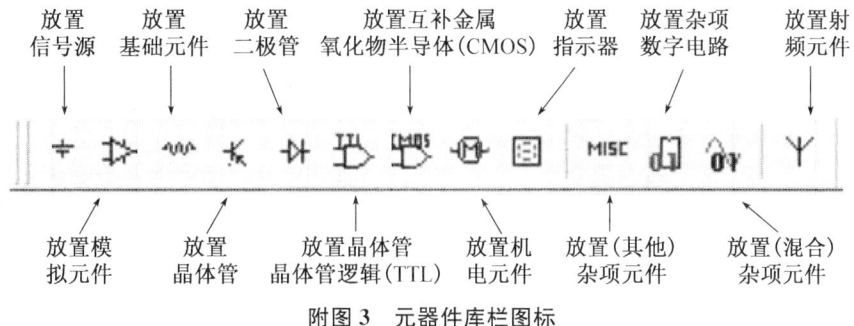

附图 3 元器件库栏图标

1. 点击"放置信号源"按钮,弹出对话框中的"系列"栏如下。

电源	POWER_SOURCES
信号电压源	SIGNAL_VOLTAG...
信号电流源	SIGNAL_CURREN...
控制函数器件	CONTROL_FUNCT...
电压控源	CONTROLLED_VO...
电流控源	CONTROLLED_CU...

2. 点击"放置模拟元件"按钮,弹出对话框中"系列"栏如下。

模拟虚拟元件	ANALOG_VIRTUAL
运算放大器	OPAMP
诺顿运算放大器	OPAMP_NORTON
比较器	COMPARATOR
宽带运放	WIDEBAND_AMPS
特殊功能运放	SPECIAL_FUNCTION

3. 点击"放置基础元件"按钮,弹出对话框中"系列"栏如下。

基本虚拟元件	BASIC_VIRTUAL
定额虚拟元件	RATED_VIRTUAL
三维虚拟元件	3D_VIRTUAL
电阻器	RESISTOR
贴片电阻器	RESISTOR_SMT
电阻器组件	RPACK
电位器	POTENTIOMETER
电容器	CAPACITOR
电解电容器	CAP_ELECTROLIT
贴片电容器	CAPACITOR_SMT
贴片电解电容器	CAP_ELECTROLIT...
可变电容器	VARIABLE_CAPAC...
电感器	INDUCTOR
贴片电感器	INDUCTOR_SMT
可变电感器	VARIABLE_INDUCTOR
开关	SWITCH
变压器	TRANSFORMER
非线性变压器	NON_LINEAR_TRA...
Z负载	Z_LOAD
继电器	RELAY
连接器	CONNECTORS
插座、管座	SOCKETS

4. 点击"放置三极管"按钮,弹出对话框的"系列"栏如下。

虚拟晶体管	TRANSISTORS_VIRTUAL
双极结型 NPN 晶体管	BJT_NPN
双极结型 PNP 晶体管	BJT_PNP
NPN 型达林顿管	DARLINGTON_NPN
PNP 型达林顿管	DARLINGTON_PNP
达林顿管阵列	DARLINGTON_ARRAY
带阻 NPN 晶体管	BJT_NRES
带阻 PNP 晶体管	BJT_PRES
双极结型晶体管阵列	BJT_ARRAY
MOS 门控开关管	IGBT
N 沟道耗尽型 MOS 管	MOS_3TDN
N 沟道增强型 MOS 管	MOS_3TEN
P 沟道增强型 MOS 管	MOS_3TEP
N 沟道耗尽型结型场效应管	JFET_N
P 沟道耗尽型结型场效应管	JFET_P
N 沟道 MOS 功率管	POWER_MOS_N
P 沟道 MOS 功率管	POWER_MOS_P
MOS 功率对管	POWER_MOS_COMP
UHT 管	UJT
温度模型 NMOSFET 管	THERMAL_MODELS

5. 点击"放置二极管"按钮,弹出对话框的"系列"栏如下。

虚拟二极管	DIODES_VIRTUAL
二极管	DIODE
齐纳二极管	ZENER
发光二极管	LED
二极管整流桥	FWB
肖特基二极管	SCHOTTKY_DIODE
单向晶体闸流管	SCR
双向二极管开关	DIAC
双向晶体闸流管	TRIAC
变容二极管	VARACTOR
PIN 结二极管	PIN_DIODE

6. 点击"放置晶体管－晶体管逻辑(TTL)"按钮,弹出对话框的"系列"栏如下。

    74STD 系列   74STD
    74S 系列   74S
    74LS 系列   74LS
    74F 系列   74F
    74ALS 系列   74ALS
    74AS 系列   74AS

7. 点击"放置互补金属氧化物半导体(CMOS)"按钮,弹出对话框的"系列"栏如下。

    CMOS_5V 系列   CMOS_5V
    74HC_2V 系列   74HC_2V
    CMOS_10V 系列 CMOS_10V
    74HC_4V 系列   74HC_4V
    CMOS_15V 系列 CMOS_15V
    74HC_6V 系列   74HC_6V
    TinyLogic_2V 系列 TinyLogic_2V
    TinyLogic_3V 系列 TinyLogic_3V
    TinyLogic_4V 系列 TinyLogic_4V
    TinyLogic_5V 系列 TinyLogic_5V
    TinyLogic_6V 系列 TinyLogic_6V

8. 点击"放置机电元件"按钮,弹出对话框的"系列"栏如下。

    检测开关   SENSING_SWITCHES
    瞬时开关   MOMENTARY_SWI...
    接触器   SUPPLEMENTARY...
    定时接触器   TIMED_CONTACTS
    线圈和继电器   COILS_RELAYS
    线性变压器   LINE_TRANSFORMER
    保护装置   PROTECTION_DE...
    输出设备   OUTPUT_DEVICES

9. 点击"放置指示器"按钮,弹出对话框的"系列"栏如下。

电压表	VOLTMETER
电流表	AMMETER
探测器	PROBE
蜂鸣器	BUZZER
灯泡	LAMP
虚拟灯泡	VIRTUAL_LAMP
十六进制显示器	HEX_DISPLAY
条形光柱	BARGRAPH

10. 点击"放置杂项元件"按钮,弹出对话框的"系列"栏如下。

其他虚拟元件	MISC_VIRTUAL
传感器	TRANSDUCERS
光电三极管型光耦合器	OPTOCOUPLER
晶振	CRYSTAL
真空电子管	VACUUM_TUBE
熔丝管	FUSE
三端稳压器	VOLTAGE_REGULATOR
基准电压器件	VOLTAGE_REFERENCE
电压干扰抑制器	VOLTAGE_SUPPRESSOR
降压变换器	BUCK_CONVERTER
升压变换器	BOOST_CONVERTER
降压/升压变换器	BUCK_BOOST_CONVERTER
有损耗传输线	LOSSY_TRANSMISSION_LINE
无损耗传输线 1	LOSSLESS_LINE_TYPE1
无损耗传输线 2	LOSSLESS_LINE_TYPE2
滤波器	FILTERS
场效应管驱动器	MOSFET_DRIVER
电源功率控制器	POWER_SUPPLY_CONTROLLER
混合电源功率控制器	MISCPOWER
脉宽调制控制器	PWM_CONTROLLER
网络	NET
其他元件	MISC

11. 点击"放置杂项数字电路"按钮,弹出对话框的"系列"栏如下。

TIL 系列器件	TIL
数字信号处理器件	DSP
现场可编程器件	FPGA
可编程逻辑电路	PLD
复什可编程逻辑电路	CPLD
微处理控制器	MICROCONTROLLERS
微处理器	MICROPROCESSORS
用 VHDL 语言编程器件	VHDL
用 Verilog HDL 语言编程器件	VERILOG_HDL
存贮器	MEMORY
线路驱动器件	LINE_DRIVER
线路接收器件	LINE_RECEIVER
无线电收发器件	LINE_TRANSCEIVER

12. 点击"放置混合杂项元件"按钮,弹出对话框的"系列"栏如下。

混合虚拟器件	MIXED_VIRTUAL
555 定时器	TIMER
AD/DA 转换器	ADC_DAC
模拟开关	ANALOG_SWITCH
多频振荡器	MULTIVIBRATORS

13. 点击"放置射频元件"按钮,弹出对话框的"系列"栏如下。

射频电容器	RF_CAPACITOR
射频电感器	RF_INDUCTOR
射频双极结型 NPN 管	RF_BJT_NPN
射频双极结型 PNP 管	RF_BJT_PNP
射频 N 沟道耗尽型 MOS 管	RF_MOS_3TDN
射频隧道二极管	TUNNEL_DIODE
射频传输线	STRIP_LINE

三、Multisim 10.0 的元件库及元器件的几点说明

1. 关于虚拟元件,这里指的是现实中不存在的元件,也可以理解为它们的元件参数可以任意修改和设置的元件。比如要一个 $1.034\,\Omega$ 电阻、$2.3\,\mu F$ 电容等不规范的特殊元件,就可以选择虚拟元件通过设置参数达到;但仿真电路中的虚拟元件不能链接到制版软件 Ultiboard 10.0 的 PCB 文件中进行制版,这一点不同于其他元件。

2. 与虚拟元件相对应，把现实中可以找到的元件称为真实元件或称现实元件。比如电阻的"元件"栏中就列出了从 1.0 Ω 到 22 MΩ 的全系列现实中可以找到的电阻。现实电阻只能调用，但不能修改它们的参数（极个别可以修改，比如晶体管的 β 值）。凡仿真电路中的真实元件都可以自动链接到 Ultiboard 10.0 中进行制版。

3. 电源虽列在现实元件栏中，但它属于虚拟元件，可以任意修改和设置它的参数；电源和地线也都不会进入 Ultiboard 10.0 的 PCB 界面进行制版。

4. 关于额定元件，是指它们允许通过的电流、电压、功率等的最大值都是有限制的，超过它们的额定值，该元件将击穿和烧毁。其他元件都是理想元件，没有定额限制。

四、Multisim 2010 在电路仿真中的应用

共射极单管放大器（模拟电路）

1. 实验目的：

（1）熟悉 Multisim 2010 仿真软件的使用方法。

（2）学会放大器静态工作点的调试方法及其对放大性能的影响。

（3）掌握放大器电压放大倍数、输入电阻、输出电阻及最大不失真输入电压的测试方法。

（4）学习放大器的动态性能。

2. 实验仿真电路和仿真结果：

仿真电路图如附图 4 所示，在调试好静态工作点后，再在放大器输入端加入频率为 1 kHz 的正弦信号 u_i，调节函数信号发生器使 $u_i = 10$ mV，在波形不失真的条件下的仿真结果如附图 5 所示：

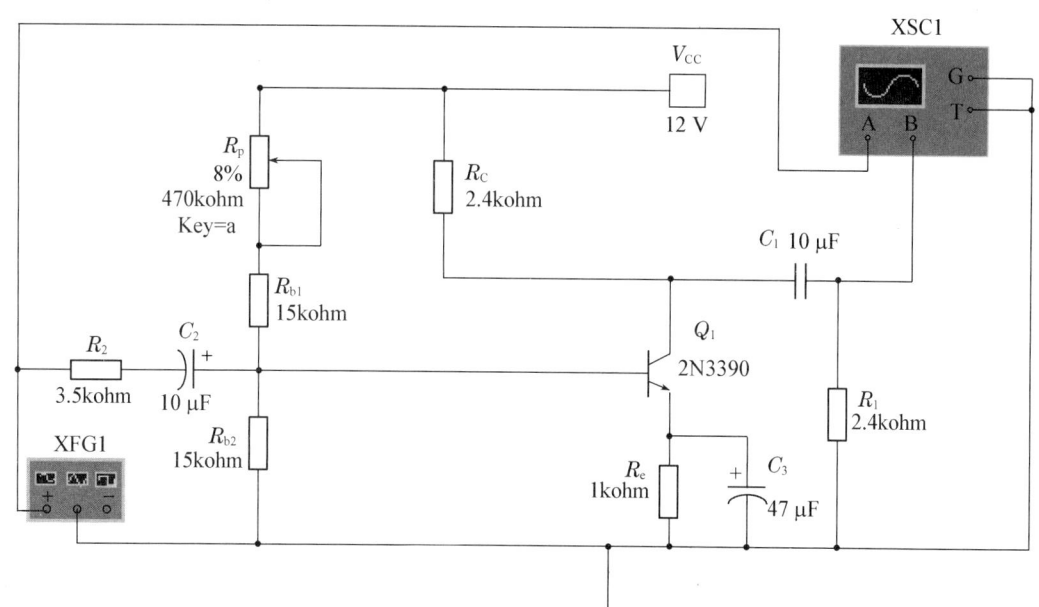

附图 4　共射极单管放大器电路图

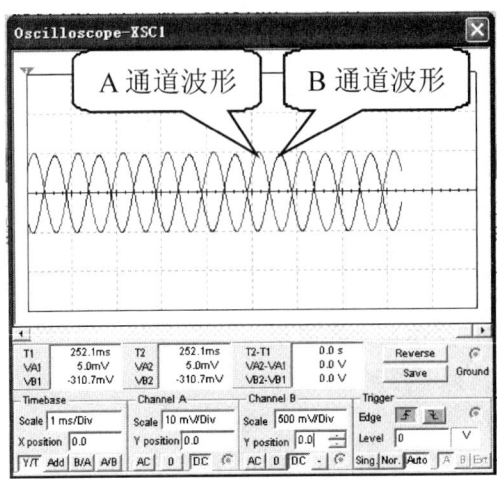

附图 5 共射极单管放大器仿真结果

附录 B 半导体分立器件型号命名方法
（国家标准 GB 249 – 89）

第一部分		第二部分		第三部分		第四部分	第五部分
用阿拉伯数字表示器件的电极数目		用汉语拼音字母表示器件的材料和极性		用汉语拼音字母表示器件的类型		用阿拉伯数字表示序号	用汉语拼音字母表示规格号
符号	意义	符号	意义	符号	意义		
2	二极管	A	N 型，锗材料	P	小信号管		
		B	P 型，锗材料	V	混频检波管		
		C	N 型，硅材料	W	电压调整管和电压基准管		
		D	P 型，硅材料	C	变容管		
3	三极管	A	PNP 型，锗材料	Z			
		B	NPN 型，锗材料	L			
		C	PNP 型，硅材料	S			
		D	NPN 型，硅材料	K			
		E	化合物材料	U			
示例 3 A G I B 规格号 序号 高频小功率管 PNP 型，锗材料 三极管				X	低频小功率管（截止频率＜3 MHz，耗散功率＜1 W）		
				G	高频小功率管（截止频率≥3 MHz，耗散功率＜1 W）		
				D	低频大功率管（截止频率＜3 MHz，耗散功率≥1 W）		
				A	高频大功率管（截止频率≥3 MHz，耗散功率≥1 W）		
				T	晶体闸流管		

附录 C 常用半导体分立器件的参数

一、二极管

参数		最大整流电流	最大整流电流时的正向压降	反向工作峰值电压
符号		I_{OM}	U_F	U_{RWM}
单位		mA	V	V
型号	2AP1	16	≤1.2	20
	2AP2	16		30
	2AP3	25		30
	2AP4	16		50
	2AP5	16		75
	2AP6	12		100
	2AP7	12		100
	2CZ52A	100	≤1	25
	2CZ52B			50
	2CZ52C			100
	2CZ52D			200
	2CZ52E			300
	2CZ52F			400
	2CZ52G			500
	2CZ52H			600
	2CZ55A	1 000	≤1	25
	2CZ55B			50
	2CZ55C			100
	2CZ55D			200
	2CZ55E			300
	2CZ55F			400
	2CZ55G			500
	2CZ55H			600
	2CZ56A	3 000	≤0.8	25
	2CZ56B			50
	2CZ56C			100
	2CZ56D			200
	2CZ56E			300
	2CZ56F			400
	2CZ56G			500
	2CZ56H			600

二、稳压二极管

	参数	稳定电压	稳定电流	耗散功率	最大稳定电流	动态电阻
	符号	U_Z	I_Z	P_Z	I_{ZM}	r_Z
	单位	V	mA	mW	mA	Ω
	测试条件	工作电流等于稳定电流	工作电压等于稳定电压	−60 ℃〜+50 ℃	−60 ℃〜+50 ℃	工作电流等于稳定电流
型号	2CW52	3.2〜4.5	10	250	55	≤70
	2CW53	4〜5.8	10	250	41	≤50
	2CW54	5.5〜6.5	10	250	38	≤30
	2CW55	6.2〜7.5	10	250	33	≤15
	2CW56	7〜8.8	10	250	27	≤15
	2CW57	8.5〜9.5	5	250	26	≤20
	2CW58	9.2〜10.5	5	250	23	≤25
	2CW59	10〜11.8	5	250	20	≤30
	2CW60	11.5〜12.5	5	250	19	≤40
	2CW61	12.2〜14	3	250	16	≤50
	2DW230	5.8〜6.6	10	200	30	≤25
	2DW231	5.8〜6.6	10	200	30	≤15
	2DW232	6〜6.5	10	200	30	≤10

附录 D　半导体集成器件型号命名方法
（国家标准 GB3430 - 89）

第 0 部分		第一部分		第二部分	第三部分		第四部分	
用字母表示器件符合国家标准		用字母表示器件的类型		用阿拉伯数字表示器件的系列和品种代号	用字母表示器件的工作温度范围		用字母表示器件的封装	
符号	意义	符号	意义		符号	意义	符号	意义
C	符合国家标准	T	TTL		C	0～70 ℃	F	多层陶瓷扁平
		H	HTL		G	-25～70 ℃	B	塑料扁平
		E	ECL		L	-25～85 ℃	H	黑瓷扁平
		C	CMOS		E	-40～85 ℃	D	多层陶瓷双列直插
		M	存储器		R	-55～85 ℃	J	黑瓷双列直插
		F	线性放大器		M	-55～125 ℃	P	塑料双列直插
		W	稳压器				S	塑料单列直插
		B	非线性电路				K	金属菱形
		J	接口电路				T	金属圆形
		AD	A/D 转换器				C	陶瓷片状载体
		DA	D/A 转换器				E	塑料片状载体
							G	网格阵列

示例

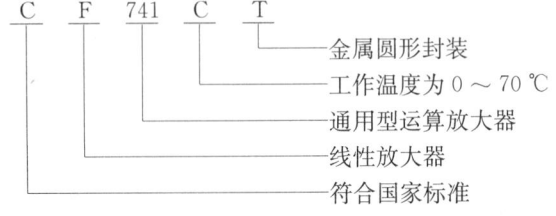

附录 E　常用半导体集成电路的参数和符号

一、运算放大器

参数	符号	单位	型号					
			F007	F101	8FC2	CF118	CF725	CF747M
最大电源电压	U_S	V	±22	±22	±22	±20	±22	±22
差模开环电压放大倍数	A_{u0}		80 dB	≥88 dB	$3×10^4$	$2×10^5$	$3×10^6$	$2×10^5$
输入失调电压	U_{IO}	mV	2~10	3~5	≤3	2	0.5	1
输入失调电流	I_{IO}	nA	100~300	20~200	≤100			
输入偏置电流	I_{IB}	nA	500	150~500		120	42	80
共模输入电压范围	U_{ICR}	V	±15			±11.5	±14	
共模抑制比	K_{CMR}	dB	≥70	≥80	≥80	≥80	120	90
最大输出电压	U_{OPP}	V	±13	±14	±12		±13.5	
静态功率	P_D	mW	≤120	≤60	150		80	

二、W7800 系列和 W7900 系列集成稳压器

参数名称	符号	单位	7805	7815	7820	7905	7915	7920
输出电压	U_o	V	5±5%	15±5%	20±5%	−5±5%	−15±5%	−20±5%
输入电压	U_i	V	10	23	28	−10	−23	−28
电压最大调整率	S_U	mV	50	150	200	50	150	200
静态工作电流	I_O	mA	6	6	6	6	6	6
输出电压温漂	S_T	mV/℃	0.6	1.8	2.5	−0.4	−0.9	−1
最小输入电压	U_{imin}	V	7.5	17.5	22.5	−7	−17	−22
最大输入电压	U_{imax}	V	35	35	35	−35	−35	−35
电大输出电压	I_{omax}	A	1.5	1.5	1.5	1.5	1.5	1.5

附录 F TTL 门电路、触发器和计数器的部分品种型号

类型	型号	名称
门电路	CT4000(74LS00)	四 2 输入与非门
	CT4004(74LS04)	六反相器
	CT4008(74LS08)	四 2 输入与门
	CT4011(74LS11)	三 2 输入与门
	CT4020(74LS20)	双 4 输入与非门
	CT4027(74LS27)	三 3 输入或非门
	CT4032(74LS32)	四 2 输入或门
	CT4086(74LS86)	四 2 输入异或门
触发器	CT4074(74LS74)	双上升沿 D 触发器
	CT4112(74LS112)	双下降沿 JK 触发器
	CT4175(74LS175)	四上升沿 D 触发器
计数器	CT4160(74LS160)	十进制同步计数器
	CT4161(74LS161)	二进制同步计数器
	CT4162(74LS162)	十进制同步计数器
	CT4192(74LS192)	十进制同步可逆计数器
	CT4290(74LS290)	2—5—10 进制计数器
	CT4293(74LS293)	2—8—16 进制计数器

习题参考答案

第1章 半导体器件

1.1 -6.7 V

1.2 (a) 二极管截止，-12 V　(b) VD_1 导通、V_2 截止，-0.7 V

1.3 5 V，VZ_2 反向击穿、VZ_1 反偏

1.4 (a) VD_1 在 u_i 大于 2 V 时导通，VD_2 在 u_i 小于 -2 V 时导通，u_o 为 u_i 的 $+2$ V 至 -2 V 之间的信号　(b) u_i 大于 3 V 时二极管截止，$u_o = 3$ V；u_i 小于 3 V 时二极管导通，$u_o = u_i$

1.5 u_i 正半周在大于等于 7.7 V 时，VZ_1 反向击穿，VZ_2 正向导通；u_i 负半周在小于等于 -5.7 V 时，VZ_2 反向击穿，VZ_1 正向导通

1.6 ①为 C、②为 B、③为 E，为 PNP 管

1.7 (a) 硅管，NPN，放大　(b) 锗管，PNP，放大　(c) 管子损坏　(d) 硅管，NPN，饱和　(e) 锗管，PNP，截止

1.8 8 V 为 C，4.5 V 为 B，3.8 V 为 E，是硅管

1.9 a 图：(1) ③为 4.5 mA，箭头向外　(2) 为 NPN 管，①为 B，②为 C，③为 E　(3) 8

b 图：(1) ②为 4 mA，箭头向里　(2) 为 PNP 管，①为 B，②为 C，③为 E　(3) 40

1.10 略

1.11 略

第2章 放大电路

2.1 (a) 不能，输入信号不能加入　(b) 不能，发射结无偏置　(c) 不能，发射结无偏置　(d) 不能，输出信号不能加到负载上

2.2 0.1 mA、10 mA、7 V

2.3 (1) 0.05 mA、2 mA、7 V　(2) 略

2.4 (1) 0.04 mA、1.6 mA、4 V　(2) -208　(3) -104

2.5 (1) $I_B = 0.033$ mA、$I_C = 1.65$ mA、$U_{CE} = 5.4$ V　(2) 图略，$A_u = -91$、$R_i = 1.1$ kΩ、$R_o = 2$ kΩ

2.6 (1) $I_B = 0.02$ mA、$I_C = 1.1$ mA、$U_{CE} = 6.2$ V　(2) -83.3　(3) -51.3

2.7 (1) 略　(2) -88.7、0.93 kΩ、92 Ω

2.8 (1) 0.05 mA、4 mA、7 V　(2) 0.99、49 kΩ、16 Ω

2.9 (1) 0.57 mA、9.1 V　(2) -106.3、0　(3) 1.1 V

2.10 -20、48.5 kΩ、10 kΩ

第3章 放大电路中的负反馈

3.1 (1) 串联负　(2) 电压负　(3) 电流串联负　(4) 直流负　(5) 交流负　(6) 正

3.2 (1) C　(2) C　(3) B　(4) B　(5) C、A　(6) A　(7) A、B、C、A　(8) C、C、

B、A

3.3　交流电流并联负反馈

3.4　(a) 交直流电流并联负反馈　(b) 交直流电压串联负反馈、直流电流并联负反馈　(c) 交流电压并联负反馈(本级)

3.5　(1) VT_3 的 c 极、VT_1 的 b 极、电压并联负反馈　(2) VT_3 的 e 极、VT_1 的 e 极、电流串联直流负反馈(要在 R_{e3} 或 R_{e1} 上并联一个合适电容)　(3) VT_3 的 e 极、VT_1 的 e 极、电流串联交流负反馈(R_F 要串联一个合适电容)　(4) VT_3 的 c 极、VT_1 的 b 极、电压并联负反馈

3.6　25

3.7　(1) √　(2) ×　(3) ×　(4) ×　(5) √　(6) √　(7) ×　(8) ×　(9) ×

3.8　5

第 4 章　集成运算放大器及其应用

4.1　(1) ×　(2) ×　(3) √　(4) √　(5) ×

4.2　(a) 0.302 V　(b) 0.9 V　(c) −0.153 V　(d) 0.15 V

4.3　$u_o = -(u_{i1} + u_{i2})$

4.4　$u_o = \dfrac{R_{f2}}{R_4}\left(\dfrac{R_{f1}}{R_1}u_{i1} + \dfrac{R_{f1}}{R_2}u_{i2}\right) - \dfrac{R_{f2}}{R_3}u_{i3}$

4.5　$u_o = 5u_{i2} - 4u_{i1}$

4.6　$u_o = \left(1 + \dfrac{R_2 + R_3}{R_1}\right)u_i$

4.7　(a) 2 V　(b) 3 V

4.8　(a) $u_o = 5(u_{i1} + u_{i2})$　(b) $u_o = \left(1 + \dfrac{R_1}{R_2}\right)(u_{i2} - u_{i1})$

4.9　0.5 V

4.10　−0.4 V，A_1 是电压跟随器

第 5 章　低频功率放大电路

5.1　略

5.2　略

5.3　略

5.4　(1) 360°、180°、180°、360°　(2) 78.5%、交越、甲乙　(3) 三极管的最大管耗、$U_{(BR)CEO}$、I_{CM}

5.5　(1) 18 W、22.9 W　(2) $P_{CM} > 3.6$ W、$|U_{(BR)CEO}| > 24$ V、$I_{CM} > 3$ A　(3) 12.5 W、65.4%

5.6　(a) 不正确、NPN 型　(b) 不正确、PNP 型

5.7　(1) 18 V　(2) 4 W

5.8　(1) 16 W、28.1 W　(2) 27 W、59.2%　(3) 保证功率管处于甲乙类状态

5.9　(1) 1.125 W　(2) 18 V、0.4 W、0.5 A、17 V

第 6 章　正弦波振荡电路

6.1　(1) ×　(2) ×　(3) √　(4) √

6.2　(1) 幅值平衡条件　相位平衡条件　(2) 放大电路　选频网络　正反馈　稳幅

电路 (3) 容易 差 (4) 电阻 电感

6.3 (1) C (2) C (3) B (4) B

6.4 (1) ⑦ ⑤ ⑧ ⑥ (2) B (3) B

6.5 (a) 否 (b) 能 (c) 能 (d) 能 (e) 能 (f) 能

6.6 略

6.7 (a) 能 (b) 否

6.8 8 kHz

6.9 (1) 略 (2) 318.5 Hz (3) 利用二极管正向伏安特性的非线性实现自动稳幅

第7章 直流稳压电源

7.1 (1) √ (2) × (3) × (4) × (5) √ (6) √

7.2 (2) A (2) C (3) C (4) C

7.3 (1) 略 (2) $0.9U_2$、$0.9\dfrac{U_2}{R_L}$ (3) $0.45\dfrac{U_2}{R_L}$,$2\sqrt{2}U_2$

7.4 122.2 V、2CZ55E

7.5 2CZ55C,47 μF,50 V 的电解电容

7.6 (1) 24 V (2) 28.3 V (3) 18 V (4) 20 V

7.7 略

7.8 7.5 V～15 V

7.9 +12 V、-12 V,C_1 上正,C_2 下正

7.10 略

第8章 模拟电子电路的读图

8.1 A_1 构成反向输入加法运算电路,A_2 构成积分电路,A_3 构成反向输入比例运算电路,该电路实现比例积分运算电路功能。

8.2 (1) A_1 构成反向输入比例电路,A_2 构成比例微分电路,A_3 构成低通滤波电路。(2) 略 (3) 输出变化通过 A_3 比例微分电路快速调节低通滤波输出,控制结型场效应管 V 导通电流,从而调节 A_1 的输出电压。

8.3 (1) 略 (2) $U_{O1}=1.25\sim16.9$ V,$U_{O2}=-1.25\sim-16.9$ V;R_3 与 R_4 相等,运放 A 构成反向比例运放,且放大倍数为 -1,即 $U_{O2}=-U_{O1}$,调节电阻 R_2,输出电压 U_{O1} 变化,输出电压 U_{O2} 也随其变化,且数值相反。

测试 1

一、填空题

1. 扩散及漂移运动 单向导电性
2. 电流 正向 正向
3. 阻容 变压器 直接耦合
4. 零点漂移 差动放大电路
5. A_u、r_i、K_{CMR} 为无穷大,r_o 为零 $u_+=u_-$,$i_+=i_-=0$
6. 电压增益 输入电阻 输出电阻
7. 取样电路、基准电路、比较放大、调整管
8. 1 为基极、2 为发射极、3 为集电极;NPN 管

9. 交越失真　甲乙类放大电路

10. 电流串联负反馈

11. 放大器、选频网络、正反馈、稳幅

12. 电压　结型及绝缘栅型场效应管

13. 稳定放大倍数、减少非线性失真、扩展通频带、改变输入及输出电阻

二、1. 解：当 $u_i > E$ 时，二极管导通，$u_o = E$；当 $u_i < E$ 时，二极管截止，$u_o = u_i$。

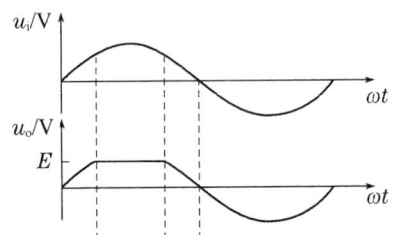

2. 答：设立静态工作点的目的是使放大信号能全部通过放大器。Q 点过高易使传输信号部分进入饱和区；Q 点过低易使传输信号部分进入截止区，其结果都是信号发生失真。

三、解：电压并联负反馈，图略。

四、解：(1) $V_B = 4$ V，$I_C = (4-0.7)/1.6$ mA $= 2$ mA，$U_{CE} = 20$ V $- 2 \times (3.3+1.6)$ V $= 10.2$ V，$r_{be} = 1.1$ kΩ　(2) 略　(3) 空载时，$A_u = -60 \times 3.3/1.1 = -180$；带负载时，$A_u = -60 \times 2/1.1 = -109$，$r_i = 1.1$ kΩ，$r_o = 3.3$ kΩ　(4) 减小、增大、不变

五、解：(1) 24 V　(2) 28.28 V　(3) 18 V　(4) 20 V

六、解：$U_o = -4 \times 10$ mV $= -40$ mV，电压跟随器

七、解：$U_o = 4$ V

测试 2

一、填空题

1. 反向击穿

2. 甲类　乙类　乙类　甲乙类

3. 电流　正向　反向　电压

4. 差模　共模　$\left| \dfrac{A_{od}}{A_{oc}} \right|$

5. 零点飘移

6. (串联负反馈)从 C 到 F　(电压负反馈)从 A 到 E

7. 乙类　0　$\dfrac{V_{CC}^2}{2R_L}$　0.2

二、判断题

(1) ×　(2) √　(3) ×　(4) √　(5) √　(6) √　(7) ×　(8) √　(9) ×　(10) √

三、选择填空

(1) B　C　(2) B　(3) D　(4) B　(5) B　C　(6) A　A　(7) A

四、综合题

1. 解：(1) 导通，$u_O = -3.7$ V　(2) D_1 不导通，D_2 导通，$u_O = -4.3$ V

2. 解:

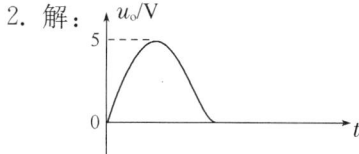

3. 解

(1)
$$I_{BQ} = \frac{V_{CC} - U_{BEQ}}{R_b + (1+\beta)R_e} \approx 64\ \mu A$$
$$I_{CQ} = \beta I_{BQ} = 1.9\ mA$$
$$U_{CEQ} \approx V_{CC} - I_{CQ}(R_c + R_e) = 10.7\ V$$

(2)

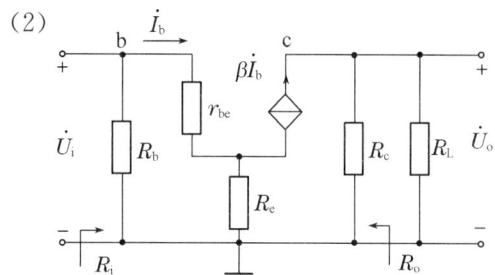

(3)
$$\dot{A}_u = \frac{-\beta(R_c // R_L)}{r_{be} + (1+\beta)R_e} = -1.2$$
$$R_i = R_b // [r_{be} + (1+\beta)R_e] = 52\ k\Omega$$
$$R_o = R_c = 5\ k\Omega$$

4. 解:(1) 电压串联负反馈
$$F = \frac{U_f}{U_o} = \frac{R_1}{R_1 + R_2} \quad A_{uf} \approx \frac{1}{F} = 1 + \frac{R_2}{R_1}$$
$$U_o = A_{uf} U_i = \left(1 + \frac{R_2}{R_1}\right) U_i$$

(2) (a) $u_o = -15\ V$ (b) $u_o = \dfrac{u_i}{2}$

5. 略

测试 3

一、填空题

1. N 自由电子 空穴
2. 单相导电 反向击穿
3. 放大区 饱和区 截止区
4. 基 集电
5. 甲 乙 甲乙
6. $|\dot{A}_u \dot{F}_u| = 1$ $\varphi_a + \varphi_f = 2n\pi(n=0,1,2,\cdots)$
7. 对称 抑制 差 共

8. 同向输入　反向输入　相同　相反

9. 相等　虚短　0　虚断

10. 串联　并联

11. 线性　非线性

12. 变压　整流　滤波　稳压

二、判断题

1. ×　2. ×　3. ×　4. ×　5. √　6. ×　7. ×　8. √　9. ×　10. √

三、分析应用题

1. 解题过程与步骤：

u_i 正半周时，V_2 截止。当 $u_i < 4$ V 时，V_1 截止，$u_o = u_i$；当 $u_i \geq 4$ V 时，V_1 导通，$u_o = 4$ V。

u_i 负半周时，V_1 截止。当 $u_i \leq -6$ V 时，V_2 导通，$u_o = -6$ V；当 $u_i > -6$ V 时，V_2 截止，$u_o = u_i$。

波形可画出如下：

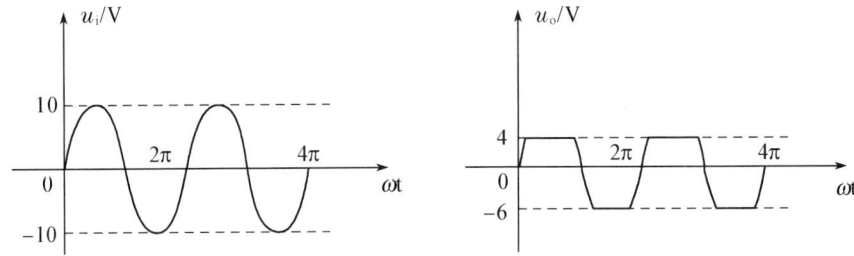

2. 解题过程与步骤：

图(a)能。因为直流通路能保证该 PNP 管发射结正偏、集电结反偏；交流通路也正常，输入信号可加至发射结，输出电流经集电极电阻转换为电压后由电容耦合输出，因此可放大交流电压信号。

图(b)不能。因为发射结偏置电路被电容隔断。

图(c)不能。因为交流通路中输出端接地，输出信号恒为零。

3. 解题过程与步骤：

(1) $R_C = \dfrac{V_{cc} - U_{CEQ}}{I_{CQ}} = \dfrac{12 - 6}{2}$ kΩ $= 3$ kΩ

由于三极管工作在放大状态，故

$$I_{BQ} = I_{CQ}/\beta = 2 \text{ mA}/50 = 0.04 \text{ mA}$$

$$R_B = \dfrac{V_{cc} - U_{BEQ}}{I_{BQ}} = \dfrac{12 - 0.6}{0.04} \text{ kΩ} = 290 \text{ kΩ}$$

(2) 当 $R_C = 3$ kΩ，$A_u = -100$ 时，可得

$$r_{be} = \dfrac{-\beta R_C}{A_u} = \dfrac{50 \times 3}{100} \text{ kΩ} = 1.5 \text{ kΩ}$$

$$I_{BQ} = \dfrac{U_T}{r_{be} - r'_{bb}} = \dfrac{26 \text{ mV}}{(1500 - 200)\Omega} = 0.02 \text{ mA}$$

$$R_B = \dfrac{V_{CC} - U_{BEQ}}{I_{BQ}} = \dfrac{12 - 0.6}{0.02} \text{ kΩ} \approx 570 \text{ kΩ}$$

计算的最后结果数字:(1) $R_C=3$ kΩ,$R_B=290$ kΩ (2) $R_B=570$ kΩ

4. 解题过程与步骤：

开关 S 断开时,运放组成反相比例运算电路,有

$$A_{uf} = -\frac{R_f}{R_1} = -1$$

开关 S 闭合时,运放组成加减运算电路,有

$$A_{uf} = \left[-\frac{R_f}{R_1} + \left(1+\frac{R_f}{R_1}\right)\right] = 1$$

5. 解题过程与步骤：

$$U_{o1} = 0.5 \text{ V}$$

$$U_{o2} = -\frac{40 \text{ kΩ}}{10 \text{ kΩ}} \times U_{o1} + \left(1+\frac{40 \text{ kΩ}}{10 \text{ kΩ}}\right) \times (-1 \text{ V}) = -7 \text{ V}$$

$$U_{o3} = -6 \text{ V}$$

6. 解题过程与步骤：

(a) 通过 R_4 引入级间负反馈,为电压并联负反馈;

通过 R_5 引入本级负反馈,为电压串联负反馈;

通过 R_3 引入本级直流负反馈。

(b) 通过 R_e 引入电压串联负反馈。

7. 解题过程与步骤：

(1) 应引入电压串联负反馈,如下图所示。

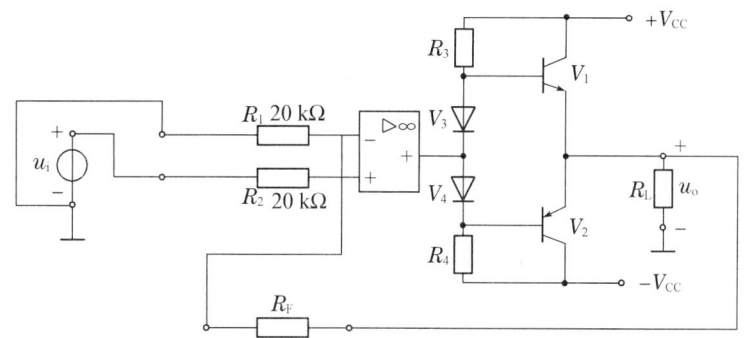

(2) 因 $A_{uf} \approx 1 + \dfrac{R_F}{R_1} = 20$,故 $R_F = 380$ kΩ。

8. 答:(1) R_L 开路；

(2) 正常；

(3) C 开路；

(4) 半波整流、C 开路。

参考文献

[1] 卢翠珍,石桂名,陈孟臻.模拟电子技术[M].哈尔滨:哈尔滨工业大学出版社,2019.

[2] 韦建英,徐安静.模拟电子计算[M].第二版.武汉:华中科技大学出版社,2015.

[3] 童诗白.模拟电子技术基础[M].第四版.北京:清华大学出版社,2018.

[4] 何宝祥,朱正伟,刘训非.模拟电路及其应用[M].北京:清华大学出版社,2008.

[5] 康华光.电子技术基础[M].第五版.北京:高等教育出版社,2007.

[6] 傅晓琳.模拟电子技术[M].重庆:重庆大学出版社,2002.

[7] 黄荻,李仲秋.模拟电子技术应用[M].北京:电子工业出版社,2012.

[8] 黎一强,刘冬香.模拟电子技术[M].北京:中国人民大学出版社,2014.

[9] 任守华.模拟电子技术[M].北京:中国农业出版社,2015.

[10] 董光,毕维峰.模拟电子技术[M].北京:北京理工大学出版社,2012.

[11] 吴荣海.模拟电子技术[M].北京:机械工业出版社,2011.

[12] 景兴红,宋苗.模拟电子技术及应用[M].西安:西安交通大学出版社,2015.

[13] 侯睿,姚伟鹏.模拟电子技术[M].西安:西安交通大学出版社,2014.

[14] 翟丽芳.模拟电子技术[M].北京:机械工业出版社,2011.

[15] 李广兴.模拟电子技术(高职)[M].西安:西安电子科技大学出版社,2019.

[16] 曾佳,吴志荣.模拟电子技术与实践[M].北京:高等教育出版社,2017.

[17] 刘光明.模拟电子技术[M].北京:中国水利水电出版社,2010.